메가스터디 N제

과학탐구영역 화학 I

274제

구성과 특징 STRUCTURE

☑ 2015 개정 교육과정이 적용된 수능, 평가원, 교육청의 출제 경향에 맞추어 새로운 문항을 개발했습니다.

☑ 교과서와 최신 기출 분석을 토대로 빈출 개념 & 대표 기출 & 적중 예상 문제를 수록했습니다.

☑ 수능 1등급을 위한 신유형, 고난도, 통합형 문제를 단원별로 구성했습니다.

STEP 1 학습 가이드

최신 기출 문제를 철저히 분석하여 단원별 출제 비율과 경향을 정리하고, 이를 바탕으로 고득점을 위한 학습 전략을 제시했습니다.

STEP 2 개념 정리 & 대표 기출 문제

최신 기출을 분석하여 고빈출, 빈출 개념을 정리하고, 대표 기출 문제를 선별하여 분석했습니다. 빈출 개념과 유형을 한눈에 파악하여 효율적인 학습을 할 수 있습니다.

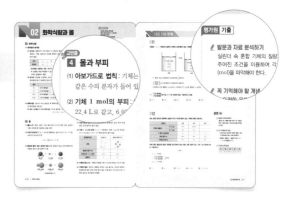

STEP 3 적중 예상 문제

빈출 유형과 신유형 문제가 수록된 적중 예상 문제를 주제별로 구성했습니다. 스스로 풀어보면서 실력을 향상시켜 보세요.

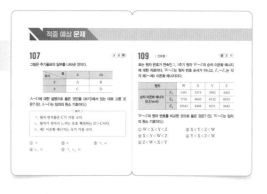

STEP 4 1등급 도전 문제

등급을 가르는 고난도 문제와 최신 경향의 개념 통합 문제를 단원별로 구성했습니다. 수능 1등급에 자신감을 가지세요.

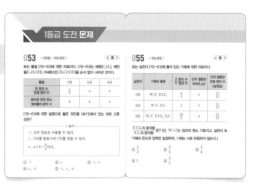

📖 정답 및 해설 친절하고 정확한 정답 및 해설로 틀린 문제를 반드시 점검하세요.

차례 CONTENTS

I 화학의 첫걸음

01 화학과 우리 생활   006

02 화학식량과 몰   010

03 화학 반응식   016

04 용액의 농도   022

☑ 1등급 도전 문제   026

II 원자의 세계

05 원자의 구조   032

06 원자 모형과 전자 배치   038

07 주기율표와 원소의 주기적 성질   046

☑ 1등급 도전 문제   052

III 화학 결합과 분자의 세계

08 화학 결합의 전기적 성질과 이온 결합   058

09 공유 결합과 금속 결합   062

10 결합의 극성과 루이스 전자점식   066

11 분자의 구조와 성질   072

☑ 1등급 도전 문제   078

IV 역동적인 화학 반응

12 동적 평형   084

13 물의 자동 이온화와 pH   088

14 산 염기 중화 반응   092

15 산화 환원 반응   098

16 화학 반응에서 열의 출입   104

☑ 1등급 도전 문제   107

I 화학의 첫걸음

◆ 이렇게 출제되었다!

2015 개정 교육과정이 적용된 수능, 평가원, 교육청 기출 문제를 철저히 분석했습니다.

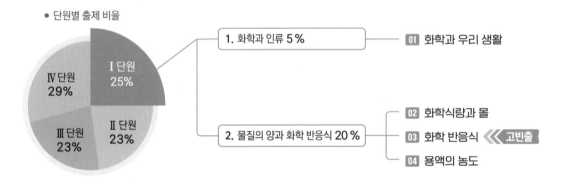

● 단원별 출제 비율

IV단원 29%
I 단원 25%
III단원 23%
II 단원 23%

1. 화학과 인류 5% ── 01 화학과 우리 생활

2. 물질의 양과 화학 반응식 20% ── 02 화학식량과 몰
03 화학 반응식 ≪ 고빈출
04 용액의 농도

---

1. 화학과 인류 | 탄소 화합물의 유용성에 대한 문제가 매년 출제되었다. 최근에는 탄소 화합물의 유용성과 화학 반응에서의 열의 출입에 대한 내용을 통합하여 묻는 문제가 출제되고 있다.

2. 물질의 양과 화학 반응식 | 기체의 화학식량과 몰을 구하는 문제가 매년 출제되었고, 화학 반응식에 대한 문제가 가장 많이 출제되었으며, 화학 반응과 양적 관계에 대한 문제가 매년 고난도로 출제되고 있다. 용액의 농도 중 용액을 혼합했을 때 몰 농도를 계산하는 문제도 매년 출제되고 있다.

◆ 어떻게 공부해야 할까?

01 화학과 우리 생활

암모니아, 메테인, 에탄올, 아세트산 등 화학의 유용성과 관련 있는 물질들의 특징에 대해 묻는 문제가 출제되고 있다. 암모니아(NH_3)의 합성법 및 구조와 특징, 대표적인 탄소 화합물의 구조와 특징을 알아두고 관련된 반응에서 열 출입을 알아두어야 한다.

02 화학식량과 몰

기체가 들어 있는 용기나 실린더에 대한 자료를 주고 이를 분석하여 기체의 양(mol)을 구하는 문제가 출제되고 있다. 기본 개념인 몰과 화학식량의 정의, 몰과 아보가드로수, 몰과 입자 수의 관계, 몰과 질량의 관계, 몰과 기체의 부피 관계를 파악할 수 있도록 공부해야 한다.

03 화학 반응식

화학 반응식과 관련된 문제는 매년 고난도로 출제된다. 화학 반응식에서 계수비, 반응 몰비, 분자 수비, 부피비(기체의 경우)의 관계를 이용하여 반응물이나 생성물 중 한 물질의 질량이나 부피로부터 나머지 물질의 양(mol)을 계산할 수 있도록 많은 문제 풀이를 통해 익혀야 한다.

04 용액의 농도

퍼센트 농도와 몰 농도의 정의를 정확하게 알고, 제시된 몰 농도에서 용질의 양(mol)을 구하여 희석 용액이나 혼합 용액에서 몰 농도를 계산할 수 있도록 연습해야 한다.

1 화학의 유용성

(1) 화학과 식량 문제의 해결

① 식량 문제: 인류의 문명이 시작되고 발달하면서 산업 혁명 이후 인구가 급격하게 증가함. 따라서 식량 부족 문제가 발생하여 농업 생산량의 증가가 필요하게 되었음

빈출
② 암모니아의 합성과 식량 문제의 해결: 하버는 공기 중의 질소(N_2)를 수소(H_2)와 반응시켜 암모니아(NH_3)를 대량 생산하는 방법을 개발하였고, 암모니아를 이용한 질소 비료는 식물의 생장에 도움이 되므로 식량 생산량이 증가하게 되어 인류의 식량 문제 해결에 기여함

• 암모니아 합성의 화학 반응식

$$N_2(g) + 3H_2(g) \longrightarrow 2NH_3(g)$$

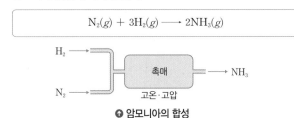
↑ 암모니아의 합성

• 질소 고정과 하버법: 안정한 질소 분자를 동·식물이 이용할 수 있는 질소가 포함된 다른 물질로 바꾸는 과정을 질소 고정이라 함. 하버 공정은 질소 고정의 한 예

(2) 화학과 의류 문제의 해결

① 천연 섬유: 식물에서 얻은 면, 마, 동물에서 얻은 비단 등의 천연 섬유는 흡습성이 좋으나 강도가 약하고 대량 생산이 어려운 문제가 있음
② 합성 섬유와 의류 문제의 해결: 석유를 원료로 하여 얻게 된 합성 섬유는 질기고 내구성이 좋으며, 대량 생산이 가능하였으므로 인류의 의류 문제 해결에 기여함
③ 합성 섬유의 종류: 원료에 따라 다양한 합성 섬유를 만들 수 있고, 나일론, 폴리에스터 등이 대표적인 합성 섬유

(3) 화학과 주거 문제의 해결

① 주거 문제: 산업 혁명 이후 급격한 인구 증가로 인하여 대규모의 주거 공간이 필요하게 되었음
② 건축 재료의 발달과 주거 문제의 해결: 화학이 발달하여 철, 시멘트, 철근 콘크리트, 유리 등의 건축 재료들을 사용하여 대규모 주거 공간을 만들 수 있는 건축 기술이 발달함. 이와 같이 화학은 인류의 주거 문제 해결에 기여함
  • 철의 제련: 철광석(Fe_2O_3)을 코크스(C)와 함께 용광로에서 높은 온도로 가열하여 얻을 수 있음
③ 화석 연료의 이용: 화석 연료를 난방, 취사에 이용하면서 편안한 주거 환경이 만들어지게 되었음

2 탄소 화합물의 유용성

(1) 탄소 화합물: 탄소(C) 원자를 기본 골격으로 하여 수소(H), 산소(O), 질소(N), 황(S), 인(P) 등의 원자들과 공유 결합하여 이루어진 화합물

(2) 탄소 화합물의 다양성: 탄소 원자는 원자가 전자 수가 4로 최대 다른 원자 4개와 공유 결합할 수 있으므로 여러 가지 구조의 탄소 화합물을 만듦

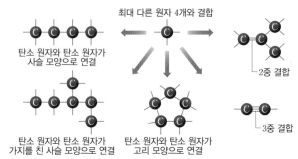

최대 다른 원자 4개와 결합

탄소 원자와 탄소 원자가 사슬 모양으로 연결

2중 결합

탄소 원자와 탄소 원자가 가지를 친 사슬 모양으로 연결

탄소 원자와 탄소 원자가 고리 모양으로 연결

3중 결합

↑ 탄소 화합물의 구조

고빈출
(3) 탄소 화합물의 종류

① 탄화수소: 탄소 화합물 중 탄소(C)와 수소(H)로만 이루어진 화합물
  • 메테인(CH_4), 에테인(C_2H_6), 프로페인(C_3H_8) 등
  • 대부분 연료로 사용하며 연소 반응에서 열을 방출함
② 몇 가지 탄소 화합물

탄소 화합물	특징
H | H−C−H | H 메테인(CH_4)	• 가장 간단한 탄화수소 • 액화 천연 가스(LNG)의 주성분 • 물과 섞이지 않음
H H | | H−C−C−O−H | | H H 에탄올(C_2H_5OH)	• 에테인(C_2H_6)에서 H 원자 대신 −OH가 탄소에 결합되어 있는 구조 • 물에 잘 녹으며, 수용액은 중성 • 소독제, 알코올 음료 제조, 연료에 사용
H O | ∥ H−C−C−O−H | H 아세트산(CH_3COOH)	• 메테인(CH_4)에서 H 원자 대신 −COOH가 탄소 원자에 결합되어 있는 구조 • 물에 녹아 산성을 띔 • 식초의 주성분, 플라스틱, 의약품의 원료로 사용

메테인　　　에탄올　　　아세트산
↑ 분자 구조

대표 기출 문제

001

다음은 실생활 문제 해결에 기여한 물질에 대한 설명이다.

> • ⬚ ㉠ ⬚ : 암모니아를 원료로 만든 물질로 식량 문제 해결에 기여
> • 시멘트 : 석회석을 원료로 만든 물질로 ⬚ ㉡ ⬚ 문제 해결에 기여

다음 중 ㉠과 ㉡으로 가장 적절한 것은?

	㉠	㉡			㉠	㉡
①	유리	의류		②	질소 비료	의료
③	유리	주거		④	질소 비료	주거
⑤	석유	의류				

002

다음은 일상생활에서 사용되고 있는 물질에 대한 자료이다.

> • ㉠에텐(C_2H_4)은 플라스틱의 원료로 사용된다.
> • ㉡아세트산(CH_3COOH)은 의약품 제조에 이용된다.
> • ㉢에탄올(C_2H_5OH)을 묻힌 솜으로 피부를 닦으면 에탄올이 기화되면서 피부가 시원해진다.

이에 대한 설명으로 옳은 것만을 〈보기〉에서 있는 대로 고른 것은?

| 보기 |
> ㄱ. ㉠은 탄소 화합물이다.
> ㄴ. ㉡을 물에 녹이면 염기성 수용액이 된다.
> ㄷ. ㉢이 기화되는 반응은 흡열 반응이다.

① ㄱ　　② ㄴ　　③ ㄱ, ㄷ　　④ ㄴ, ㄷ　　⑤ ㄱ, ㄴ, ㄷ

003 상 중 하

다음은 일상생활에서 사용되고 있는 물질에 대한 자료이다.

- 캠핑용 연료의 주성분은 ㉠뷰테인(C_4H_{10})이다.
- 손난로 속 ㉡철(Fe)이 산화되면 열이 방출된다.
- ㉢아세트산(CH_3COOH)은 의약품의 원료로 사용된다.

이에 대한 설명으로 옳은 것만을 〈보기〉에서 있는 대로 고른 것은?

| 보기 |
ㄱ. ㉠은 탄소 화합물이다.
ㄴ. ㉠의 연소 반응과 ㉡의 산화 반응은 모두 발열 반응이다.
ㄷ. ㉢은 식초의 성분이다.

① ㄱ   ② ㄴ   ③ ㄱ, ㄷ
④ ㄴ, ㄷ   ⑤ ㄱ, ㄴ, ㄷ

004 | 신유형 | 상 중 하

그림은 탄소 화합물 (가)~(다)의 구조식을 나타낸 것이다. (가)~(다)는
메테인(CH_4), 에탄올(C_2H_5OH), 아세트산(CH_3COOH)을 순서 없이
나타낸 것이고, ㉠과 ㉡의 원자들의 결합은 나타내지 않았다.

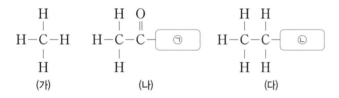

(가)   (나)   (다)

이에 대한 설명으로 옳은 것만을 〈보기〉에서 있는 대로 고른 것은?

| 보기 |
ㄱ. (가)~(다) 중 $\dfrac{H \text{ 원자 수}}{C \text{ 원자 수}}$ 는 (가)가 가장 크다.
ㄴ. (나)는 에탄올이다.
ㄷ. (다)의 수용액은 산성이다.

① ㄱ   ② ㄷ   ③ ㄱ, ㄴ
④ ㄴ, ㄷ   ⑤ ㄱ, ㄴ, ㄷ

005 상 중 하

다음은 공기 중의 A_2와 수소(H_2)가 반응하여 암모니아(NH_3)를 생성
하는 반응의 화학 반응식이다.

$$A_2(g) + 3H_2(g) \longrightarrow aNH_3(g) \, (a는 반응 계수)$$

이에 대한 설명으로 옳은 것만을 〈보기〉에서 있는 대로 고른 것은?
(단, A는 임의의 원소 기호이다.)

| 보기 |
ㄱ. A_2는 공기 중 두 번째로 큰 부피를 차지한다.
ㄴ. $a=2$이다.
ㄷ. 이 화학 반응은 인류의 식량 문제 해결에 기여하였다.

① ㄱ   ② ㄷ   ③ ㄱ, ㄴ
④ ㄴ, ㄷ   ⑤ ㄱ, ㄴ, ㄷ

006 상 중 하

표는 일상생활에서 이용되고 있는 물질에 대한 자료이다.

물질	메테인	질산 암모늄	㉠
화학식	CH_4	NH_4NO_3	C_2H_6O
용도	도시가스, 버스 연료	냉찜질 주머니의 성분	손 소독제, 알코올 연료

이에 대한 설명으로 옳은 것만을 〈보기〉에서 있는 대로 고른 것은?

| 보기 |
ㄱ. ㉠은 탄소 화합물이다.
ㄴ. 메테인을 완전 연소시켰을 때 생성되는 생성물의 종류는 2가지이다.
ㄷ. 냉찜질 주머니에서 질산 암모늄이 물에 용해되면 열이 방출된다.

① ㄱ   ② ㄷ   ③ ㄱ, ㄴ
④ ㄴ, ㄷ   ⑤ ㄱ, ㄴ, ㄷ

007

상 중 하

다음은 일상생활에서 사용되고 있는 물질에 대한 자료이다.

- 프로페인(C_3H_8)과 뷰테인(C_4H_{10})은 　ㄱ　의 주성분이다.
- 　ㄴ　은 최초의 합성 섬유로 현재도 널리 사용되고 있다.
- 에탄올(C_2H_5OH)을 산화시켜 만든 　ㄷ　은 의약품 제조에 이용된다.

이에 대한 설명으로 옳은 것만을 〈보기〉에서 있는 대로 고른 것은?

| 보기 |
ㄱ. '액화 천연 가스(LNG)'는 ㄱ으로 적절하다.
ㄴ. ㄴ에 해당하는 물질은 탄소 화합물이다.
ㄷ. ㄷ은 아세트산(CH_3COOH)이다.

① ㄱ　　　　② ㄴ　　　　③ ㄷ
④ ㄱ, ㄴ　　　⑤ ㄴ, ㄷ

008

상 중 하

다음은 화학이 실생활의 문제 해결에 기여한 사례이다.

- 하버는 공기 중의 질소 기체를 　ㄱ　 기체와 반응시켜 　ㄴ　을/를 대량 합성하는 방법을 개발하여 질소 비료의 대량 생산이 이루어지게 하였다.
- 캐러더스는 최초의 합성 섬유인 　ㄷ　을/를 개발하여 의류 소재의 대량 생산이 가능하게 하였다.

이에 대한 설명으로 옳은 것만을 〈보기〉에서 있는 대로 고른 것은?

| 보기 |
ㄱ. ㄱ은 수소(H_2)이다.
ㄴ. ㄴ에 해당하는 물질은 탄소 화합물이다.
ㄷ. ㄷ은 내구성이 약하다는 단점이 있다.

① ㄱ　　　　② ㄷ　　　　③ ㄱ, ㄴ
④ ㄴ, ㄷ　　　⑤ ㄱ, ㄴ, ㄷ

009

상 중 하

다음은 일상생활에서 사용되고 있는 물질에 대한 자료이다. ㉠과 ㉡은 에탄올(C_2H_5OH)과 아세트산(CH_3COOH)을 순서 없이 나타낸 것이다.

- 와인 속 　㉠　이 산화되면 　㉡　(으)로 변하게 되고, 이를 이용하면 식초를 만들 수 있다.
- 손난로 속에서는 철(Fe)이 공기 중의 산소와 반응하여 산화되면서 　㉢　. 따라서 사용 후에 지퍼 백에 밀봉해 두면 다시 꺼내어 사용할 수 있다.

이에 대한 설명으로 옳은 것만을 〈보기〉에서 있는 대로 고른 것은?

| 보기 |
ㄱ. 분자당 수소(H) 원자 수는 ㉠>㉡이다.
ㄴ. 수용액의 pH는 ㉡>㉠이다.
ㄷ. '열이 방출된다'는 ㉢으로 적절하다.

① ㄱ　　　　② ㄴ　　　　③ ㄱ, ㄷ
④ ㄴ, ㄷ　　　⑤ ㄱ, ㄴ, ㄷ

010

| 신유형 |

상 중 하

그림은 탄소 화합물 (가)~(다)의 $\dfrac{H\ 원자\ 수}{C\ 원자\ 수}$를 나타낸 것이다. (가)~(다)는 메테인($CH_4$), 에탄올($C_2H_5OH$), 아세트산($CH_3COOH$)을 순서 없이 나타낸 것이다.

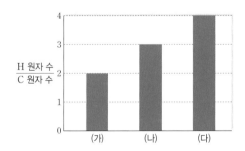

이에 대한 설명으로 옳은 것만을 〈보기〉에서 있는 대로 고른 것은?

| 보기 |
ㄱ. (가)는 액화 천연 가스(LNG)의 주성분이다.
ㄴ. (나)를 발효시켜 (가)를 만들 수 있다.
ㄷ. 분자당 구성 원자 수는 (가)가 (다)의 2배이다.

① ㄱ　　　　② ㄴ　　　　③ ㄷ
④ ㄱ, ㄴ　　　⑤ ㄴ, ㄷ

N
02 **화학식량과 몰**

✅ 출제 개념
• 원자량, 분자량, 화학식량
• 몰과 아보가드로수(N_A)의 관계
• 몰과 질량의 관계
• 아보가드로 법칙과 기체 반응

1 화학식량

(1) 원자량과 분자량

① **원자량**: 질량수가 12인 탄소(^{12}C) 원자의 원자량을 12.00으로 정하고, 이를 기준으로 비교한 원자의 상대적인 질량으로 단위가 없음

원자	C	H	O	N
원자량	12	1	16	14

• **원자량을 사용하는 까닭**: 원자의 질량은 매우 작아서 원자 1개의 질량을 직접 측정할 수 없고, 실제 질량을 그대로 사용하기에도 불편하기 때문

② **분자량**: 분자를 구성하는 모든 원자의 원자량을 합한 값으로 원자량과 같이 상대적인 값이고, 단위가 없음

분자	분자량	
H_2	1(H의 원자량)×2	2
O_2	16(O의 원자량)×2	32
H_2O	1(H의 원자량)×2+16(O의 원자량)	18
NH_3	14(N의 원자량)+1(H의 원자량)×3	17

(2) 화학식량: 분자가 아닌 물질일 때 화학식을 이루는 모든 원소들의 원자량을 더한 값

예 염화 나트륨(NaCl)의 화학식량: Na의 원자량+Cl의 원자량
$$=23+35.5=58.5$$

2 몰

(1) 몰(mol): 원자, 분자, 이온 등과 같이 크기가 매우 작은 입자의 수를 나타낼 때 사용하는 묶음 단위

(2) 아보가드로수(N_A): 1 mol에 해당하는 입자 수인 6.02×10^{23}을 아보가드로수라고 함

$$1 \text{ mol} = \text{입자 } 6.02 \times 10^{23}\text{개}$$

(3) 물질에 들어 있는 입자의 양(mol): 물질의 양(mol)에 화학식에 포함된 원자 수를 곱하여 구함

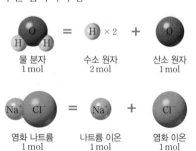

물 분자 1 mol = 수소 원자 2 mol + 산소 원자 1 mol

염화 나트륨 1 mol = 나트륨 이온 1 mol + 염화 이온 1 mol

⊕ 입자의 양(mol)

3 몰과 질량

(1) 1 mol의 질량: 물질의 화학식량에 그램(g)을 붙이면 1 mol의 질량이 됨

$1.99\ldots \times 10^{-23}$ g	×	6.02×10^{23}개	=	12 g
^{12}C 원자 1개의 질량		1 mol : 아보가드로수(N_A)		^{12}C 원자 1 mol의 질량

예 CO_2 1 mol의 질량=44 g

① **물질의 질량**: 1 mol의 질량에 물질의 양(mol)을 곱하여 구함
　예 H_2O 10 mol의 질량=18 g/mol×10 mol=180 g

② **물질의 양(mol)**: 물질의 질량을 그 물질 1 mol의 질량으로 나누어 구함

$$\text{물질의 양(mol)} = \frac{\text{질량(g)}}{1 \text{ mol의 질량(g/mol)}}$$

예 O_2 3.2 g의 양(mol)$=\dfrac{3.2 \text{ g}}{32 \text{ g/mol}}=0.1$ mol

(2) 물(H_2O) 분자의 구성 원자의 몰과 질량의 관계

구분	H_2O 분자	H 원자	O 원자
물질의 양(mol)	1	2	1
입자 수(개)	6.02×10^{23}	$2 \times 6.02 \times 10^{23}$	6.02×10^{23}
질량(g)	18	2	16

4 몰과 부피

(1) 아보가드로 법칙: 기체는 같은 온도와 압력에서 같은 부피 속에 같은 수의 분자가 들어 있음

(2) 기체 1 mol의 부피: 0 ℃, 1기압에서 기체 1 mol의 부피는 22.4 L로 같고, 6.02×10^{23}개의 분자가 들어 있음

분자(분자식)	수소(H_2)	암모니아(NH_3)
모형		
물질의 양(mol)	1	1
부피(L)(0 ℃, 1기압)	22.4	22.4
질량(g)	2	17

(3) 기체의 양(mol): 기체의 부피를 기체 1 mol의 부피로 나누어 구함

(4) 기체의 밀도: 밀도는 질량을 부피로 나눈 값으로, 온도와 압력이 일정할 때 같은 부피 속에 들어 있는 기체 분자 수가 같으므로 기체의 밀도는 분자량에 비례함

대표 기출 문제

011

평가원 기출

다음은 t ℃, 1 기압에서 실린더 (가)와 (나)에 들어 있는 기체에 대한 자료이다.

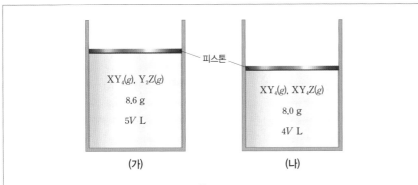

	(가)	(나)

(가): $XY_4(g)$, $Y_2Z(g)$ / 8.6 g / 5V L

(나): $XY_4(g)$, $XY_4Z(g)$ / 8.0 g / 4V L

피스톤

- Y 원자 수는 (가)에서가 (나)에서의 $\frac{7}{8}$배이다.

- $\dfrac{\text{Z 원자 수}}{\text{X 원자 수}}$ 는 (가)에서가 (나)에서의 6배이다.

- (가)에서 Z의 질량은 4.8 g이고, (나)에서 $XY_4(g)$의 질량은 w g이다.

$w \times \dfrac{\text{X의 원자량}}{\text{Z의 원자량}}$ 은? (단, X~Z는 임의의 원소 기호이다.) [3점]

① 1.2   ② 1.8   ③ 2.4   ④ 3.0   ⑤ 3.6

발문과 자료 분석하기
실린더 속 혼합 기체의 질량과 부피 및 주어진 조건을 이용하여 각 기체의 양(mol)을 파악해야 한다.

꼭 기억해야 할 개념
1. 일정한 온도와 압력에서 기체의 종류와 관계없이 같은 부피에 들어 있는 기체의 양(mol)은 동일하다.
2. 실린더 속 기체의 질량은 각 기체를 구성하는 원자의 질량의 합과 같다.

선지별 선택 비율

①	②	③	④	⑤
7 %	22 %	19 %	15 %	36 %

012

수능 기출

표는 같은 온도와 압력에서 실린더 (가)~(다)에 들어 있는 기체에 대한 자료이다.

실린더		(가)	(나)	(다)
기체의 질량(g)	$X_aY_b(g)$	15w	22.5w	
	$X_aY_c(g)$	16w	8w	
Y 원자 수(상댓값)		6	5	9
전체 원자 수		10N	9N	$x$$N$
기체의 부피(L)		4V	4V	5V

이에 대한 설명으로 옳은 것만을 〈보기〉에서 있는 대로 고른 것은? (단, X와 Y는 임의의 원소 기호이다.)

| 보기 |

ㄱ. $a=b$이다.

ㄴ. $\dfrac{\text{X의 원자량}}{\text{Y의 원자량}}=\dfrac{7}{8}$이다.

ㄷ. $x=14$이다.

① ㄱ   ② ㄴ   ③ ㄱ, ㄷ   ④ ㄴ, ㄷ   ⑤ ㄱ, ㄴ, ㄷ

발문과 자료 분석하기
실린더 속 기체에 대한 여러 가지 자료로부터 기체의 양(mol)과 분자식을 파악해야 한다.

꼭 기억해야 할 개념
1. 아보가드로 법칙에 따르면 혼합 기체의 부피비는 양(mol)에 비례한다.
2. 물질의 질량(g)=물질의 양(mol)× 1 mol의 질량(g/mol)

선지별 선택 비율

①	②	③	④	⑤
11 %	13 %	38 %	19 %	19 %

013

상 중 **하**

그림은 원자 X~Z의 질량 관계를 나타낸 것이다.

X 원자 4개   Y 원자 1개   Z 원자 1개   Y 원자 2개

이에 대한 설명으로 옳은 것만을 〈보기〉에서 있는 대로 고른 것은?
(단, X~Z는 임의의 원소 기호이다.)

| 보기 |

ㄱ. 원자량비는 $X : Z = 1 : 8$이다.

ㄴ. 1 mol의 질량은 Z가 Y_2의 2배이다.

ㄷ. ZY_2에서 구성 원소의 질량비는 $Y : Z = 1 : 2$이다.

① ㄱ   ② ㄴ   ③ ㄱ, ㄷ
④ ㄴ, ㄷ   ⑤ ㄱ, ㄴ, ㄷ

014 | 신유형 |

상 **중** 하

그림은 t ℃, 1 atm에서 용기 (가)와 (나)에 $X_2Y_4(g)$와 $X_4Y_a(g)$가
각각 들어 있는 것을 나타낸 것이다. 용기 속 기체의 질량은 (나)가 (가)
의 4배이다.

$X_2Y_4(g)$
V L
1 atm
(가)

$X_4Y_a(g)$
$2V$ L
1 atm
(나)

이에 대한 설명으로 옳은 것만을 〈보기〉에서 있는 대로 고른 것은?
(단, X와 Y는 임의의 원소 기호이다.)

| 보기 |

ㄱ. 기체의 양(mol)은 (나)가 (가)의 2배이다.

ㄴ. $a = 8$이다.

ㄷ. 1 g에 들어 있는 전체 원자 수는 (나)에서가 (가)에서의
2배이다.

① ㄱ   ② ㄷ   ③ ㄱ, ㄴ
④ ㄴ, ㄷ   ⑤ ㄱ, ㄴ, ㄷ

015

상 중 **하**

다음은 실린더 (가)와 (나)에 각각 들어 있는 기체에 대한 자료이다.

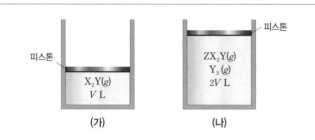

피스톤

피스톤

$X_2Y(g)$
V L
(가)

$ZX_2Y(g)$
$Y_2(g)$
$2V$ L
(나)

• 원자량비는 $Y : Z = 4 : 3$이다.

• 기체의 질량비는 (가) : (나) = 9 : 31이다.

• Y 원자 수비는 (가) : (나) = 1 : 3이다.

이에 대한 설명으로 옳은 것만을 〈보기〉에서 있는 대로 고른 것은?
(단, X~Z는 임의의 원소 기호이다.)

| 보기 |

ㄱ. X 원자 수비는 (가) : (나) = 2 : 1이다.

ㄴ. 원자량비는 $X : Z = 1 : 12$이다.

ㄷ. 전체 원자 수비는 (가) : (나) = 1 : 2이다.

① ㄱ   ② ㄴ   ③ ㄷ
④ ㄱ, ㄴ   ⑤ ㄴ, ㄷ

016 〔상 중 하〕

그림은 t ℃, 1 atm에서 실린더 (가)와 (나)에 들어 있는 기체를 나타낸 것이다. 원자량비는 A : C = 7 : 8이다.

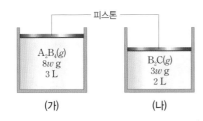

이에 대한 설명으로 옳은 것만을 〈보기〉에서 있는 대로 고른 것은? (단, A~C는 임의의 원소 기호이고, 온도와 압력은 일정하다.)

| 보기 |
ㄱ. 실린더에 들어 있는 총 원자 수비는 (가) : (나) = 3 : 2이다.
ㄴ. 분자량비는 A_2B_4 : B_2C = 16 : 9이다.
ㄷ. t ℃, 1 atm에서 $A_2C(g)$ $7w$ g의 부피는 3 L이다.

① ㄱ   ② ㄴ   ③ ㄷ
④ ㄱ, ㄷ   ⑤ ㄴ, ㄷ

017 〔상 중 하〕

그림은 t ℃, 1 atm에서 C_4H_x와 N_2의 부피에 따른 질량을 나타낸 것이다. t ℃, 1 atm에서 기체 1 mol의 부피는 24 L이다.

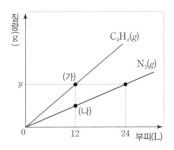

이에 대한 설명으로 옳은 것만을 〈보기〉에서 있는 대로 고른 것은? (단, H, C, N의 원자량은 각각 1, 12, 14이다.)

| 보기 |
ㄱ. $\dfrac{y}{x} = \dfrac{7}{2}$이다.
ㄴ. 기체의 밀도는 (가)에서가 (나)에서의 2배이다.
ㄷ. 1 g에 들어 있는 전체 원자 수비는 (가) : (나) = 3 : 2이다.

① ㄱ   ② ㄷ   ③ ㄱ, ㄴ
④ ㄴ, ㄷ   ⑤ ㄱ, ㄴ, ㄷ

018 〔상 중 하〕

표는 t ℃, 1 atm에서 2가지 기체에 대한 자료이다. m과 n은 5 이하의 자연수이다.

기체	분자식	분자량	1 g에 들어 있는 전체 원자 수(상댓값)	밀도(g/L)
(가)	$X_mY_mH_n$	66	32	$3d$
(나)	XY_n	a	15	$4d$

이에 대한 설명으로 옳은 것만을 〈보기〉에서 있는 대로 고른 것은? (단, H의 원자량은 1이고, X, Y는 임의의 원소 기호이다.)

| 보기 |
ㄱ. a = 88이다.
ㄴ. $m + n$ = 4이다.
ㄷ. X_2Y_2의 분자량은 100이다.

① ㄱ   ② ㄴ   ③ ㄱ, ㄷ
④ ㄴ, ㄷ   ⑤ ㄱ, ㄴ, ㄷ

019 | 신유형 | 〔상 중 하〕

그림은 t ℃, 1 atm에서 메테인(CH_4)과 헬륨(He)이 각각 들어 있는 용기 (가)와 풍선 (나)를 나타낸 것이다.

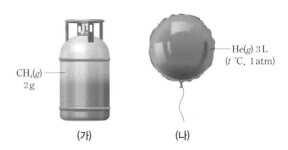

(가)의 CH_4이 (나)의 He보다 큰 값을 갖는 것만을 〈보기〉에서 있는 대로 고른 것은? (단, H, He, C의 원자량은 각각 1, 4, 12이고, t ℃, 1 atm에서 기체 1 mol의 부피는 24 L이다.)

| 보기 |
ㄱ. 질량
ㄴ. 분자 수
ㄷ. 1 g당 전체 원자 수

① ㄱ   ② ㄴ   ③ ㄷ
④ ㄱ, ㄷ   ⑤ ㄴ, ㄷ

020 | 신유형 | 상 중 하

표는 t_1 ℃, 1 atm에서 기체 (가)와 t_2 ℃의 액체 (나)에 대한 자료이다. 전체 원자 수비는 (가) : (나)=5 : 6이고, 원자량비는 A : C=3 : 4이다.

분자	분자식	밀도	질량	부피
(가)	AB_4	0.64 g/L	x g	12.5 L
(나)	B_2C	1 g/mL	y g	18 mL

이에 대한 설명으로 옳은 것만을 〈보기〉에서 있는 대로 고른 것은? (단, A~C는 임의의 원소 기호이고, t_1 ℃, 1 atm에서 기체 1 mol의 부피는 25 L이다.)

— | 보기 | —

ㄱ. $x+y=26$이다.

ㄴ. AC_2의 분자량은 46이다.

ㄷ. 1 g의 전체 원자 수비는 (가) : (나)=15 : 16이다.

① ㄱ   ② ㄴ   ③ ㄱ, ㄷ

④ ㄴ, ㄷ   ⑤ ㄱ, ㄴ, ㄷ

021 상 중 하

표는 같은 온도와 압력에서 실린더 (가)~(다)에 들어 있는 기체에 대한 자료이다.

실린더		(가)	(나)	(다)
기체의 질량(g)	$A(g)$	w	$2w$	aw
	$B(g)$	$2w$	w	$\frac{3}{4}w$
기체의 부피(L)		$5V$	$4V$	$3V$

이에 대한 설명으로 옳은 것만을 〈보기〉에서 있는 대로 고른 것은?

— | 보기 | —

ㄱ. $a=3$이다.

ㄴ. (가)~(다) 중 $\dfrac{B의\ 양(mol)}{A의\ 양(mol)}$ 은 (가)가 가장 크다.

ㄷ. $\dfrac{B의\ 분자량}{A의\ 분자량}=2$이다.

① ㄱ   ② ㄴ   ③ ㄷ

④ ㄱ, ㄴ   ⑤ ㄴ, ㄷ

022 상 중 하

표는 분자 (가)와 (나)에 대한 자료이다.

분자	(가)	(나)
구성 원소	X, Y	X, Y
분자당 구성 원자 수	3	4
분자량(상댓값)	9	17
1 g에 들어 있는 Y 원자 수	17	18

이에 대한 설명으로 옳은 것만을 〈보기〉에서 있는 대로 고른 것은? (단, X, Y는 임의의 원소 기호이다.)

— | 보기 | —

ㄱ. (가)는 X_2Y이다.

ㄴ. 원자량비는 X : Y=7 : 8이다.

ㄷ. 1 g에 들어 있는 X 원자 수비는 (가) : (나)=17 : 9이다.

① ㄱ   ② ㄴ   ③ ㄱ, ㄷ

④ ㄴ, ㄷ   ⑤ ㄱ, ㄴ, ㄷ

023 | 신유형 | 상 중 하

그림은 t ℃, 1 atm에서 꼭지로 연결된 실린더 (가)와 (나)에 기체 X, Y가 들어 있는 모습을 나타낸 것이다. 꼭지를 열고 충분한 시간이 흘렀을 때 (가)에서 X(g)의 부피는 $4V$ L이었고, (나)에서 Y(g)의 부피는 $7V$ L이었다.

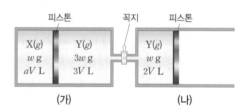

$a \times \dfrac{Y의\ 분자량}{X의\ 분자량}$ 은? (단, 온도와 압력은 일정하고, 피스톤의 질량과 마찰 및 연결관의 부피는 무시한다.)

① $\dfrac{1}{3}$ ② $\dfrac{1}{2}$ ③ 2

④ 4   ⑤ 8

024 상 중 하

표는 3가지 기체에 대한 자료이다.

기체	(가)	(나)	(다)
분자식	X_2Y	XY_2	ZY_2
1 g에 들어 있는 전체 원자 수(상댓값)	1	a	1
1 g에 들어 있는 Y 원자 수(상댓값)	23	44	46

이에 대한 설명으로 옳은 것만을 〈보기〉에서 있는 대로 고른 것은? (단, X~Z는 임의의 원소 기호이다.)

| 보기 |

ㄱ. 분자량은 (가)와 (다)가 같다.

ㄴ. $a = \dfrac{23}{22}$이다.

ㄷ. $\dfrac{Z의\ 원자량}{Y의\ 원자량} = \dfrac{3}{4}$이다.

① ㄱ   ② ㄴ   ③ ㄷ
④ ㄱ, ㄷ   ⑤ ㄴ, ㄷ

025 | 신유형 | 상 중 하

표는 용기 (가)~(다)에 들어 있는 기체에 대한 자료이다.

용기	질량(g)		밀도	$\dfrac{Y\ 원자\ 수}{X\ 원자\ 수}$(상댓값)
	$X_aY_{2b}(g)$	$X_bY_{2a}(g)$		
(가)	$3w$	$4w$	$21d$	20
(나)	$6w$	$4w$	$20d$	y
(다)	$3w$	$8w$	xd	25

$\dfrac{y}{x}$는? (단, X와 Y는 임의의 원소 기호이다.)

① $\dfrac{1}{2}$ ② $\dfrac{3}{5}$ ③ $\dfrac{8}{11}$

④ $\dfrac{16}{21}$ ⑤ $\dfrac{4}{5}$

026 상 중 하

그림 (가)는 실린더에 $C_2H_6(g)$이 들어 있는 것을, (나)는 (가)의 실린더에 $C_3H_x(g)$가 첨가된 것을 나타낸 것이다.

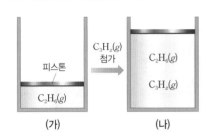

표는 (가)와 (나)의 실린더 속 기체에 대한 자료이다.

실린더	(가)	(나)
전체 기체의 질량(g)	$3w$	$11w$
전체 기체의 부피(L)	V	$3V$
$\dfrac{H\ 원자\ 수}{C\ 원자\ 수}$	$12N$	yN

$\dfrac{y}{x}$는? (단, H, C의 원자량은 각각 1, 12이고, 실린더 속 기체의 온도와 압력은 일정하며, 두 기체는 반응하지 않는다.)

① $\dfrac{7}{16}$ ② $\dfrac{7}{4}$ ③ $\dfrac{5}{3}$

④ 2   ⑤ 7

☑ 출제 개념
- 화학 반응식 완성하기
- 기체 반응에서 화학 반응식과 양적 관계
- 반응 계수비   • 몰비
- 분자 수비   • 부피비(기체)

1 화학 반응식

(1) 화학 반응식: 화학식과 기호를 이용하여 화학 반응을 반응식으로 나타낸 것

① 반응물과 생성물의 종류와 상태를 알 수 있음
② 화학식 뒤에 상태 표시를 ( ) 안에 써서 나타내기도 함

상태	고체	액체	기체	수용액
상태 표시	s	l	g	aq

☆빈출
(2) 화학 반응식 완성하기: 반응물과 생성물에 있는 원자의 종류와 개수가 같도록 계수를 맞춤

① 계수는 일반적으로 가장 간단한 자연수비로 나타냄
② 계수가 1인 경우 생략
③ 물 생성 반응의 화학 반응식 완성하기

1단계	반응물과 생성물을 화학식으로 나타냄 • 반응물: 수소(H_2), 산소(O_2) • 생성물: 물(H_2O)
2단계	반응물은 왼쪽에, 생성물은 오른쪽에 쓰고 그 사이를 화살표($\longrightarrow$)로 연결함. 반응물 또는 생성물이 2가지 이상이면 '+'로 연결 $H_2 + O_2 \longrightarrow H_2O$
3단계	반응물과 생성물을 구성하는 원자의 종류와 수가 같아지도록 화학식의 계수를 맞춤. 이때 계수는 가장 간단한 자연수비로 나타내고, 1이면 생략 • 산소의 원자 수를 같게 맞춤 $H_2 + O_2 \longrightarrow 2H_2O$ • 수소의 원자 수를 같게 맞춤 $2H_2 + O_2 \longrightarrow 2H_2O$
4단계	물질의 상태는 ( ) 안에 상태 표시 기호를 써서 화학식 뒤에 표시 $2H_2(g) + O_2(g) \longrightarrow 2H_2O(l)$

2 화학 반응식과 양적 관계

(1) 화학 반응식의 의미: 화학 반응식을 통해 반응물과 생성물의 종류를 알 수 있고, 물질의 양(mol), 분자 수, 질량, 기체의 부피 등의 양적 관계를 알 수 있음

① 반응 계수비: 반응 계수비는 몰비와 같음
② 온도와 압력이 같은 기체 사이의 반응 계수비는 반응 부피비와 같음

> 계수비=몰비=분자 수비(분자인 경우)
> =부피비(기체)≠질량비

③ 반응 질량비는 반응 계수비에 화학식량을 곱한 비와 같음

고빈출
(2) 화학 반응식과 양적 관계: 반응물과 생성물의 질량과 부피를 양(mol)으로 바꾼 뒤, 화학 반응식을 이용하여 양적 관계를 계산할 수 있음

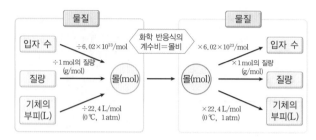

❶ 양적 관계

① 메테인(CH_4) 16 g의 완전 연소 반응에서의 양적 관계

화학 반응식	$CH_4(g)$	+	$2O_2(g)$	$\longrightarrow$	$CO_2(g)$	+	$2H_2O(l)$
반응 계수비	1	:	2	:	1	:	2
물질의 양(mol)	1		2		1		2
질량(g)	16		64		44		36
기체의 부피(L) (20 ℃, 1 atm)	24		48		24		

- CH_4의 분자량은 16이므로 CH_4 16 g은 1 mol이고, O_2 2 mol과 반응하면 CO_2 1 mol, H_2O 2 mol이 생성됨
- 생성된 CO_2, H_2O의 질량은 각각 44 g, 36 g
- 20 ℃, 1 atm에서 기체 1 mol의 부피는 24 L이므로 생성된 CO_2의 부피는 24 L

② 20 ℃, 1 atm에서 N_2와 H_2가 반응하여 NH_3 24 L가 생성되었을 때의 양적 관계

화학 반응식	$N_2(g)$	+	$3H_2(g)$	$\longrightarrow$	$2NH_3(g)$
반응 계수비	1	:	3	:	2
반응 부피비	1	:	3	:	2
기체의 부피(L) (20 ℃, 1 atm)	12		36		24

- 기체의 부피비는 반응 계수비와 같으므로 N_2 12 L와 H_2 36 L가 반응하여 24 L의 NH_3가 생성됨

③ 화학 반응식을 이용한 양적 계산

> 화학 반응식 완성하기
>
> ↓
>
> 반응 전과 반응 후의 상황 만들기
>
> ↓
>
> 한계 반응물 찾기
>
> ↓
>
> 양적 관계 찾기

대표 기출 문제

027

다음은 XYZ_3의 반응을 이용하여 Y의 원자량을 구하는 실험이다.

| 자료
- 화학 반응식 : $XYZ_3(s) \longrightarrow XZ(s) + YZ_2(g)$
- 원자량의 비는 X : Z = 5 : 2이다.

| 실험 과정
(가) $XYZ_3(s)$ w g을 반응 용기에 넣고 모두 반응시킨다.
(나) 생성된 $XZ(s)$의 질량과 $YZ_2(g)$의 부피를 측정한다.

| 실험 결과
- $XZ(s)$의 질량 : $0.56w$ g
- t ℃, 1기압에서 $YZ_2(g)$의 부피 : 120 mL
- Y의 원자량 : a

a는? (단, X~Z는 임의의 원소 기호이고, t ℃, 1기압에서 기체 1 mol의 부피는 24 L이다.) [3점]

① $12w$ ② $24w$ ③ $32w$ ④ $40w$ ⑤ $44w$

028

다음은 $A(g)$와 $B(g)$가 반응하여 $C(g)$와 $D(g)$를 생성하는 반응의 화학 반응식이다.

$$2A(g) + 3B(g) \longrightarrow 2C(g) + 2D(g)$$

표는 실린더에 $A(g)$와 $B(g)$를 넣고 반응을 완결시킨 실험 Ⅰ과 Ⅱ에 대한 자료이다. Ⅰ과 Ⅱ에서 남은 반응물의 종류는 서로 다르고, Ⅱ에서 반응 후 생성된 $D(g)$의 질량은 $\frac{45}{8}$ g이다.

실험	반응 전		반응 후	
	$A(g)$의 부피(L)	$B(g)$의 질량(g)	$A(g)$ 또는 $B(g)$의 질량(g)	$\dfrac{\text{전체 기체의 양(mol)}}{C(g)\text{의 양(mol)}}$
Ⅰ	$4V$	6	$17w$	3
Ⅱ	$5V$	25	$40w$	x

$x \times \dfrac{\text{C의 분자량}}{\text{B의 분자량}}$은? (단, 실린더 속 기체의 온도와 압력은 일정하다.) [3점]

① $\dfrac{3}{2}$ ② 3 ③ $\dfrac{9}{2}$ ④ 6 ⑤ 9

029
상 중 하

다음은 A(g)와 B(g)가 반응하여 C(g)를 생성하는 반응의 화학 반응식이다.

$$aA(g) + B(g) \longrightarrow 2C(g) \ (a는 \ 반응 \ 계수)$$

표는 실린더에 A(g)와 B(g)를 넣고 반응을 완결시켰을 때, 반응 전과 후에 대한 자료이다.

반응 전		반응 후	
A(g)의 질량(g)	B(g)의 질량(g)	A(g)의 질량(g)	$\dfrac{C(g)의 \ 양(mol)}{A(g)의 \ 양(mol)}$
10	2	2	8

$a \times \dfrac{A의 \ 분자량}{B의 \ 분자량}$ 은?

① 2   ② 4   ③ 8

④ 10   ⑤ 12

030 | 신유형 |
상 중 하

다음은 M의 원자량을 구하기 위한 실험이다.

| 자료
- 화학 반응식:
$$MCO_3(s) + 2HCl(aq)$$
$$\longrightarrow MCl_2(aq) + H_2O(l) + CO_2(g)$$
- $t \ ^{\circ}C$, 1 atm에서 기체 1 mol의 부피는 24 L이다.
- C, O의 원자량은 각각 12, 16이다.

| 실험 과정
(가) $MCO_3(s) \ w$ g을 충분한 양의 HCl(aq)에 넣어 반응을 완결시킨다.
(나) 생성된 $CO_2(g)$의 부피를 측정한다.

| 실험 결과
- (나) 과정 후 생성된 $CO_2(g)$의 부피($t \ ^{\circ}C$, 1 atm): V L

M의 원자량은? (단, M은 임의의 원소 기호이다.)

① $\dfrac{w}{24} - 60V$ ② $\dfrac{V}{24} - 60$ ③ $\dfrac{24w}{V} - 60$

④ $\dfrac{24w}{V} - 44$ ⑤ $\dfrac{24w}{V}$

031
상 중 하

그림은 실린더에 $Al_2O_3(s) \ x$ g과 HF(g)를 넣고 반응을 완결시켰을 때, 반응 전과 후 실린더에 존재하는 물질을 나타낸 것이다.

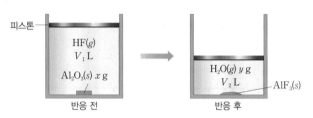

$\dfrac{y}{x} \times \dfrac{V_1}{V_2}$ 은? (단, H, O, Al의 원자량은 각각 1, 16, 27이고, 실린더 속 고체의 부피는 무시한다.)

① $\dfrac{9}{34}$ ② $\dfrac{9}{17}$ ③ $\dfrac{18}{17}$

④ 2   ⑤ $\dfrac{34}{9}$

032
상 중 하

그림은 강철 용기에 XY와 Y_2를 넣고 반응을 완결시켰을 때, 반응 전과 후 용기에 들어 있는 분자를 모형으로 나타낸 것이다.

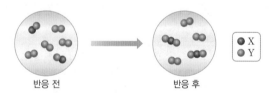

이 반응에 대한 설명으로 옳은 것만을 〈보기〉에서 있는 대로 고른 것은? (단, X, Y는 임의의 원소 기호이다.)

| 보기 |

ㄱ. 생성물의 종류는 2가지이다.
ㄴ. 강철 용기 속 전체 기체의 밀도는 감소한다.
ㄷ. 반응 후 $\dfrac{생성물의 \ 양(mol)}{남은 \ 반응물의 \ 양(mol)} = \dfrac{2}{3}$ 이다.

---

① ㄱ   ② ㄷ   ③ ㄱ, ㄴ

④ ㄴ, ㄷ   ⑤ ㄱ, ㄴ, ㄷ

033 상 중 하

다음은 A(g)와 B(g)가 반응하여 C(g)와 D(g)를 생성하는 반응의 화학 반응식이다.

$$A(g) + 4B(g) \longrightarrow 3C(g) + 2D(g)$$

표는 실린더에 A(g)와 B(g)를 넣고 반응을 완결시킨 실험 I과 II에 대한 자료이다. I에서는 A(g)가 모두 반응하였고, I에서 반응 후 생성물의 전체 질량은 21w g이며, x는 50 이하이다.

실험	반응 전		반응 후
	A(g)의 질량(g)	B(g)의 질량(g)	$\dfrac{\text{생성물의 전체 양(mol)}}{\text{남은 반응물의 양(mol)}}$(상댓값)
I	5w	20w	3
II	25w	$x w$	2

x는?

① 8 ② 12 ③ 16
④ 32 ⑤ 40

034 상 중 하

다음은 2가지 반응의 화학 반응식이다.

(가) $4NO + 4NH_3 + O_2 \longrightarrow 4N_2 + 6$ ⬚ ㉠
(나) $aNO_2 + 8NH_3 \longrightarrow 7N_2 + b$ ⬚ ㉠
(a, b는 반응 계수)

이에 대한 설명으로 옳은 것만을 〈보기〉에서 있는 대로 고른 것은?

| 보기 |

ㄱ. ㉠은 H_2O이다.
ㄴ. $a+b=18$이다.
ㄷ. N_2 1 mol이 생성되었을 때 반응한 NH_3의 양(mol)은 (가)에서가 (나)에서의 $\dfrac{7}{8}$배이다.

① ㄱ ② ㄷ ③ ㄱ, ㄴ
④ ㄴ, ㄷ ⑤ ㄱ, ㄴ, ㄷ

035 | 신유형 | 상 중 하

다음은 $A_2(g)$와 $B_2(g)$가 반응하여 X(g)를 생성하는 반응의 화학 반응식이다. X는 분자당 구성 원자 수가 3이다.

$$A_2(g) + bB_2(g) \longrightarrow cX(g) \ (b, c\text{는 반응 계수})$$

표는 실린더에 $A_2(g)$와 $B_2(g)$를 넣고 반응을 완결시킨 실험 I과 II에서 반응 전과 후 기체에 대한 자료이다. I에서는 A_2와 B_2가 모두 반응하였다.

실험	반응 전 기체의 부피(L)		반응 후 전체 기체의 부피(L)
	$A_2(g)$	$B_2(g)$	
I	V	xV	$2V$
II	$3V$	$4V$	yV

이에 대한 설명으로 옳은 것만을 〈보기〉에서 있는 대로 고른 것은? (단, A, B는 임의의 원소 기호이고, 기체의 온도와 압력은 일정하다.)

| 보기 |

ㄱ. X의 분자식은 AB_2이다.
ㄴ. $b > c$이다.
ㄷ. $x \times y = 10$이다.

① ㄱ ② ㄴ ③ ㄱ, ㄷ
④ ㄴ, ㄷ ⑤ ㄱ, ㄴ, ㄷ

036 상 중 하

그림은 실린더에 $A_2B(g)$와 $B_2(g)$를 넣고 반응을 완결시켰을 때, 반응 전과 후에 실린더에 존재하는 물질을 나타낸 것이다. $\dfrac{d_2}{d_1} = \dfrac{3}{2}$이다.

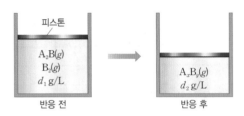

피스톤

| $A_2B(g)$ $B_2(g)$ d_1 g/L | $A_xB_y(g)$ d_2 g/L |

반응 전   반응 후

$\dfrac{y}{x}$는? (단, A, B는 임의의 원소 기호이고, 실린더 속 기체의 온도와 압력은 일정하다.)

① $\dfrac{1}{3}$ ② $\dfrac{1}{2}$ ③ $\dfrac{2}{3}$

④ 1   ⑤ $\dfrac{3}{2}$

037 상 중 하

다음은 $A(g)$와 $B(g)$가 반응하여 $C(g)$를 생성하는 반응의 화학 반응식이다.

$$aA(g) + B(g) \longrightarrow 2C(g) \text{ (a는 반응 계수)}$$

표는 $A(g)$와 $B(g)$의 질량을 달리하여 반응을 완결시킨 실험 I과 II에 대한 자료이다. 실험 II에서 $A(g)$가 모두 소모되었다.

실험	반응 전		반응 후	
	$A(g)$의 질량(g)	$B(g)$의 질량(g)	혼합 기체에서 기체 분자 수비	$\dfrac{\text{C의 질량}}{\text{전체 기체의 질량}}$
I	$5w$	$14w$	1 : 1	$\dfrac{17}{19}$
II	$3w$	$28w$	1 : 2	x

$a \times x$는?

① $\dfrac{17}{31}$ ② $\dfrac{34}{31}$ ③ $\dfrac{51}{31}$

④ $\dfrac{68}{31}$ ⑤ $\dfrac{85}{31}$

038 상 중 하

그림은 $A_2(g)$와 $B_2(g)$가 들어 있는 실린더에서 반응을 완결시켰을 때, 반응 후 실린더 속 기체 V mL에 들어 있는 기체 분자를 모형으로 나타낸 것이다.

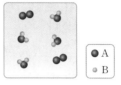

● A
● B

반응 전 실린더 속 기체 V mL에 들어 있는 기체 분자를 모형으로 나타낸 것으로 옳은 것은? (단, A와 B는 임의의 원소 기호이고, 실린더 속 기체의 온도와 압력은 일정하다.)

①   ②   ③

④   ⑤

039 상 중 하

다음은 $X(g)$와 $Y(g)$의 반응에 대한 자료와 실험이다.

| 자료
- 화학 반응식: $xX(g) + Y(g) \longrightarrow zZ(g)$ (x, z는 반응 계수)
- 분자량비는 Y : Z = 13 : 7이다.

| 실험 과정
(가) 실린더에 $X(g)$ $2n$ mol을 넣는다.
(나) (가)의 실린더에 $Y(g)$ w g을 넣고 반응을 완결시킨다.
(다) (나)의 실린더에 $X(g)$ n mol과 $Y(g)$ $2w$ g을 넣고 반응을 완결시킨다.

| 실험 결과
- 과정 (가)~(다) 이후 실린더 속 기체의 부피와 $Z(g)$의 단위 부피당 질량

과정	(가)	(나)	(다)
부피(상댓값)	4	3	
$Z(g)$의 단위 부피당 질량		a	b

- (다) 이후 실린더에 들어 있는 기체는 1가지이고, 질량은 $\dfrac{42}{13}w$ g이었다.

$(x + z) \times \dfrac{a}{b}$는? (단, 기체의 온도와 압력은 일정하다.)

① $\dfrac{3}{4}$ ② 1   ③ $\dfrac{3}{2}$ ④ 2   ⑤ 3

040 | 신유형 | 상 중 하

다음은 A(g)와 B(g)가 반응하여 C(g)를 생성하는 반응의 화학 반응식이다.

$$aA(g) + bB(g) \longrightarrow aC(g) \ (a, b는 반응 계수)$$

표는 반응 용기에 A(g)와 B(g)의 양을 달리하여 넣고 반응을 완결시킨 실험 Ⅰ과 Ⅱ에 대한 자료이다.

실험	반응 전		반응 후	
Ⅰ	질량비	A : B = 1 : 1	질량비	B : C = 3 : 11
Ⅱ	부피비	A : B = 1 : 1	부피비	B : C = 1 : 2

$\dfrac{a}{b} \times \dfrac{\text{B의 분자량}}{\text{A의 분자량}}$ 은?

① $\dfrac{4}{7}$ ② $\dfrac{7}{8}$ ③ $\dfrac{8}{7}$

④ $\dfrac{7}{4}$ ⑤ $\dfrac{16}{7}$

041   상 중 하

다음은 A(g)와 B(g)가 반응하여 C(g)를 생성하는 반응의 화학 반응식이다.

$$2A(g) + B(g) \longrightarrow cC(g) \ (c는 반응 계수)$$

표는 실린더에 A(g)와 B(g)를 넣고 반응을 완결시킨 실험 Ⅰ~Ⅲ에 대한 자료이다. Ⅱ에서 A와 B는 모두 반응하였고, $\dfrac{\text{A의 분자량}}{\text{B의 분자량}} = \dfrac{7}{8}$ 이다.

실험	반응 전 기체의 질량(g)		반응 후 전체 기체의 부피 / 반응 전 전체 기체의 부피
	A(g)	B(g)	
Ⅰ	w	2	㉠
Ⅱ	w	4	$\dfrac{2}{3}$
Ⅲ	w	6	㉡

$\dfrac{㉠}{㉡} \times \dfrac{\text{C의 분자량}}{\text{A의 분자량}}$ 은? (단, 실린더 속 기체의 온도와 압력은 일정하다.)

① $\dfrac{11}{25}$ ② $\dfrac{25}{44}$ ③ $\dfrac{4}{5}$

④ $\dfrac{44}{25}$ ⑤ $\dfrac{88}{25}$

042   상 중 하

다음은 A(g)와 B(g)가 반응하여 C(g)를 생성하는 반응의 화학 반응식이다.

$$A(g) + bB(g) \longrightarrow 2C(g) \ (b는 반응 계수)$$

그림 (가)는 실린더에 A(g) N mol이 들어 있는 것을, (나)는 (가)의 실린더에 B(g)를 넣고 반응을 완결시켰을 때, 넣어 준 B(g)의 양(mol)에 따른 전체 기체의 밀도를 나타낸 것이다. $\dfrac{\text{B의 분자량}}{\text{A의 분자량}} = \dfrac{1}{2}$ 이다.

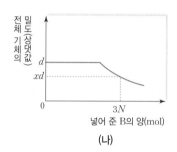

(가)   (나)

$\dfrac{x}{b}$ 는? (단, 실린더 속 기체의 온도와 압력은 일정하다.)

① $\dfrac{1}{6}$ ② $\dfrac{1}{4}$ ③ $\dfrac{3}{8}$

④ $\dfrac{5}{12}$ ⑤ $\dfrac{5}{6}$

1 퍼센트 농도

(1) 퍼센트 농도(%): 용액 100 g에 녹아 있는 용질의 질량(g)을 나타낸 농도이고, 단위는 %를 사용

$$퍼센트\ 농도(\%) = \frac{용질의\ 질량(g)}{용액의\ 질량(g)} \times 100$$
$$= \frac{용질의\ 질량(g)}{(용매 + 용질)의\ 질량(g)} \times 100$$

- 질량에 대한 값이므로 온도와 압력의 영향을 받지 않음

(2) 용질의 질량 구하기: 퍼센트 농도와 용액의 질량을 알면 용질의 질량을 구할 수 있음

$$용질의\ 질량(g) = 용액의\ 질량(g) \times \frac{퍼센트\ 농도(\%)}{100}$$

- 10 % 용액 100 g에는 용질 10 g이 녹아 있으므로 10 % 용액 200 g에는 용질 20 g, 용매 180 g이 혼합되어 있음
  - 예 10 % 포도당 수용액 100 g에 들어 있는 포도당의 질량:
    $$포도당의\ 질량 = 100 \times \frac{10}{100} = 10\ g$$

2 몰 농도 (빈출)

(1) 몰 농도(M): 용액 1 L에 들어 있는 용질의 양(mol)으로 나타낸 농도이며, 단위는 M 또는 mol/L를 사용

$$몰\ 농도(M) = \frac{용질의\ 양(mol)}{용액의\ 부피(L)}$$

① 퍼센트 농도는 용액의 질량을 기준으로 하지만 몰 농도는 용액의 부피를 기준으로 하므로 사용이 편리함
② 온도에 따라 용질의 양(mol)은 변하지 않지만 용액의 부피가 변하므로 몰 농도는 온도에 따라 달라질 수 있음
③ 용액의 몰 농도와 부피를 알면 녹아 있는 용질의 양(mol)을 구할 수 있음

$$용질의\ 양(mol) = 몰\ 농도(mol/L) \times 용액의\ 부피(L)$$

- 0.1 M 용액 1 L 속에는 용질 0.1 mol이 녹아 있으므로 0.1 M 용액 500 mL에는 용질 0.05 mol이 녹아 있음
  - 예 0.1 M 수산화 나트륨(NaOH) 수용액 100 mL에 들어 있는 용질의 양(mol):
    NaOH의 양 = 0.1 M × 0.1 L = 0.01 mol

(2) 몰 농도 용액 만들기: 부피 플라스크, 전자저울, 비커, 씻기병 등을 이용하여 특정한 몰 농도의 용액을 만들 수 있음

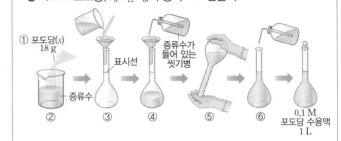

예 0.1 M 포도당($C_6H_{12}O_6$) 수용액 1 L 만들기

① 포도당(s) 18 g ② 증류수 ③ 표시선 ④ 증류수가 들어 있는 씻기병 ⑤ ⑥ 0.1 M 포도당 수용액 1 L

① 0.1 M 포도당 수용액 1 L에는 0.1 mol의 포도당이 들어 있어야 하므로 포도당 1 mol의 질량을 곱하여 필요한 포도당의 질량이 180 g/mol × 0.1 mol = 18 g임을 구해야 함
② 18 g의 포도당을 적당량의 증류수가 들어 있는 비커에 넣어 모두 녹임
③ 1 L 부피 플라스크에 ②의 용액을 넣음. 증류수로 비커를 씻어 묻어 있는 용액까지 부피 플라스크에 넣음
④ 표시선까지 증류수를 가함
⑤ 용액을 충분히 흔들어 줌
⑥ 다시 표시선까지 증류수를 채움

(3) 용액의 희석 (고빈출)

① 어떤 용액에 용매를 가하여 용액을 희석했을 때, 용액의 부피와 농도는 달라지지만 그 속에 녹아 있는 용질의 양(mol)은 변하지 않고 일정
② 용액의 몰 농도가 a_1 M이고, 부피가 V_1 L인 용액에 증류수를 가하여 몰 농도는 a_2 M, 부피는 V_2 L인 용액이 되었다면 용질의 양은 일정하여 다음과 같은 관계가 성립함

$$용질의\ 양(mol) = a_1 V_1 = a_2 V_2$$
$$a_2 = \frac{a_1 V_1}{V_2}\ M$$

(4) 용액의 혼합 (고빈출)

① 같은 용질이 용해되어 있는 농도가 서로 다른 2가지 용액을 혼합하면 용액의 부피와 농도는 변하지만 그 속에 들어 있는 용질의 전체 양(mol)은 변하지 않음
② 용액의 몰 농도가 a_1 M이고, 부피가 V_1 L인 용액에 몰 농도가 a_2 M인 용액 V_2 L를 혼합하여 몰 농도가 a_3 M이고, 전체 용액의 부피가 V_3 L인 용액이 되었다면 용질 전체의 양이 일정하게 유지되므로 다음과 같은 관계가 성립함

$$a_1 V_1 + a_2 V_2 = a_3 V_3$$
$$a_3 = \frac{a_1 V_1 + a_2 V_2}{V_3}\ M$$

대표 기출 문제

043

다음은 수산화 나트륨 수용액($NaOH(aq)$)에 관한 실험이다.

> (가) 2 M $NaOH(aq)$ 300 mL에 물을 넣어 1.5 M $NaOH(aq)$ x mL를 만든다.
> (나) 2 M $NaOH(aq)$ 200 mL에 $NaOH(s)$ y g과 물을 넣어 2.5 M $NaOH(aq)$ 400 mL를 만든다.
> (다) (가)에서 만든 수용액과 (나)에서 만든 수용액을 모두 혼합하여 z M $NaOH(aq)$ 을 만든다.

$\dfrac{y \times z}{x}$ 는? (단, NaOH의 화학식량은 40이고, 온도는 일정하며, 혼합 용액의 부피는 혼합 전 각 용액의 부피의 합과 같다.) [3점]

① $\dfrac{12}{25}$　　② $\dfrac{9}{25}$　　③ $\dfrac{6}{25}$　　④ $\dfrac{3}{25}$　　⑤ $\dfrac{1}{25}$

수능 기출

✎ **발문과 자료 분석하기**
용액을 혼합할 때 용질의 양(mol)은 변하지 않음을 파악해야 한다.

✎ **꼭 기억해야 할 개념**
1. 몰 농도(M)=$\dfrac{용질의 \ 양(mol)}{용액의 \ 부피(L)}$ 이므로 용질의 양(mol)=MV 이다.
2. 어떤 용액에 물을 가해 희석하여도 용질의 양(mol)은 변하지 않는다.

✎ **선지별 선택 비율**

①	②	③	④	⑤
7 %	7 %	8 %	74 %	3 %

044

표는 A 수용액 (가), (나)에 대한 자료이다. A의 화학식량은 100이고, (가)의 밀도는 d g/mL 이다.

수용액	물의 질량(g)	A의 질량(g)	농도(%)
(가)	60	a	$3b$
(나)	200	$2a$	$2b$

(가)의 몰 농도(M)는? [3점]

① $\dfrac{1}{600}d$　　② $\dfrac{1}{400}d$　　③ $\dfrac{5}{3}d$　　④ $\dfrac{5}{2}d$　　⑤ $\dfrac{15}{2}d$

교육청 기출

✎ **발문과 자료 분석하기**
퍼센트 농도 공식을 이용하여 용질의 질량을 구하고, 몰 농도 공식을 이용하여 몰 농도를 구해야 한다.

✎ **꼭 기억해야 할 개념**
1. 퍼센트 농도(%)=$\dfrac{용질의 \ 질량(g)}{용액의 \ 질량(g)} \times 100$
2. 용액의 부피(L)
$= \dfrac{용액의 \ 질량(g)}{밀도(g/mL) \times 1000 \ mL/L}$

✎ **선지별 선택 비율**

①	②	③	④	⑤
6 %	20 %	19 %	51 %	4 %

045

상 중 **하**

다음은 포도당($C_6H_{12}O_6$) 수용액을 만드는 실험이다. (나)에서 만든 수용액의 밀도는 1 g/mL이다.

| 실험 과정

(가) $C_6H_{12}O_6(s)$ 18 g을 물 x g에 녹여 10 % $C_6H_{12}O_6$ 수용액을 만든다.

(나) (가) 수용액 36 g을 취하여 물을 더 넣어 200 mL로 만든다.

이에 대한 설명으로 옳은 것만을 〈보기〉에서 있는 대로 고른 것은? (단, 온도는 일정하고, $C_6H_{12}O_6$의 분자량은 180이다.)

| 보기 |

ㄱ. $x=162$이다.

ㄴ. (나) 과정 후 수용액의 몰 농도는 0.1 M이다.

ㄷ. (나) 과정 후 수용액의 퍼센트 농도는 1.8 %이다.
---

① ㄱ　　　　② ㄷ　　　　③ ㄱ, ㄴ

④ ㄴ, ㄷ　　　⑤ ㄱ, ㄴ, ㄷ

046

상 중 **하**

다음은 A(aq)을 만드는 실험이다. A의 화학식량은 40이다.

| 실험 과정

(가) A(s) 8 g을 모두 물에 녹여 A(aq) 100 mL를 만든다.

(나) (가)에서 만든 A(aq) 25 mL를 취하여 200 mL 부피 플라스크에 모두 넣고 표시된 눈금선까지 물을 넣어 x M A(aq)을 만든다.

(다) (가)에서 만든 A(aq) 50 mL와 (나)에서 만든 A(aq) y mL를 혼합하고 물을 넣어 0.6 M A(aq) 200 mL를 만든다.

$x \times y$는? (단, 온도는 일정하다.)

① 20　　　　② 40　　　　③ 50

④ 80　　　　⑤ 100

047

상 중 **하**

그림은 a M X(aq) 250 mL에 X(s) w g을 넣어 녹인 후, 물을 추가하여 $3a$ M X(aq) 500 mL를 만드는 과정을 나타낸 것이다.

a는? (단, X의 화학식량은 40이다.)

① $\dfrac{w}{100}$　　　② $\dfrac{w}{50}$　　　③ $\dfrac{w}{40}$

④ $\dfrac{w}{20}$　　　⑤ $\dfrac{w}{10}$

048

상 중 **하**

다음은 A(aq)을 만드는 실험이다.

| 자료

• A의 분자량은 60이다.

| 실험 과정

(가) A(s) w g을 물에 녹여 20 mL의 수용액을 만든다.

(나) (가)의 A(aq) x mL와 물을 혼합하여 0.2 M A(aq) 20 mL를 만든다.

(다) (나)에서 만든 A(aq) 5 mL와 (가)의 A(aq) y mL를 혼합하고 물을 넣어 0.2 M A(aq) 20 mL를 만든다.

$\dfrac{y}{x}$는? (단, 온도는 일정하다.)

① $\dfrac{1}{5}$　　　② $\dfrac{1}{3}$　　　③ $\dfrac{1}{2}$

④ $\dfrac{3}{4}$　　　⑤ $\dfrac{5}{6}$

049 | 신유형 | 상 중 하

그림은 0.1 M A(aq) 10 mL에 0.2 M A(aq) V_1 mL를 넣은 후 0.05 M A(aq)을 추가로 넣었을 때, 넣어 준 A(aq)의 부피에 따른 혼합된 A(aq)의 몰 농도를 나타낸 것이다.

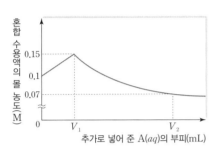

$\dfrac{V_2}{V_1}$는? (단, 수용액의 온도는 일정하다.)

① 8 ② 9 ③ 10
④ 20 ⑤ 50

050 상 중 하

표는 t ℃에서 X(aq) (가)~(다)에 대한 자료이다.

수용액	(가)	(나)	(다)
부피(L)	V_1	V_2	V_2
X의 질량(g)	$2w$	$3w$	$2w$
몰 농도(M)	0.4	0.3	㉠

이에 대한 설명으로 옳은 것만을 〈보기〉에서 있는 대로 고른 것은? (단, 혼합 용액의 부피는 각 용액의 부피의 합과 같다.)

| 보기 |
ㄱ. ㉠은 0.2이다.
ㄴ. $2V_1 = V_2$이다.
ㄷ. (가)와 (나)를 혼합한 용액의 몰 농도는 $\dfrac{1}{2}$ M이다.

① ㄱ ② ㄷ ③ ㄱ, ㄴ
④ ㄴ, ㄷ ⑤ ㄱ, ㄴ, ㄷ

051 | 신유형 | 상 중 하

다음은 a M 황산(H_2SO_4) 수용액을 만드는 실험 과정이다.

| 자료
• 98 % 진한 황산의 밀도: d g/mL
• H_2SO_4의 화학식량: 98

| 실험 과정
(가) 98 % 진한 황산 V mL를 피펫으로 취한다.
(나) 500 mL 부피 플라스크에 증류수를 반 정도 넣고 (가)에서 취한 진한 황산을 모두 넣는다.
(다) 부피 플라스크의 표시선까지 증류수를 더 넣어 a M H_2SO_4 수용액을 만든다.

a는? (단, 수용액의 온도는 일정하다.)

① $\dfrac{d}{50}$ ② $\dfrac{Vd}{200}$ ③ $\dfrac{Vd}{100}$
④ $\dfrac{Vd}{50}$ ⑤ $\dfrac{V}{d}$

052 | 신유형 | 상 중 하

표는 A(aq) (가)~(다)에 대한 자료이다. A의 분자량은 180이다.

수용액	용질의 질량(g)	용액의 부피(mL)
(가)	$2a$	100
(나)	$2b$	200
(다)	$a+b$	150

(나) 80 mL와 (다) 90 mL에 들어 있는 A의 양(mol)이 같을 때, (가)~(다)를 모두 혼합한 용액의 몰 농도(M)는? (단, 혼합 용액의 부피는 혼합 전 각 용액의 부피의 합과 같다.)

① $\dfrac{1}{9}a$ ② $\dfrac{1}{8}a$ ③ $\dfrac{4}{27}a$
④ $\dfrac{13}{25}a$ ⑤ $\dfrac{8}{11}a$

053 | 신유형 | 개념 통합 | 　상 중 하

표는 물질 (가)~(다)에 대한 자료이다. (가)~(다)는 에텐(C_2H_4), 에탄올(C_2H_5OH), 아세트산(CH_3COOH)을 순서 없이 나타낸 것이다.

물질	(가)	(나)	(다)
$\dfrac{\text{H 원자 수}}{\text{전체 원자 수}}$	$\dfrac{1}{2}$	a	a
분자당 완전 연소 생성물의 분자 수	b	b	5

(가)~(다)에 대한 설명으로 옳은 것만을 〈보기〉에서 있는 대로 고른 것은?

| 보기 |

ㄱ. 모두 연료로 사용할 수 있다.
ㄴ. (다)를 발효시켜 (가)를 만들 수 있다.
ㄷ. $a \times b = \dfrac{8}{3}$이다.

① ㄱ　　　② ㄴ　　　③ ㄱ, ㄷ
④ ㄴ, ㄷ　　　⑤ ㄱ, ㄴ, ㄷ

054 | 개념 통합 | 　상 중 하

표는 $t\ ^\circ C$, 1 atm에서 기체 (가)~(다)에 대한 자료이다.

기체	분자식	질량(g)	부피(L)	1 g에 들어 있는 전체 원자 수(상댓값)
(가)	X_2Y	9	2	7
(나)	ZY_2	11	1	
(다)	Z_2X_4	14	V	9

$V \times \dfrac{\text{Z의 원자량}}{\text{Y의 원자량}}$ 은? (단, X~Z는 임의의 원소 기호이다.)

① $\dfrac{3}{8}$　　　② $\dfrac{3}{4}$　　　③ 1

④ $\dfrac{3}{2}$　　　⑤ 4

055 | 개념 통합 | 　상 중 하

표는 실린더 (가)~(다)에 들어 있는 기체에 대한 자료이다.

실린더	기체의 종류	$\dfrac{\text{Z 원자 수}}{\text{Y 원자 수}}$	단위 질량당 부피(L/g)	단위 질량당 전체 원자 수 (상댓값)
(가)	W_2Y, XYZ_2	$\dfrac{4}{3}$	5	$\dfrac{11}{12}$
(나)	W_2Y, XZ_4	2	5	$\dfrac{11}{12}$
(다)	W_2Y, XYZ_2, XZ_4	$\dfrac{16}{3}$	4	$\dfrac{13}{15}$

$\dfrac{XYZ_2\text{의 분자량}}{XZ_4\text{의 분자량}}$ 은? (단, W~Z는 임의의 원소 기호이고, 실린더 속 기체의 온도와 압력은 일정하며, 기체는 서로 반응하지 않는다.)

① $\dfrac{1}{2}$　　　② $\dfrac{3}{5}$　　　③ $\dfrac{3}{4}$

④ 1　　　⑤ $\dfrac{3}{2}$

056 | 신유형 | 　상 중 하

표는 $t\ ^\circ C$, 1 atm에서 실린더 (가)와 (나)에 들어 있는 기체에 대한 자료이다.

실린더	기체의 질량(g)		1 g에 들어 있는 분자 수(상댓값)	$\dfrac{\text{X 원자 수}}{\text{Y 원자 수}}$
	$X_aY_{2b}(g)$	$X_bY_c(g)$		
(가)	$7w$	$6w$	27	$\dfrac{2}{3}$
(나)	$7w$	$2w$	26	$\dfrac{4}{7}$

$\dfrac{\text{X의 원자량}}{\text{Y의 원자량}}$ 은? (단, X~Z는 임의의 원소 기호이다.)

① $\dfrac{7}{6}$　　　② $\dfrac{8}{7}$　　　③ 2

④ 5　　　⑤ 12

057

상 중 하

그림 (가)는 실린더에 $A_mB_{2m}(g)$이 들어 있는 것을, (나)는 (가)의 실린더에 $A_nB_{2n}(g)$이 첨가된 것을 나타낸 것이다. 1 L에 들어 있는 전체 원자 수비는 (가) : (나)=14 : 15이다.

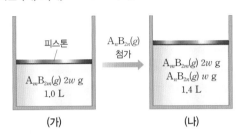

이에 대한 설명으로 옳은 것만을 〈보기〉에서 있는 대로 고른 것은? (단, 실린더 속 두 기체는 반응하지 않는다.)

| 보기 |

ㄱ. 기체의 밀도비는 (가) : (나)=14 : 15이다.

ㄴ. $\dfrac{n}{m}=\dfrac{4}{5}$이다.

ㄷ. $\dfrac{\text{(가)에서 1 g에 들어 있는 A 원자 수}}{\text{(나)에서 1 g에 들어 있는 A 원자 수}}=\dfrac{3}{2}$이다.

① ㄱ   ② ㄴ   ③ ㄱ, ㄷ
④ ㄴ, ㄷ   ⑤ ㄱ, ㄴ, ㄷ

058

| 신유형 | 개념 통합 |

상 중 하

다음은 X의 원자량을 구하는 실험이다.

- 화학 반응식 : $2M(s) + X_2(g) \longrightarrow 2MX(s)$

| 실험 과정
(가) M w_1 g을 반응 용기에 넣고, 충분한 양의 $X_2(g)$와 반응시킨다.
(나) 반응 후 $MX(s)$의 질량을 측정한다.

| 실험 결과 및 자료
- MX의 질량 : w_2 g
- M의 원자량 : m

X의 원자량은? (단, M과 X는 임의의 원소 기호이다.)

① $\dfrac{w_2-w_1}{w_1} \times \dfrac{m}{2}$ ② $\dfrac{w_2-w_1}{w_1} \times m$ ③ $\dfrac{w_1}{w_2-w_1} \times \dfrac{1}{m}$

④ $\dfrac{w_1}{w_2-w_1} \times m$ ⑤ $\dfrac{w_1}{w_1-w_2} \times m$

059

상 중 하

다음은 $A(g)$와 $B(g)$가 반응하여 $C(g)$를 생성하는 반응의 화학 반응식이다.

$$aA(g) + B(g) \longrightarrow 2C(g) \ (a\text{는 반응 계수})$$

표는 m mol의 $A(g)$가 들어 있는 용기에 $B(g)$를 넣어 반응을 완결시켰을 때, 반응 후 $\dfrac{C(g)\text{의 양(mol)}}{\text{전체 기체의 양(mol)}}$을 첨가한 $B(g)$의 양(mol)에 따라 나타낸 것이다.

B(g)의 양(mol)	2	4	6
반응 후 $\dfrac{C(g)\text{의 양(mol)}}{\text{전체 기체의 양(mol)}}$	$\dfrac{1}{2}$	$\dfrac{10}{11}$	x

$a \times x$는?

① $\dfrac{5}{7}$ ② $\dfrac{10}{11}$ ③ 1

④ $\dfrac{15}{7}$ ⑤ $\dfrac{10}{3}$

060

상 중 하

다음은 A(g)와 B(g)가 반응하여 C(g)를 생성하는 반응의 화학 반응식이다.

$$a\text{A}(g) + 3\text{B}(g) \longrightarrow c\text{C}(g) \ (a, c\text{는 반응 계수})$$

표는 실린더에 A(g)와 B(g)를 넣어 반응을 완결시킨 실험 I, II에 대한 자료이다. 실험 I, II에서 반응 후 남은 반응물의 종류는 서로 같고, 반응 후 실린더 속 기체의 부피는 동일하다. $\dfrac{\text{C의 분자량}}{\text{B의 분자량}} = \dfrac{5}{2}$ 이다.

실험	반응 전		반응 후
	A(g)의 부피(L)	B(g)의 부피(L)	남은 반응물의 밀도 (상댓값)
I	2V	5V	7
II	4V	4V	2

$\dfrac{c}{a} \times \dfrac{\text{B의 분자량}}{\text{A의 분자량}}$ 은? (단, 실린더 속 기체의 온도와 압력은 일정하다.)

① $\dfrac{2}{7}$ ② $\dfrac{6}{19}$ ③ $\dfrac{10}{19}$

④ 1   ⑤ $\dfrac{10}{7}$

061

| 신유형 | 개념 통합 |

상 중 하

그림은 실린더에 A$_2$B(g)와 B$_2$(g)를 넣고 반응을 완결시켰을 때, 반응 전과 후 실린더에 존재하는 물질을 나타낸 것이다. ㉠은 A$_2$B(g)와 B$_2$(g) 중 하나이고, 반응 전 A$_2$B와 B$_2$의 양(mol)은 같다.

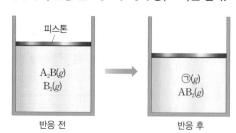

반응 전: 피스톤 / A$_2$B(g) B$_2$(g) → 반응 후: ㉠(g) AB$_2$(g)

$\dfrac{\text{반응 후 실린더 속 기체의 밀도}}{\text{반응 전 실린더 속 기체의 밀도}}$ 는? (단, A와 B는 임의의 원소 기호이고, 실린더 속 기체의 온도와 압력은 일정하다.)

① $\dfrac{8}{7}$ ② $\dfrac{7}{6}$ ③ $\dfrac{6}{5}$

④ $\dfrac{4}{3}$ ⑤ $\dfrac{3}{2}$

062

상 중 하

다음은 A(g)와 B(g)가 반응하여 C(g)와 D(g)를 생성하는 반응의 화학 반응식이다.

$$4\text{A}(g) + 5\text{B}(g) \longrightarrow 4\text{C}(g) + 6\text{D}(g)$$

표는 실린더에 A(g)와 B(g)를 넣고 반응을 완결시킨 실험 I과 II에 대한 자료이다. I과 II에서 남은 반응물의 종류는 서로 다르고, II에서 반응 후 생성된 C(g)의 질량은 48 g이다.

실험	반응 전		반응 후	
	A(g)의 부피(L)	B(g)의 질량(g)	A(g) 또는 B(g)의 질량(g)	$\dfrac{\text{전체 기체의 양(mol)}}{\text{C}(g)\text{의 양(mol)}}$
I	V	40	15	$\dfrac{13}{4}$
II	2V	40	$\dfrac{34}{5}$	x

$x \times \dfrac{\text{D의 분자량}}{\text{C의 분자량}}$ 은? (단, 실린더 속 기체의 온도와 압력은 일정하다.)

① $\dfrac{5}{8}$ ② $\dfrac{11}{15}$ ③ $\dfrac{17}{16}$

④ $\dfrac{5}{4}$ ⑤ $\dfrac{11}{4}$

063

상 중 하

다음은 A(g)와 B(g)가 반응하여 C(g)를 생성하는 반응의 화학 반응식이다.

$$\text{A}(g) + 3\text{B}(g) \longrightarrow c\text{C}(g) \ (c\text{는 반응 계수})$$

표는 실린더에 A(g)와 B(g)의 질량을 달리하여 넣고 반응을 완결시킨 실험 I~III에 대한 자료이다.

실험	반응 전			반응 후	
	A(g)의 질량(g)	B(g)의 질량(g)	전체 기체의 밀도 (상댓값)	실린더에 있는 물질 중 질량이 가장 큰 물질의 질량(g)	전체 기체의 밀도 (상댓값)
I	16	4	xd	12	$15d$
II	12	16	yd	24	$14d$
III	w	10		8	$\dfrac{84}{11}d$

$\dfrac{x \times y}{w \times c}$ 는? (단, 온도와 압력은 일정하다.)

① 12   ② $\dfrac{27}{2}$ ③ 15   ④ $\dfrac{33}{2}$ ⑤ 18

064 | 개념 통합 | 상 중 하

다음은 A(aq)을 만드는 실험이다. A의 화학식량은 a이다.

| 실험 과정

(가) A(s) 50 g을 모두 물에 녹여 A(aq) 500 mL를 만든다.

(나) (가)의 A(aq) x mL를 취하여 부피 플라스크에 넣고 물과 혼합하여 A(aq) 200 mL를 만든다.

(다) (가)에서 남은 A(aq)에 A(s) 10 g을 추가로 녹이고, 물을 혼합하여 A(aq) 600 mL를 만든다.

(라) (나)에서 만든 수용액과 (다)에서 만든 수용액을 모두 혼합하여 0.75 M A(aq) 수용액을 만든다.

| 자료

• $\dfrac{(나)에서\ A(s)의\ 양(mol)}{(다)에서\ A(s)의\ 양(mol)} = \dfrac{1}{3}$이다.

$\dfrac{x}{a}$는? (단, 온도는 일정하다.)

① $\dfrac{1}{4}$ ② $\dfrac{1}{2}$ ③ $\dfrac{3}{4}$

④ 1 ⑤ $\dfrac{3}{2}$

065 | 개념 통합 | 상 중 하

표는 X(aq) (가)와 (나)에 대한 자료이다. X의 화학식량은 60이고, (가)의 밀도는 1.02 g/mL이다.

X(aq)	농도	X의 질량(g)	용액의 부피(mL)
(가)	6 %	6	V
(나)	0.1 M	x	100

$x \times V$는? (단, 온도는 일정하다.)

① $\dfrac{500}{51}$ ② 10 ③ 20

④ $\dfrac{1000}{17}$ ⑤ 60

066 상 중 하

다음은 A(g)을 만드는 실험이다. A의 화학식량은 60이다.

| 실험 과정

(가) A(s) x g을 모두 물에 녹여 10 mL의 0.2 M A(aq)을 만든다.

(나) (가)의 A(aq)에 0.3 M A(aq)을 y mL 넣어 0.25 M A(aq)을 만든다.

(다) (나)의 A(aq)에 0.1 M A(aq) 10 mL와 물을 넣어 총 부피가 40 mL인 z M A(aq)을 만든다.

| 실험 결과

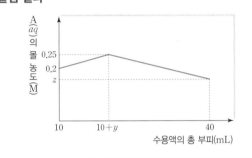

$\dfrac{z}{x \times y}$는? (단, 혼합 용액의 부피는 혼합 전 각 용액의 부피의 합과 같다.)

① $\dfrac{1}{8}$ ② $\dfrac{1}{6}$ ③ $\dfrac{1}{2}$

④ 1 ⑤ 4

Ⅱ 원자의 세계

◆ 이렇게 출제되었다!

2015 개정 교육과정이 적용된 수능, 평가원, 교육청 기출 문제를 철저히 분석했습니다.

- 단원별 출제 비율

I 단원 25%
Ⅱ 단원 23%
Ⅳ 단원 29%
Ⅲ 단원 23%

1. 원자의 구조 16 %
05 원자의 구조
06 원자 모형과 전자 배치 《 고빈출

2. 원소의 주기적 성질 7 %
07 주기율표와 원소의 주기적 성질 《 빈출

---

1. 원자의 구조 | 동위 원소에 대해 묻는 문제가 매년 출제되고 있는데 고난도로 출제되는 추세이다. 현대 원자 모형에서는 오비탈과 양자수에 관련된 문제가 가장 많이 출제되고 있고, 전자 배치와 관련하여 최근에는 전자 수비로 원자를 예측하여 비교하는 문제가 계속 출제되고 있다.

2. 원소의 주기적 성질 | 최근 수능에서는 순차 이온화 에너지 관련 문제가 출제되었고, 전자 배치로 원자를 파악하고 이 원자들의 주기적 성질을 비교하는 문제들이 출제되고 있는 추세이다.

◆ 어떻게 공부해야 할까?

05 원자의 구조

동위 원소와 관련된 문제는 매년 1문제씩 출제되고 있다. 평균 원자량으로 동위 원소의 존재 비율(%)을 구할 수 있어야 하고, 이를 이용하여 원자를 구성하는 양성자수와 중성자수의 비를 파악할 수 있도록 꾸준한 문제 풀이 연습이 필요하다.

06 원자 모형과 전자 배치

양자수를 파악하여 각 오비탈을 비교하는 문제가 출제되고 있다. 오비탈과 주 양자수, 방위(부) 양자수, 자기 양자수의 관계를 알아두어야 한다. 1~3주기 원자의 바닥상태 전자 배치에서 s 오비탈과 p 오비탈의 전자 수, 홀전자 수 등을 이용하여 원자를 파악하는 문제가 꾸준하게 나오고 있으므로 각 원자의 바닥상태 전자 배치에서 각 오비탈의 전자 수, 원자가 전자 수, 홀전자 수 등을 미리 공부해 두도록 한다.

07 주기율표와 원소의 주기적 성질

원소의 주기적 성질에 관련된 문제는 꾸준하게 출제되므로 주기율표에서 원자가 전자가 느끼는 유효 핵전하, 원자 반지름, 이온 반지름의 경향성을 파악하여야 하고, 순차 이온화 에너지에 대한 문항이 최근 계속 출제되고 있으므로 제1 이온화 에너지의 경향성으로 제2, 3, …, n 차 이온화 에너지를 알 수 있도록 공부해야 한다.

N 05 원자의 구조

✅ 출제 개념
- 원자를 구성하는 입자
- 질량수, 양성자수, 중성자수의 정의
- 동위 원소의 존재 비율
- 전자와 원자핵의 발견

1 원자의 구조

★빈출

(1) 원자를 구성하는 입자

구성 입자		전하량(C)	상대적 전하	상대적 질량
원자핵	양성자(p)	$+1.6 \times 10^{-19}$	$+1$	1
	중성자(n)	0	0	1
전자(e⁻)		-1.6×10^{-19}	-1	0

① 양성자: 중성자와 함께 원자핵을 이루는 입자로, 원소에 따라 그 수가 다름

> 원자 번호＝양성자수＝원자의 전자 수

② 중성자: 전하를 띠지 않는 입자로 양성자와 함께 원자핵을 구성하며, 같은 원소라도 중성자수는 다를 수 있음
③ 전자: 양성자와 전하량의 크기가 같고 부호는 반대인 입자

(2) 원자의 표현

① 원소 기호에 원자 번호와 질량수를 표시하여 나타냄

질량수＝양성자수＋중성자수
(양성자, 중성자 1개의 질량은 상대적 수인 1 사용)

$$_a^b X^c$$ ─전하량

원자 번호＝양성자수＝원자의 전자 수

② 질량수: 중성자 1개의 질량은 양성자와 거의 비슷하고, 전자 1개의 질량은 무시할 수 있을 정도로 작으므로 원자의 질량은 양성자와 중성자에 의해 결정

> 질량수＝양성자수 ＋ 중성자수

★고빈출

2 동위 원소

(1) **동위 원소**: 양성자수가 같아 원자 번호는 같으나 중성자수가 달라서 질량수가 다른 원소로, 화학적 성질은 같으나 물리적 성질이 다름

동위 원소	수소($_1^1$H)	중수소($_1^2$H)	삼중수소($_1^3$H)
양성자수	1	1	1
중성자수	0	1	2
전자 수	1	1	1

(2) **평균 원자량**: 자연계에 존재하는 동위 원소의 존재 비율을 고려하여 평균값으로 나타낸 원자량으로, [동위 원소의 원자량×존재 비율]의 합으로 계산

• B의 평균 원자량 구하기

동위 원소	원자량	존재 비율(%)
$_5^{10}$B	10	19.9
$_5^{11}$B	11	80.1

$$B의 평균 원자량 = 10 \times \frac{19.9}{100} + 11 \times \frac{80.1}{100} ≒ 10.8$$

3 원자의 구성 입자 발견

(1) **톰슨의 음극선 실험(전자의 발견)**: 음극선을 전자의 이동이라고 제안하고, 음극선의 구성 입자가 모든 물질의 공통 입자, 즉 전자라고 결론을 내림

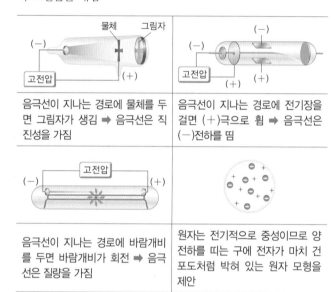

음극선이 지나는 경로에 물체를 두면 그림자가 생김 ➡ 음극선은 직진성을 가짐	음극선이 지나는 경로에 전기장을 걸면 (＋)극으로 휨 ➡ 음극선은 (－)전하를 띰
음극선이 지나는 경로에 바람개비를 두면 바람개비가 회전 ➡ 음극선은 질량을 가짐	원자는 전기적으로 중성이므로 양전하를 띠는 구에 전자가 마치 건포도처럼 박혀 있는 원자 모형을 제안

(2) **러더퍼드의 α 입자($_2^4$He^{2+}) 산란 실험(원자핵의 발견)**: 알파(α) 입자의 대부분은 금박을 그대로 통과하였으나 극히 일부는 크게 휘거나 튕겨 나오는 것으로부터 원자 중심에 (＋)전하를 띠는 매우 작은 입자인 원자핵이 존재하고, 이 원자핵이 원자의 질량 대부분을 차지한다고 함

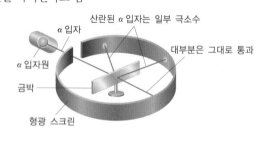

산란된 α 입자는 일부 극소수
α 입자
α 입자원
대부분은 그대로 통과
금박
형광 스크린

(3) **원자 모형의 변천**

돌턴	톰슨	러더퍼드	보어	현대
에너지는 연속적			에너지는 불연속적	

대표 기출 문제

067

다음은 분자 XY에 대한 자료이다.

- XY를 구성하는 원자 X와 Y에 대한 자료

원자	^{a}X	^{b}Y	$^{b+2}$Y
$\dfrac{\text{전자 수}}{\text{중성자수}}$(상댓값)	5	5	4

- ^{a}X와 $^{b+2}$Y의 양성자수 차는 2이다.
- $\dfrac{^{a}X^{b}Y \ 1 \ mol\text{에 들어 있는 전체 중성자수}}{^{a}X^{b+2}Y \ 1 \ mol\text{에 들어 있는 전체 중성자수}} = \dfrac{7}{8}$ 이다.

$\dfrac{^{b+2}Y\text{의 중성자수}}{^{a}X\text{의 양성자수}}$ 는? (단, X와 Y는 임의의 원소 기호이다.) [3점]

① $\dfrac{3}{5}$ ② $\dfrac{4}{3}$ ③ $\dfrac{3}{2}$ ④ $\dfrac{5}{3}$ ⑤ $\dfrac{8}{3}$

068

표는 원소 X와 Y에 대한 자료이고, $a+b=c+d=100$이다.

원소	원자 번호	동위 원소	자연계에 존재하는 비율(%)	평균 원자량
X	17	^{35}X	a	35.5
		^{37}X	b	
Y	31	^{69}Y	c	69.8
		^{71}Y	d	

이에 대한 설명으로 옳은 것만을 〈보기〉에서 있는 대로 고른 것은? (단, X와 Y는 임의의 원소 기호이고, ^{35}X, ^{37}X, ^{69}Y, ^{71}Y의 원자량은 각각 35.0, 37.0, 69.0, 71.0이다.)

| 보기 |

ㄱ. $\dfrac{d}{c} = \dfrac{2}{3}$ 이다.

ㄴ. $\dfrac{1 \ g\text{의} \ ^{69}Y\text{에 들어 있는 양성자수}}{1 \ g\text{의} \ ^{71}Y\text{에 들어 있는 양성자수}} > 1$ 이다.

ㄷ. X_2 1 mol에 들어 있는 ^{35}X와 ^{37}X의 존재 비율(%)이 각각 a, b일 때, 중성자의 양은 37 mol이다.

① ㄱ   ② ㄷ   ③ ㄱ, ㄴ   ④ ㄴ, ㄷ   ⑤ ㄱ, ㄴ, ㄷ

069

$상 중 하$

표는 원자 X~Z에 대한 자료이다.

원자	X	Y	Z
질량수	14	13	12
중성자수	7	6	6

이에 대한 설명으로 옳은 것만을 〈보기〉에서 있는 대로 고른 것은? (단, X~Z는 임의의 원소 기호이다.)

| 보기 |
ㄱ. X는 Y의 동위 원소이다.
ㄴ. 전자 수는 Y>Z이다.
ㄷ. X~Z 중 $\dfrac{중성자수}{양성자수}$는 Y가 가장 크다.

① ㄱ ② ㄷ ③ ㄱ, ㄴ
④ ㄴ, ㄷ ⑤ ㄱ, ㄴ, ㄷ

070

$상 중 하$

표는 원자 번호가 12 이하인 원소의 이온 (가)~(다)에 대한 자료이다. (가)~(다)는 전자 수가 같다.

이온	$\dfrac{전자 수}{중성자수}$	$\dfrac{중성자수}{질량수}$
(가)	$\dfrac{5}{6}$	$\dfrac{1}{2}$
(나)	$\dfrac{5}{6}$	$\dfrac{12}{23}$
(다)	$\dfrac{10}{9}$	$\dfrac{1}{2}$

이에 대한 설명으로 옳은 것만을 〈보기〉에서 있는 대로 고른 것은?

| 보기 |
ㄱ. (가)의 양성자수는 8이다.
ㄴ. (가)~(다) 중 양이온은 2가지이다.
ㄷ. 원자 번호는 (나)>(다)이다.

① ㄱ ② ㄴ ③ ㄷ
④ ㄱ, ㄴ ⑤ ㄴ, ㄷ

071

$상 중 하$

다음은 자연계에 존재하는 원소 X와 Y에 대한 자료이다.

- X의 동위 원소는 ^{69}X, ^{71}X이다.
- ^{69}X, ^{71}X의 원자량은 각각 69, 71이고, X의 평균 원자량은 69.8이다.
- Y의 동위 원소는 ^{79}Y, ^{81}Y이다.
- ^{79}Y, ^{81}Y의 원자량은 각각 79, 81이고, Y의 평균 원자량은 80이다.

$\dfrac{^{69}X의\ 존재\ 비율(\%)}{^{158}Y_2의\ 존재\ 비율(\%)}$은? (단, X와 Y는 임의의 원소 기호이다.)

① $\dfrac{6}{5}$ ② $\dfrac{8}{5}$ ③ $\dfrac{12}{5}$

④ $\dfrac{16}{5}$ ⑤ $\dfrac{9}{2}$

072

$상 중 하$

표는 자연계에 존재하는 붕소(B)와 염소(Cl)의 동위 원소에 대한 자료이다. 자연계에서 B는 $^{10}_{5}B$, $^{11}_{5}B$로만, Cl는 $^{35}_{17}Cl$, $^{37}_{17}Cl$로만 존재한다.

원소	동위 원소	원자량	자연계에 존재하는 비율(%)	평균 원자량
B	$^{10}_{5}B$	10	$4a$	10.8
	$^{11}_{5}B$	11		
Cl	$^{35}_{17}Cl$	35	$15a$	x
	$^{37}_{17}Cl$	37		

이에 대한 설명으로 옳은 것만을 〈보기〉에서 있는 대로 고른 것은?

| 보기 |
ㄱ. $a=5$이다.
ㄴ. $x=35.5$이다.
ㄷ. 자연계에서 분자량이 서로 다른 BCl_3는 8가지이다.

① ㄱ ② ㄷ ③ ㄱ, ㄴ
④ ㄴ, ㄷ ⑤ ㄱ, ㄴ, ㄷ

073 | 신유형 | 상 중 하

표는 원자 A와 이온 B^{m-}, C^{n-}에 대한 자료이다. ㉠, ㉡, ㉢은 각각 양성자, 중성자, 전자를 순서 없이 나타낸 것이고, m과 n은 자연수이다.

원자 또는 이온	구성 입자 수		
	㉠	㉡	㉢
A	x	$x-2$	$x-2$
B^{m-}	$x+2$	$x+2$	x
C^{n-}	$x+1$	$x+2$	$x+1$

이에 대한 설명으로 옳은 것만을 〈보기〉에서 있는 대로 고른 것은? (단, A~C는 임의의 원소 기호이다.)

| 보기 |

ㄱ. ㉡은 전자이다.
ㄴ. $m+n=5$이다.
ㄷ. 질량수는 $C^{n-} > B^{m-}$이다.

① ㄱ   ② ㄷ   ③ ㄱ, ㄴ
④ ㄴ, ㄷ   ⑤ ㄱ, ㄴ, ㄷ

074 상 중 하

다음은 자연계에 존재하는 원소 X로 구성된 모든 X_2에 대한 자료이다.

- 자연계에서 X_2는 분자량이 서로 다른 (가), (나), (다)로 존재한다.
- (가)~(다)는 분자량이 커지는 순서이다.
- 자연계에서 (가)와 (다)의 분자량 차는 4이고, 존재 비율(%)은 같다.

이에 대한 설명으로 옳은 것만을 〈보기〉에서 있는 대로 고른 것은? (단, X는 임의의 원소 기호이다.)

| 보기 |

ㄱ. X의 동위 원소는 2가지이다.
ㄴ. (가)와 (나)의 분자량 차는 2이다.
ㄷ. 자연계에서 $\dfrac{\text{(나)의 존재 비율(\%)}}{\text{(가)의 존재 비율(\%)}}=4$이다.

① ㄱ   ② ㄷ   ③ ㄱ, ㄴ
④ ㄴ, ㄷ   ⑤ ㄱ, ㄴ, ㄷ

075 상 중 하

표는 원소 X와 Y에 대한 자료이다. $a+b=100$이다.

원소	원자 번호	동위 원소	자연계에 존재하는 비율(%)	평균 원자량
X	5	^{10}X	a	10.8
		^{11}X	b	
Y	17	^{35}Y	75	y
		^{37}Y	25	

이에 대한 설명으로 옳은 것만을 〈보기〉에서 있는 대로 고른 것은? (단, X, Y는 임의의 원소 기호이고, ^{10}X, ^{11}X, ^{35}Y, ^{37}Y의 원자량은 각각 10, 11, 35, 37이다.)

| 보기 |

ㄱ. 중성자수는 ^{35}Y가 ^{11}X의 3배이다.
ㄴ. $a > b$이다.
ㄷ. $y = 35.5$이다.

① ㄱ   ② ㄴ   ③ ㄷ
④ ㄱ, ㄷ   ⑤ ㄴ, ㄷ

076 상 중 하

다음은 자연계에 존재하는 수소(H)에 대한 자료이다.

- ^1_1H, ^2_1H, ^3_1H의 존재 비율(%)은 각각 a, b, c이다.
- $a+b+c=100$이고, $a>b>c$이다.
- ^1_1H, ^2_1H, ^3_1H의 원자량은 각각 1, 2, 3이다.

이에 대한 설명으로 옳은 것만을 〈보기〉에서 있는 대로 고른 것은?

| 보기 |

ㄱ. 존재 비율이 가장 작은 H_2의 분자량은 6이다.
ㄴ. $\dfrac{\text{분자량이 2인 } H_2 \text{의 존재 비율(\%)}}{\text{분자량이 3인 } H_2 \text{의 존재 비율(\%)}} > \dfrac{1}{2}$이다.
ㄷ. $\dfrac{2 \text{ mol의 } H_2 \text{ 중 분자량이 3인 } H_2 \text{의 전체 중성자수}}{1 \text{ mol의 } H_2 \text{ 중 분자량이 6인 } H_2 \text{의 전체 중성자수}} = \dfrac{2ab}{c^2}$이다.

① ㄱ   ② ㄷ   ③ ㄱ, ㄴ
④ ㄴ, ㄷ   ⑤ ㄱ, ㄴ, ㄷ

077 | 신유형 | (상 중 **하**)

그림은 용기에 N_2O와 CO_2가 들어 있는 것을 나타낸 것이다.

$$^{15}N_2{}^{18}O(g) \; w \, g$$
$$^{12}C^{18}O_2(g) \; w \, g$$

이 용기 속에 들어 있는 $\dfrac{\text{전체 중성자수}}{\text{전체 양성자수}}$ 는? (단, C, N, O의 원자 번호는 각각 6, 7, 8이고, ^{12}C, ^{15}N, ^{18}O의 원자량은 각각 12, 15, 18이다.)

① $\dfrac{13}{11}$
② $\dfrac{3}{2}$
③ $\dfrac{8}{3}$

④ $\dfrac{25}{21}$
⑤ $\dfrac{10}{7}$

078 (상 **중** 하)

다음은 원소 X와 Y에 대한 자료이다.

- X의 동위 원소와 평균 원자량에 대한 자료

동위 원소	원자량	자연계에 존재하는 비율(%)	평균 원자량
^{a}X	a	20	10.8
^{a+1}X	$a+1$	80	

- 양성자수는 Y가 X보다 6만큼 크다.
- 중성자수의 비는 $^{a+1}X : {}^{a+13}Y = 1 : 2$이다.

이에 대한 설명으로 옳은 것만을 〈보기〉에서 있는 대로 고른 것은? (단, X와 Y는 임의의 원소 기호이다.)

| 보기 |

ㄱ. $a=5$이다.
ㄴ. Y의 원자 번호는 11이다.
ㄷ. ^{a}X 1 mol과 ^{a+13}Y 1 mol이 혼합되어 있을 때, 중성자의 양은 17 mol이다.

① ㄱ
② ㄴ
③ ㄷ
④ ㄱ, ㄴ
⑤ ㄴ, ㄷ

079 | 신유형 | (상 중 **하**)

다음은 원자의 구성 입자를 발견하게 된 탐구 과정이다.

| 가설
- ㉠

| 실험 과정 및 결과
(가) 그림과 같이 금박을 놓고 형광 스크린으로 둘러싼 뒤에 α 입자를 쬐여 준다.
(나) 대부분의 α 입자는 금박을 통과하였고, 극히 일부의 α 입자들이 튕겨 나오거나 크게 휘어졌다.

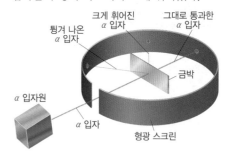

| 결론
- 가설은 옳다.

결론이 타당할 때, ㉠으로 가장 적절한 것은?

① 원자 내부에는 어떤 입자도 존재하지 않는다.
② 원자 내부에는 (−)전하를 띤 입자가 있다.
③ 원자 내부는 질량이 큰 입자로 가득 채워져 있다.
④ 원자 내부에는 α 입자와 질량이 비슷한 입자가 있다.
⑤ 원자 내부는 대부분 비어 있고, 질량이 큰 입자가 존재한다.

080 | 신유형 | 상 중 하

그림은 용기 (가)와 (나)에 들어 있는 O_2를 나타낸 것이다. (가)에서 존재 비율은 $^{16}O : ^{18}O = 1 : 7$이다.

 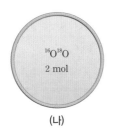

(가)   (나)

$\dfrac{\text{(나)에 들어 있는 전체 중성자수}}{\text{(가)에 들어 있는 전체 중성자수}}$ 는? (단, O의 원자 번호는 8이다.)

① $\dfrac{11}{13}$ ② $\dfrac{35}{39}$ ③ $\dfrac{12}{13}$

④ $\dfrac{37}{39}$ ⑤ 1

081 상 중 하

다음은 Cl의 동위 원소에 대한 자료이다.

> • Cl의 원자 번호는 17이고, 평균 원자량은 35.5이다.
>
> | 동위 원소 | 원자량 | 자연계에 존재하는 비율(%) |
> |---|---|---|
> | ^{m-1}Cl | $m-1$ | 75 |
> | ^{m+1}Cl | $m+1$ | 25 |

이에 대한 설명으로 옳은 것만을 〈보기〉에서 있는 대로 고른 것은?

| 보기 |
ㄱ. $m = 35$이다.

ㄴ. $\dfrac{1\,g의\,^{m-1}Cl에\,들어\,있는\,양성자수}{1\,g의\,^{m+1}Cl에\,들어\,있는\,양성자수} = \dfrac{37}{35}$이다.

ㄷ. 1 mol의 Cl_2에 들어 있는 전체 중성자의 양은 37.5 mol 이다.

① ㄱ   ② ㄴ   ③ ㄷ

④ ㄱ, ㄴ   ⑤ ㄴ, ㄷ

082 상 중 하

다음은 실린더에 들어 있는 $BF_3(g)$에 대한 자료이다.

> • B는 $^{10}_{5}B$, $^{11}_{5}B$로만 존재하고, F은 $^{19}_{9}F$으로만 존재한다.
> • 실린더에 들어 있는 $BF_3(g)$의 온도, 압력, 밀도는 각각 $t\,°C$, 1 atm, 2.4 g/L이다.
> • $t\,°C$, 1 atm에서 기체 1 mol의 부피는 28 L이다.
> • 실린더에 들어 있는 중성자의 양은 n mol이다.
>
>

n은? (단, $^{10}_{5}B$, $^{11}_{5}B$, $^{19}_{9}F$의 원자량은 각각 10, 11, 19이다.)

① 2.6   ② 5.2   ③ 15

④ 17.6   ⑤ 20.2

1 보어의 원자 모형

수소 원자 내 전자는 특정하고 불연속적인 에너지 준위를 갖는 궤도에만 존재하며, 이 궤도에서 전자는 원운동함. 각 껍질마다 최대한 수용할 수 있는 전자의 개수는 $2n^2$개이고, 전자 껍질의 에너지 준위는 주 양자수(n)에 의해서만 결정됨

2 현대 원자 모형

(1) **오비탈**: 원자핵 주위의 공간에서 전자가 발견될 확률 분포를 나타내는 함수로, 주 양자수(n)와 오비탈의 모양을 의미하는 s, p, d 등의 기호를 사용하여 나타냄

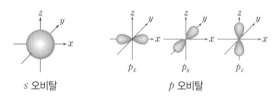

s 오비탈 p 오비탈

(2) **양자수**: 오비탈의 에너지, 크기, 모양 등을 나타내기 위해 양자수라는 개념을 원자 모형에 도입함. 양자수에는 주 양자수(n), 방위(부) 양자수(l), 자기 양자수(m_l), 스핀 자기 양자수(m_s)가 있음

① 주 양자수(n): 오비탈의 크기와 에너지를 결정하며, 주 양자수가 클수록 크기가 크고 에너지 준위가 높음. 보어의 원자 모형에서 전자 껍질을 나타냄

주 양자수(n)	1	2	3	4
전자 껍질	K	L	M	N

② 방위(부) 양자수(l): 오비탈의 모양을 결정하며, 주 양자수가 n일 때 방위(부) 양자수는 0, 1, 2 ⋯ $n-1$까지 n개 존재

주 양자수(n)	1	2		3		
방위 양자수(l)	0	0	1	0	1	2
오비탈	$1s$	$2s$	$2p$	$3s$	$3p$	$3d$

③ 자기 양자수(m_l): 오비탈의 공간적인 방향을 결정하며, $-l$ ⋯ 0 ⋯ $+l$까지 $(2l+1)$개 존재함. $l=1$일 때 $m_l=-1$, 0, $+1$이고, 이는 오비탈의 개수가 3개임을 의미

④ 스핀 자기 양자수(m_s): 전자의 자전 운동 방향을 결정하며, $+\frac{1}{2}$과 $-\frac{1}{2}$ 중 한 값만 가질 수 있음

⑤ 방위(부) 양자수의 개수는 n개, 오비탈의 종류는 n가지, 오비탈의 개수는 n^2개, 최대 수용 전자의 개수는 $2n^2$개

⑥ s 오비탈은 1개의 오비탈, p 오비탈은 3개의 오비탈을 가지며, 1개의 오비탈에 채워질 수 있는 전자는 2개이므로 s 오비탈, p_x 오비탈에는 각각 2개, p 오비탈은 최대 전자 6개가 채워짐

⑦ 3가지 양자수에 따른 오비탈의 종류와 수

전자 껍질	K	L		M		
주 양자수(n)	1	2		3		
방위(부) 양자수(l)	0	0	1	0	1	2
오비탈의 종류	$1s$	$2s$	$2p$	$3s$	$3p$	$3d$
자기 양자수(m_l)	0	0	$-1, 0, +1$	0	$-1, 0, +1$	$-2, -1, 0, +1, +2$
오비탈 수	1	1	3	1	3	5
		4		9		
최대 수용 전자 수($2n^2$)	2	8		18		

3 전자 배치

(1) **바닥상태 전자 배치**: 쌓음 원리, 파울리 배타 원리, 훈트 규칙을 모두 만족

(2) **쌓음 원리**: 에너지 준위가 낮은 오비탈부터 전자가 채워짐

① 수소 원자: 주 양자수(n)가 같으면 에너지 준위가 같음
$1s < 2s = 2p < 3s = 3p = 3d < \cdots$

② 다전자 원자: 주 양자수(n)뿐만 아니라 오비탈의 종류에 따라서도 에너지 준위가 달라짐
$1s < 2s < 2p < 3s < 3p < 4s < 3d < \cdots$

(3) **파울리 배타 원리**: 1개의 오비탈에는 최대 2개의 전자를 채울 수 있는데, 이때 전자의 스핀 자기 양자수(↑, ↓)가 달라야 함

(4) **훈트 규칙**: 에너지 준위가 같은 오비탈에 전자가 채워질 때, 쌍을 이루지 않는 전자(홀전자) 수가 최대가 되도록 배치

• $_7$N의 전자 배치

$1s$	$2s$	$2p$			
↑↓	↑↓	↑	↑	↑	바닥상태
↑↓	↑	↑↓	↑	↑	들뜬상태
↑↓	↑↑	↑	↑	↑	불가능(파울리 배타 원리 위배)
↑↓	↑↑↓	↑	↑↓	↑	불가능(파울리 배타 원리 위배)
↑↓	↑↓	↑	↑↓	↑	들뜬상태

(5) **원자가 전자**: 바닥상태의 전자 배치에서 화학 결합에 관여하는 가장 바깥 전자 껍질에 있는 전자로, 원자가 전자 수가 같은 원소는 화학적 성질이 비슷함

대표 기출 문제

083

그림은 수소 원자의 오비탈 (가)~(라)의 $n+l$과 $\dfrac{n+l+m_l}{n}$을 나타낸 것이다. n은 주 양자 수이고, l은 방위(부) 양자수이며, m_l은 자기 양자수이다.

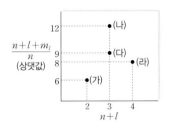

이에 대한 설명으로 옳은 것만을 〈보기〉에서 있는 대로 고른 것은? [3점]

| 보기 |

ㄱ. (나)는 $3s$이다.
ㄴ. 에너지 준위는 (가)와 (다)가 같다.
ㄷ. m_l는 (가)와 (라)가 같다.

① ㄱ   ② ㄴ   ③ ㄷ   ④ ㄱ, ㄴ   ⑤ ㄴ, ㄷ

084

다음은 2, 3주기 15~17족 바닥상태 원자 W~Z에 대한 자료이다.

- W와 Y는 다른 주기 원소이다.
- W와 Y의 $\dfrac{p \text{ 오비탈에 들어 있는 전자 수}}{\text{홀전자 수}}$는 같다.
- X~Z의 전자 배치에 대한 자료

원자	X	Y	Z
$\dfrac{\text{홀전자 수}}{s \text{ 오비탈에 들어 있는 전자 수}}$(상댓값)	9	4	2

W~Z에 대한 설명으로 옳은 것만을 〈보기〉에서 있는 대로 고른 것은? (단, W~Z는 임의의 원소 기호이다.)

| 보기 |

ㄱ. 3주기 원소는 2가지이다.
ㄴ. 원자가 전자 수는 W > Z이다.
ㄷ. 전자가 들어 있는 오비탈 수는 X > Y이다.

① ㄱ   ② ㄴ   ③ ㄱ, ㄷ   ④ ㄴ, ㄷ   ⑤ ㄱ, ㄴ, ㄷ

085

상 중 **하**

그림은 학생 A가 그린 3가지 원자의 전자 배치 (가)~(다)를 나타낸 것이다.

		1s	2s	2p		
(가)	$_4$Be	↑↓	↑			↑
(나)	$_6$C	↑↓	↑	↑	↑	
(다)	$_7$N	↑↓	↑↓	↑	↑	

(가)~(다)에 대한 설명으로 옳은 것만을 〈보기〉에서 있는 대로 고른 것은?

| 보기 |
ㄱ. (가)는 바닥상태의 전자 배치이다.
ㄴ. (나)는 쌓음 원리를 만족한다.
ㄷ. (다)는 훈트 규칙을 만족한다.

① ㄱ ② ㄷ ③ ㄱ, ㄴ
④ ㄴ, ㄷ ⑤ ㄱ, ㄴ, ㄷ

086

| 신유형 |

상 중 **하**

그림은 원자 번호가 a인 바닥상태 원자 X에 전자가 들어 있는 오비탈을 모두 나타낸 것이다. 오비탈의 크기는 (다)>(가)이다.

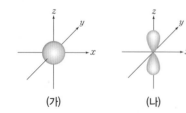
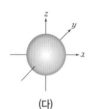

(가) (나) (다)

이에 대한 설명으로 옳은 것만을 〈보기〉에서 있는 대로 고른 것은?

| 보기 |
ㄱ. $a=6$이다.
ㄴ. (다)의 주 양자수(n)와 방위(부) 양자수(l)의 합은 2이다.
ㄷ. 오비탈에 들어 있는 전자 수는 (가)와 (나)가 같다.

① ㄱ ② ㄴ ③ ㄷ
④ ㄱ, ㄴ ⑤ ㄴ, ㄷ

087

상 중 **하**

다음은 수소 원자의 오비탈 (가)~(다)에 대한 자료이다. n은 주 양자수, l은 방위(부) 양자수이다.

- (가)~(다)는 각각 3s, 3p, 4s 중 하나이다.
- l는 (가)와 (나)가 같다.
- $n+l$는 (가)와 (다)가 같다.

이에 대한 설명으로 옳은 것만을 〈보기〉에서 있는 대로 고른 것은?

| 보기 |
ㄱ. (가)는 3s이다.
ㄴ. (나)의 모양은 구형이다.
ㄷ. 에너지 준위는 (다)>(나)이다.

① ㄱ ② ㄴ ③ ㄷ
④ ㄱ, ㄴ ⑤ ㄴ, ㄷ

088

| 신유형 |

상 중 **하**

표는 수소 원자의 오비탈 (가)~(다)에 대한 자료이다. n은 주 양자수, l은 방위(부) 양자수, m_l은 자기 양자수이다.

오비탈	$n+l$	$l-m_l$
(가)	2	0
(나)	3	1
(다)	4	2

이에 대한 설명으로 옳은 것만을 〈보기〉에서 있는 대로 고른 것은?

| 보기 |
ㄱ. (다)의 $n=3$이다.
ㄴ. 에너지 준위는 (나)>(가)이다.
ㄷ. (나)와 (다)의 m_l 합은 0이다.

① ㄱ ② ㄴ ③ ㄷ
④ ㄱ, ㄴ ⑤ ㄴ, ㄷ

089

(상 중 하)

다음은 원자 번호가 14 이하인 바닥상태 원자 X와 Y에 대한 설명이다.

- X와 Y의 홀전자 수는 같다.
- $n+l=3$인 오비탈에 들어 있는 전자 수는 Y가 X의 2배이다.
- 원자 반지름은 X > Y이다.

이에 대한 설명으로 옳은 것만을 〈보기〉에서 있는 대로 고른 것은? (단, X와 Y는 임의의 원소 기호이다.)

| 보기 |

ㄱ. X의 원자 번호는 8이다.

ㄴ. Y의 $\dfrac{p \text{ 오비탈에 들어 있는 전자 수}}{s \text{ 오비탈에 들어 있는 전자 수}}=1$이다.

ㄷ. 전자가 들어 있는 오비탈 수는 Y가 X의 $\dfrac{5}{4}$배이다.

① ㄱ   ② ㄴ   ③ ㄷ

④ ㄱ, ㄴ   ⑤ ㄴ, ㄷ

090

| 신유형 |

(상 중 하)

표는 3주기 바닥상태 원자 X~Z에 대한 자료이다. l은 방위(부) 양자 수이다.

원자	X	Y	Z
$\dfrac{l=1 \text{인 오비탈에 들어 있는 전자 수}}{l=0 \text{인 오비탈에 들어 있는 전자 수}}$	1	$\dfrac{5}{3}$	c
홀전자 수	a	b	3

$a+b+c$는? (단, X~Z는 임의의 원소 기호이고, 서로 다른 원소이다.)

① 1   ② $\dfrac{3}{2}$ ③ $\dfrac{8}{3}$

④ $\dfrac{7}{2}$ ⑤ $\dfrac{9}{2}$

091

(상 중 하)

표는 2, 3주기 바닥상태 원자 X~Z에 대한 자료이다. ㉠과 ㉡은 각각 s 오비탈과 p 오비탈 중 하나이고, 원자 번호는 Z > Y > X이며, Z의 홀전자 수는 2이다.

원자	X	Y	Z
㉠에 들어 있는 전자 수 ㉡에 들어 있는 전자 수	$\dfrac{3}{2}$	$\dfrac{3}{2}$	a

이에 대한 설명으로 옳은 것만을 〈보기〉에서 있는 대로 고른 것은? (단, X~Z는 임의의 원소 기호이다.)

| 보기 |

ㄱ. ㉠은 p 오비탈이다.

ㄴ. $a=\dfrac{4}{3}$이다.

ㄷ. 홀전자 수는 Y > Z이다.

① ㄱ   ② ㄴ   ③ ㄱ, ㄷ

④ ㄴ, ㄷ   ⑤ ㄱ, ㄴ, ㄷ

092

상 중 하

표는 2, 3주기 바닥상태 원자 A~C에 대한 자료이다. n은 주 양자수, l은 방위(부) 양자수이다.

원자	A	B	C
$n-l=1$인 오비탈에 들어 있는 전자 수	5	7	c
$n-l=2$인 오비탈에 들어 있는 전자 수	a	b	5

이에 대한 설명으로 옳은 것만을 〈보기〉에서 있는 대로 고른 것은? (단, X~Z는 임의의 원소 기호이다.)

| 보기 |
ㄱ. $a+b+c=14$이다.
ㄴ. 원자가 전자 수는 A와 C가 같다.
ㄷ. A~C의 홀전자 수 합은 7이다.

① ㄱ 　　② ㄴ 　　③ ㄱ, ㄷ
④ ㄴ, ㄷ 　　⑤ ㄱ, ㄴ, ㄷ

094

상 중 하

다음은 바닥상태 원자 X에 대한 자료이다. n은 주 양자수, l은 방위(부) 양자수, m_l은 자기 양자수이다.

- $n+l+m_l=4$인 오비탈에 들어 있는 전자 수는 5이다.

X에 대한 설명으로 옳은 것만을 〈보기〉에서 있는 대로 고른 것은? (단, X는 임의의 원소 기호이다.)

| 보기 |
ㄱ. 원자가 전자 수는 7이다.
ㄴ. $n+l+m_l=5$인 오비탈에 전자가 들어 있다.
ㄷ. $\dfrac{l=1\text{인 오비탈에 들어 있는 전자 수}}{l=0\text{인 오비탈에 들어 있는 전자 수}}=\dfrac{12}{7}$이다.

① ㄱ 　　② ㄴ 　　③ ㄱ, ㄷ
④ ㄴ, ㄷ 　　⑤ ㄱ, ㄴ, ㄷ

093

상 중 하

표는 2, 3주기 바닥상태 원자 W~Z에 대한 자료이다. 원자가 전자 수는 W>X이다.

원자	W	X	Y	Z
$\dfrac{\text{홀전자 수}}{p\ \text{오비탈에 들어 있는 전자 수}}$	$\dfrac{1}{5}$	$\dfrac{1}{5}$	$\dfrac{1}{3}$	$\dfrac{1}{2}$

이에 대한 설명으로 옳은 것만을 〈보기〉에서 있는 대로 고른 것은? (단, W~Z는 임의의 원소 기호이다.)

| 보기 |
ㄱ. W~Z 중 2주기 원소는 2가지이다.
ㄴ. 전기 음성도는 Z>Y이다.
ㄷ. 전자가 들어 있는 오비탈 수는 Y>X이다.

① ㄱ 　　② ㄷ 　　③ ㄱ, ㄴ
④ ㄴ, ㄷ 　　⑤ ㄱ, ㄴ, ㄷ

095

| 신유형 |

상 중 하

표는 2주기 바닥상태 원자 W~Z에 대한 자료이다. 원자 번호는 W>X이다.

원자	W	X	Y	Z
$\dfrac{\text{홀전자 수}}{\text{전자가 들어 있는 오비탈 수}}$	$\dfrac{1}{2}$	$\dfrac{1}{2}$	$\dfrac{1}{3}$	$\dfrac{3}{5}$

이에 대한 설명으로 옳은 것만을 〈보기〉에서 있는 대로 고른 것은? (단, W~Z는 임의의 원소 기호이다.)

| 보기 |
ㄱ. W는 Li이다.
ㄴ. 원자가 전자 수는 W>Y이다.
ㄷ. W~Z 중 $\dfrac{p\ \text{오비탈에 들어 있는 전자 수}}{s\ \text{오비탈에 들어 있는 전자 수}}$는 Y가 가장 크다.

① ㄱ 　　② ㄴ 　　③ ㄷ
④ ㄱ, ㄷ 　　⑤ ㄴ, ㄷ

096 | 신유형 | 상 중 하

표는 수소 원자의 오비탈 (가)~(다)에 대한 자료이다. n은 주 양자수, l은 방위(부) 양자수이고, (가)~(다)의 n는 각각 3 이하이다.

오비탈	(가)	(나)	(다)
$\dfrac{n-l}{n+l}$	$\dfrac{1}{5}$	$\dfrac{1}{3}$	$\dfrac{1}{2}$

(가)~(다)의 에너지 준위를 비교한 것으로 옳은 것은?

① (가)>(나)>(다) ② (가)=(다)>(나)
③ (가)>(다)>(나) ④ (나)=(다)>(가)
⑤ (다)>(가)>(나)

097 | 신유형 | 상 중 하

다음은 2, 3주기 바닥상태 원자 X, Y에 대한 자료이다. n은 주 양자수, l은 방위(부) 양자수이다.

- $n+l=3$인 오비탈에 들어 있는 전자 수는 Y가 X의 2배이다.
- 원자가 전자 수는 X와 Y가 같다.

이에 대한 설명으로 옳은 것만을 〈보기〉에서 있는 대로 고른 것은? (단, X와 Y는 임의의 원소 기호이다.)

| 보기 |

ㄱ. X의 홀전자 수는 2이다.
ㄴ. Y의 $l=1$인 오비탈에 들어 있는 전자 수는 10이다.
ㄷ. $n-l=2$인 오비탈에 들어 있는 전자 수는 Y가 X의 3배이다.

① ㄱ   ② ㄴ   ③ ㄱ, ㄷ
④ ㄴ, ㄷ   ⑤ ㄱ, ㄴ, ㄷ

098 상 중 하

표는 2, 3주기 바닥상태 원자 X~Z에 대한 자료이다.

원자	X	Y	Z
홀전자 수	2	1	3
$\dfrac{\text{전자가 2개 들어 있는 오비탈 수}}{s \text{ 오비탈에 들어 있는 전자 수}}$	1	$\dfrac{4}{3}$	$\dfrac{1}{2}$

X~Z에 대한 설명으로 옳은 것만을 〈보기〉에서 있는 대로 고른 것은? (단, X~Z는 임의의 원소 기호이다.)

| 보기 |

ㄱ. 원자가 전자 수의 합은 12이다.
ㄴ. 3주기 원소는 2가지이다.
ㄷ. $\dfrac{p \text{ 오비탈에 들어 있는 전자 수}}{s \text{ 오비탈에 들어 있는 전자 수}}$는 X가 가장 크다.

① ㄱ   ② ㄴ   ③ ㄷ
④ ㄱ, ㄷ   ⑤ ㄴ, ㄷ

099

(상 중 하)

표는 2, 3주기 바닥상태 원자 X~Z에 대한 자료이다. n은 주 양자수, l은 방위(부) 양자수이고, 홀전자 수는 Y와 Z가 같으며, $c>0$이다.

원자	X	Y	Z
$n+l=3$인 오비탈에 들어 있는 전자 수	a	$2a$	b
$n+l=4$인 오비탈에 들어 있는 전자 수		a	c

이에 대한 설명으로 옳은 것만을 〈보기〉에서 있는 대로 고른 것은? (단, X~Z는 임의의 원소 기호이다.)

| 보기 |

ㄱ. $\dfrac{a+b}{c}=6$이다.

ㄴ. 원자 번호는 Z>Y이다.

ㄷ. $n-l=2$인 오비탈에 들어 있는 전자 수는 Y가 X의 3배이다.

① ㄱ ② ㄴ ③ ㄷ
④ ㄱ, ㄷ ⑤ ㄴ, ㄷ

100

(상 중 하)

표는 수소 원자의 오비탈 (가)~(라)에 대한 자료이다. n은 주 양자수, l은 방위(부) 양자수, m_l은 자기 양자수이다.

오비탈	(가)	(나)	(다)	(라)
$n+l$	1	2	3	4
$l-m_l$	a	a	$a+1$	$a+2$

이에 대한 설명으로 옳은 것만을 〈보기〉에서 있는 대로 고른 것은?

| 보기 |

ㄱ. (가)~(라) 중 오비탈의 모양이 구형인 것은 3가지이다.

ㄴ. m_l는 (다)>(라)이다.

ㄷ. 에너지 준위는 (다)>(나)이다.

① ㄱ ② ㄴ ③ ㄷ
④ ㄱ, ㄷ ⑤ ㄴ, ㄷ

101

(상 중 하)

표는 바닥상태 원자 X의 전자가 들어 있는 오비탈 (가)~(다)에 대한 자료이다. (가)~(다)는 각각 $1s$, $2s$, $2p$, $3s$, $3p$ 중 하나이며, n은 주 양자수, l은 방위(부) 양자수이다.

오비탈	(가)	(나)	(다)
$n+l$	a	a	
$n-l$		b	b
오비탈에 들어 있는 전자 수	b		

이에 대한 설명으로 옳은 것만을 〈보기〉에서 있는 대로 고른 것은? (단, X는 임의의 원소 기호이다.)

| 보기 |

ㄱ. n는 (나)>(다)이다.

ㄴ. $a+b=4$이다.

ㄷ. X는 1족 원소이다.

① ㄱ ② ㄴ ③ ㄱ, ㄷ
④ ㄴ, ㄷ ⑤ ㄱ, ㄴ, ㄷ

102 | 신유형 | 상 중 하

표는 원자 번호가 20 이하인 바닥상태 원자 X, Y에 대한 자료이다. ㉠과 ㉡은 각각 s 오비탈, p 오비탈 중 하나이고, n은 주 양자수, l은 방위(부) 양자수이다.

원자	X	Y
㉡에 들어 있는 전자 수 ㉠에 들어 있는 전자 수	2	$\dfrac{5}{3}$

이에 대한 설명으로 옳은 것만을 〈보기〉에서 있는 대로 고른 것은? (단, X, Y는 임의의 원소 기호이다.)

| 보기 |

ㄱ. ㉠은 s 오비탈이다.
ㄴ. Y는 4주기 원소이다.
ㄷ. $n-l=2$인 오비탈에 들어 있는 전자 수는 Y>X이다.

① ㄱ ② ㄴ ③ ㄷ
④ ㄱ, ㄷ ⑤ ㄴ, ㄷ

103 | 신유형 | 상 중 하

다음은 수소 원자의 오비탈 (가)~(다)에 대한 자료이다. n은 주 양자수, l은 방위(부) 양자수이다.

• (가)~(다)의 $n+l$의 합은 8이다.
• 에너지 준위는 (가)>(나)>(다)이다.
• (가)~(다) 중 $l=1$로 같은 오비탈이 있다.

이에 대한 설명으로 옳은 것만을 〈보기〉에서 있는 대로 고른 것은?

| 보기 |

ㄱ. (다)의 모양은 구형이다.
ㄴ. (가)의 $n=3$이다.
ㄷ. (나)와 같은 에너지 준위를 갖는 오비탈은 5개 있다.

① ㄱ ② ㄷ ③ ㄱ, ㄴ
④ ㄴ, ㄷ ⑤ ㄱ, ㄴ, ㄷ

104 상 중 하

그림은 바닥상태 원자 X의 전자 배치에서 전자가 들어 있는 모든 오비탈 (가)~(라)의 $n+l$과 $\dfrac{n+l+m_l}{n}$을 나타낸 것이다. n은 주 양자수 l은 방위(부) 양자수, m_l은 자기 양자수이다.

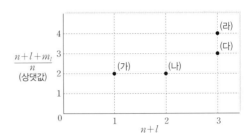

이에 대한 설명으로 옳은 것만을 〈보기〉에서 있는 대로 고른 것은? (단, X는 임의의 원소 기호이다.)

| 보기 |

ㄱ. X의 홀전자 수는 2이다.
ㄴ. 에너지 준위는 (라)>(다)이다.
ㄷ. m_l는 (나)와 (다)가 같다.

① ㄱ ② ㄴ ③ ㄱ, ㄷ
④ ㄴ, ㄷ ⑤ ㄱ, ㄴ, ㄷ

07 주기율표와 원소의 주기적 성질

⊘ 출제 개념
• 주기와 족에 따른 주기율표
• 원자가 전자가 느끼는 유효 핵전하
• 원자 반지름과 이온 반지름의 주기성
• 이온화 에너지의 주기성

1 주기율표

(1) 주기율: 원소를 원자 번호(양성자수) 순으로 나열할 때 성질이 비슷한 원소가 주기적으로 나타나는 것 ➡ 원소의 화학적 성질을 결정하는 원자가 전자 수가 같은 원소들이 주기적으로 등장하기 때문

• 주기율의 발견

> 되베라이너의 세 쌍 원소설: 화학적 성질이 비슷한 3개의 원소 그룹 발견
> ⬇
> 뉴랜즈의 옥타브설: 원소를 원자량 순서로 나열하여 8번째마다 비슷한 성질이 나타남
> ⬇
> 멘델레예프의 주기율표: 원자량 순서로 배열
> ⬇
> 모즐리의 주기율표: 원자 번호(양성자수) 순으로 배열

(2) 주기율표: 화학적 성질이 비슷한 원소들을 같은 세로줄에 오도록 배치한 표

① 주기: 가로줄(1~7주기)로 같은 주기 원소들은 바닥상태에서 전자가 들어 있는 껍질 수가 같음

② 족: 세로줄(1~18족)로 같은 족 원소들은 원자가 전자 수가 같으므로 화학적 성질이 비슷함

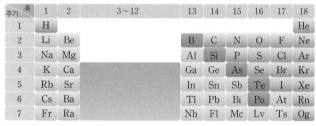

주기\족	1	2	3~12	13	14	15	16	17	18
1	H								He
2	Li	Be		B	C	N	O	F	Ne
3	Na	Mg		Al	Si	P	S	Cl	Ar
4	K	Ca		Ga	Ge	As	Se	Br	Kr
5	Rb	Sr		In	Sn	Sb	Te	I	Xe
6	Cs	Ba		Tl	Pb	Bi	Po	At	Rn
7	Fr	Ra		Nh	Fl	Mc	Lv	Ts	Og

■ 금속　■ 준금속　■ 비금속

_{고빈출}

2 원소의 주기적 성질

(1) 유효 핵전하: 전자에 작용하는 실질적인 핵전하로, 같은 주기에서 원자 번호가 증가할수록 원자가 전자가 느끼는 유효 핵전하 증가

(2) 원자 반지름: 같은 종류의 원자가 결합했을 때 원자핵 사이의 거리의 절반

① 같은 족: 원자 번호↑ ➡ 전자 껍질 수↑ ➡ 원자 반지름↑
② 같은 주기: 원자 번호↑ ➡ 유효 핵전하↑ ➡ 원자 반지름↓

(3) 이온 반지름

① 금속 원소: 원자가 18족 원소와 같은 전자 배치를 갖는 양이온이 되면 전자 껍질 수가 감소하여 이온 반지름 감소

② 비금속 원소: 원자가 18족 원소와 같은 전자 배치를 갖는 음이온이 되면 유효 핵전하가 감소하여 이온 반지름 증가

③ 전자 수가 같은 이온의 이온 반지름: 원자 번호가 증가하면 유효 핵전하가 증가하여 이온 반지름 감소

• Ne과 전자 배치가 동일한 이온 반지름의 크기

> $N^{3-} > O^{2-} > F^- > Na^+ > Mg^{2+} > Al^{3+}$

(4) 이온화 에너지: 기체 상태의 원자 1 mol에서 전자 1 mol을 떼어 내어 기체 상태의 +1가 양이온 1 mol로 만드는 데 필요한 에너지

① 같은 족: 원자 번호가 증가하면 전자 껍질 수 증가로 인해 핵과 전자와의 인력이 감소하여 이온화 에너지 감소

② 같은 주기: 원자 번호가 증가하면 유효 핵전하 증가로 인해 핵과 전자와의 인력이 증가하여 이온화 에너지가 증가하는 경향이 있음. 단, 같은 주기에서 13족, 16족에서 예외적인 경향이 나타남

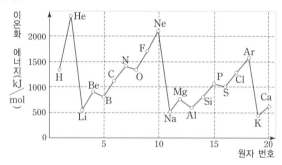

• 2주기 원소의 이온화 에너지 크기

$$Li < B < Be < C < O < N < F < Ne$$

> $_4Be : 1s^2 2s^2$
> $_5B : 1s^2 2s^2 2p^1$
> $2s$ 오비탈보다 $2p$ 오비탈의 에너지 준위가 높으므로 전자를 떼어 내기가 쉬움

> $_7N : 1s^2 2s^2 2p^3$
> $_8O : 1s^2 2s^2 2p^4$
> N은 p 오비탈에 전자가 각각 1개씩 들어 있고 O는 p 오비탈 하나에 전자 2개가 들어 있어 전자 간 반발력이 작용하므로 전자를 떼어 내기가 쉬움

(5) 순차 이온화 에너지: 기체 상태의 원자 1 mol에서 전자 1 mol을 차례로 떼어 낼 때 필요한 각 단계의 에너지

> $Al(g) + E_1 \longrightarrow Al^+(g) + e^-$
> └ 제1 이온화 에너지(이온화 에너지)
> $Al^+(g) + E_2 \longrightarrow Al^{2+}(g) + e^-$
> └ 제2 이온화 에너지

① 전자가 떨어져 나가면서 전자 간 반발력 감소, 유효 핵전하 증가로 핵과 전자와의 인력이 증가하므로 순차 이온화 에너지는 고차로 갈수록 증가

② 순차 이온화 에너지가 3배 이상의 차이로 증가하면 전자 껍질의 변화에 의한 것으로 원자가 전자 수와 족을 알 수 있음

대표 기출 문제

105

다음은 원자 W~Z에 대한 자료이다.

- W~Z는 각각 N, O, Na, Mg 중 하나이다.
- 각 원자의 이온은 모두 Ne의 전자 배치를 갖는다.
- ㉠, ㉡은 각각 이온 반지름, 제1 이온화 에너지 중 하나이다.

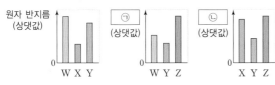

이에 대한 설명으로 옳은 것만을 〈보기〉에서 있는 대로 고른 것은? [3점]

| 보기 |

ㄱ. ㉠은 이온 반지름이다.
ㄴ. 제2 이온화 에너지는 Y>W이다.
ㄷ. 원자가 전자가 느끼는 유효 핵전하는 Z>X이다.

① ㄱ   ② ㄴ   ③ ㄱ, ㄷ   ④ ㄴ, ㄷ   ⑤ ㄱ, ㄴ, ㄷ

106

그림 (가)는 원자 W~Y의 제3~제5 이온화 에너지(E_3~E_5)를, (나)는 원자 X~Z의 원자 반지름을 나타낸 것이다. W~Z는 C, O, Si, P을 순서 없이 나타낸 것이다.

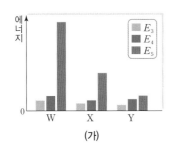

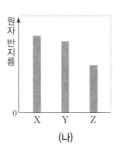

이에 대한 설명으로 옳은 것만을 〈보기〉에서 있는 대로 고른 것은?

| 보기 |

ㄱ. X는 Si이다.
ㄴ. W와 Y는 같은 주기 원소이다.
ㄷ. 제2 이온화 에너지는 Z>Y이다.

① ㄱ   ② ㄷ   ③ ㄱ, ㄴ   ④ ㄱ, ㄷ   ⑤ ㄴ, ㄷ

적중 예상 문제

107
상 중 하

그림은 주기율표의 일부를 나타낸 것이다.

주기\족	2	13
2	A	B
3	C	D

A~D에 대한 설명으로 옳은 것만을 〈보기〉에서 있는 대로 고른 것은? (단, A~D는 임의의 원소 기호이다.)

| 보기 |

ㄱ. 원자 반지름은 C가 가장 크다.
ㄴ. 원자가 전자가 느끼는 유효 핵전하는 D>C이다.
ㄷ. 제1 이온화 에너지는 A가 가장 크다.

① ㄱ
② ㄷ
③ ㄱ, ㄴ
④ ㄴ, ㄷ
⑤ ㄱ, ㄴ, ㄷ

108
상 중 하

그림은 바닥상태 원자 A~F의 홀전자 수와 전기 음성도를 나타낸 것이다. A~F의 원자 번호는 각각 4~9 중 하나이다.

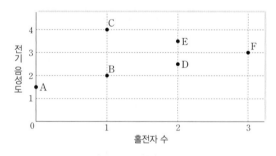

A~F에 대한 설명으로 옳은 것만을 〈보기〉에서 있는 대로 고른 것은? (단, A~F는 임의의 원소 기호이다.)

| 보기 |

ㄱ. 원자가 전자 수는 C가 F보다 2만큼 크다.
ㄴ. 원자 번호는 E>D이다.
ㄷ. 제1 이온화 에너지는 A>B이다.

① ㄱ
② ㄷ
③ ㄱ, ㄴ
④ ㄴ, ㄷ
⑤ ㄱ, ㄴ, ㄷ

109 | 신유형 |
상 중 하

표는 원자 번호가 연속인 2, 3주기 원자 W~Z의 순차 이온화 에너지에 대한 자료이다. W~Z는 원자 번호 순서가 아니고, E_2~E_4는 각각 제2~제4 이온화 에너지이다.

원자		W	X	Y	Z
순차 이온화 에너지 (kJ/mol)	E_2	1451	3374	3952	4562
	E_3	7733	6050	6122	6910
	E_4	10543	8408	9371	9543

W~Z의 원자 번호를 비교한 것으로 옳은 것은? (단, W~Z는 임의의 원소 기호이다.)

① W<X<Y<Z
② X<Y<Z<W
③ X<Y<W<Z
④ Y<X<Z<W
⑤ Z<W<X<Y

110 | 신유형 |
상 중 하

다음은 바닥상태 원자 X~Z의 전자 배치를 나타낸 것이다.

- X : $1s^2 2s^1$
- Y : $1s^2 2s^2 2p^5$
- Z : $1s^2 2s^2 2p^6 3s^1$

이에 대한 설명으로 옳은 것만을 〈보기〉에서 있는 대로 고른 것은? (단, X~Z는 임의의 원소 기호이다.)

| 보기 |

ㄱ. 원자 반지름은 Z>Y이다.
ㄴ. 원자가 전자가 느끼는 유효 핵전하는 Y>X이다.
ㄷ. X~Z 중 제2 이온화 에너지는 Z가 가장 크다.

① ㄱ
② ㄷ
③ ㄱ, ㄴ
④ ㄴ, ㄷ
⑤ ㄱ, ㄴ, ㄷ

111

그림은 주기율표의 일부를 나타낸 것이다.

주기 \ 족	1	2	13	14	15	16	17	18
1	A							B
2							C	D
3			E				F	
4	G							

원소 A~G에 대한 설명으로 옳은 것만을 〈보기〉에서 있는 대로 고른 것은? (단, A~G는 임의의 원소 기호이다.)

| 보기 |

ㄱ. 금속 원소는 3가지이다.
ㄴ. B와 D는 음이온이 되기 쉬운 원소이다.
ㄷ. 전자 껍질 수가 3인 원소는 2가지이다.

① ㄱ　　　　② ㄷ　　　　③ ㄱ, ㄴ
④ ㄴ, ㄷ　　　⑤ ㄱ, ㄴ, ㄷ

112 | 신유형 |

다음은 바닥상태 원자 X~Z에 대한 자료이다. X~Z는 O, F, Na을 순서 없이 나타낸 것이다.

• 원자 반지름은 X > Y이다.
• 홀전자 수는 Z > X이다.

이에 대한 설명으로 옳은 것만을 〈보기〉에서 있는 대로 고른 것은?

| 보기 |

ㄱ. X는 O이다.
ㄴ. 원자가 전자가 느끼는 유효 핵전하는 Y > Z이다.
ㄷ. Ne의 전자 배치를 갖는 이온의 반지름은 Z > X이다.

① ㄱ　　　　② ㄴ　　　　③ ㄷ
④ ㄱ, ㄴ　　　⑤ ㄴ, ㄷ

113

그림은 원자 W~Z의 $\frac{\text{제1 이온화 에너지}(E_1)}{\text{제2 이온화 에너지}(E_2)}$ 를 나타낸 것이다. W~Z는 Li, Be, B, C를 순서 없이 나타낸 것이고, 원자가 전자가 느끼는 유효 핵전하는 Z > Y이다.

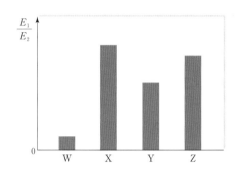

W~Z에 대한 설명으로 옳은 것만을 〈보기〉에서 있는 대로 고른 것은?

| 보기 |

ㄱ. X는 Be이다.
ㄴ. 제3 이온화 에너지는 Y > Z이다.
ㄷ. 원자 반지름은 W가 가장 크다.

① ㄱ　　　　② ㄴ　　　　③ ㄱ, ㄷ
④ ㄴ, ㄷ　　　⑤ ㄱ, ㄴ, ㄷ

114

상 중 하

다음은 원자 X~Z에 대한 자료이다. X~Z는 Be, Na, Mg을 순서 없이 나타낸 것이다.

- 제1 이온화 에너지(E_1)는 X > Y이다.
- 제2 이온화 에너지(E_2)는 Y가 가장 크다.
- 제3 이온화 에너지(E_3)는 X > Z이다.

이에 대한 설명으로 옳은 것만을 〈보기〉에서 있는 대로 고른 것은?

| 보기 |

ㄱ. 원자가 전자 수는 X > Y이다.
ㄴ. 원자 반지름은 Z > X이다.
ㄷ. $E_2 - E_1$는 Z > Y이다.

① ㄱ　　　　② ㄷ　　　　③ ㄱ, ㄴ
④ ㄴ, ㄷ　　　⑤ ㄱ, ㄴ, ㄷ

115

상 중 하

그림은 원자 X~Z의 원자 반지름, 제1 이온화 에너지(E_1)를 나타낸 것이다. X~Z는 O, F, Na을 순서 없이 나타낸 것이다.

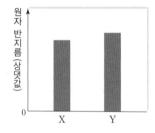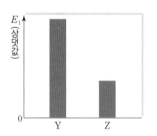

X~Z에 대한 설명으로 옳은 것만을 〈보기〉에서 있는 대로 고른 것은?

| 보기 |

ㄱ. X는 O이다.
ㄴ. 제2 이온화 에너지는 Z가 가장 크다.
ㄷ. $\dfrac{\text{이온 반지름}}{\text{원자 반지름}}$은 X > Z이다.

① ㄱ　　　　② ㄴ　　　　③ ㄷ
④ ㄱ, ㄴ　　　⑤ ㄴ, ㄷ

116

상 중 하

다음은 2, 3주기 바닥상태 원자 W~Z에 대한 자료이다.

- 원자 번호

원자	W	X	Y	Z
원자 번호	a	$a+3$	$a+5$	$a+6$

- 홀전자 수는 W > X > Z이다.

W~Z에 대한 설명으로 옳은 것만을 〈보기〉에서 있는 대로 고른 것은? (단, W~Z는 임의의 원소 기호이다.)

| 보기 |

ㄱ. 원자가 전자가 느끼는 유효 핵전하는 X > W이다.
ㄴ. 제1 이온화 에너지는 Z > Y이다.
ㄷ. 원자 반지름은 X가 가장 크다.

① ㄱ　　　　② ㄷ　　　　③ ㄱ, ㄴ
④ ㄴ, ㄷ　　　⑤ ㄱ, ㄴ, ㄷ

117

상 중 하

다음은 2주기 바닥상태 원자 W~Z에 대한 자료이다.

- W~Z의 원자 번호는 각각 5~8 중 하나이다.
- 제2 이온화 에너지는 W > X > Y이다.
- 홀전자 수는 W와 Y가 같다.
- 원자가 전자가 느끼는 유효 핵전하는 Y > Z이다.

W~Z에 대한 설명으로 옳은 것만을 〈보기〉에서 있는 대로 고른 것은? (단, W~Z는 임의의 원소 기호이다.)

| 보기 |

ㄱ. 제1 이온화 에너지는 X가 가장 크다.
ㄴ. 원자 반지름은 W > X이다.
ㄷ. 원자가 전자 수는 Y > X이다.

① ㄱ　　　　② ㄴ　　　　③ ㄱ, ㄷ
④ ㄴ, ㄷ　　　⑤ ㄱ, ㄴ, ㄷ

118 | 신유형 | 상 중 하

표는 2, 3주기 바닥상태 원자 X~Z에 대한 자료이다. 원자가 전자 수는 Y>X이다.

원자	X	Y	Z
홀전자 수	1	1	b
전자가 들어 있는 오비탈 수	a	$a+2$	$a+4$

X~Z에 대한 설명으로 옳은 것만을 〈보기〉에서 있는 대로 고른 것은? (단, X와 Y는 임의 원소 기호이다.)

| 보기 |
ㄱ. X와 Z는 같은 족 원소이다.
ㄴ. $a+b=5$이다.
ㄷ. $\dfrac{\text{제2 이온화 에너지}}{\text{제1 이온화 에너지}}$ 는 Y가 가장 작다.

① ㄴ   ② ㄷ   ③ ㄱ, ㄴ
④ ㄱ, ㄷ   ⑤ ㄱ, ㄴ, ㄷ

119   상 중 하

다음은 원자 W~Z에 대한 자료이다.

- W~Z는 O, F, Na, Al을 순서 없이 나타낸 것이다.
- 원자 번호는 Y>W이다.

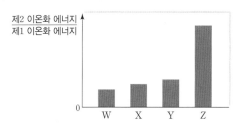

이에 대한 설명으로 옳은 것만을 〈보기〉에서 있는 대로 고른 것은?

| 보기 |
ㄱ. X의 원자가 전자 수는 6이다.
ㄴ. 원자 반지름은 Y>W이다.
ㄷ. Ne의 전자 배치를 갖는 이온의 반지름은 X>Z이다.

① ㄱ   ② ㄷ   ③ ㄱ, ㄴ
④ ㄴ, ㄷ   ⑤ ㄱ, ㄴ, ㄷ

120 | 신유형 | 상 중 하

다음은 2주기 원자 W~Z에 대한 자료이다.

- W~Z는 바닥상태에서 (원자가 전자 수−홀전자 수)가 모두 같다.
- W~Z의 제1 이온화 에너지(E_1)와 제2 이온화 에너지(E_2)

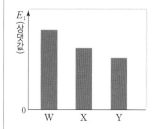 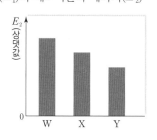

W~Z에 대한 설명으로 옳은 것만을 〈보기〉에서 있는 대로 고른 것은? (단, W~Z는 임의 원소 기호이다.)

| 보기 |
ㄱ. X는 B이다.
ㄴ. 원자가 전자 수는 Z>Y이다.
ㄷ. 원자 반지름은 Y>W이다.

① ㄱ   ② ㄴ   ③ ㄷ
④ ㄱ, ㄴ   ⑤ ㄴ, ㄷ

121 | 신유형 | 개념 통합 | 상 중 하

표는 A^{2+}, B^{2-}, C^{m+}에 존재하는 입자 수를 나타낸 것이다. ㉠~㉢은 각각 양성자, 중성자, 전자 중 하나이다.

입자	입자 수		
	㉠	㉡	㉢
A^{2+}	$6k$	$5k$	$6k$
B^{2-}	$5k$	$5k$	$4k$
C^{m+}	$10k$	$9k$	$10k$

이에 대한 설명으로 옳은 것만을 〈보기〉에서 있는 대로 고른 것은? (단, A~C는 임의의 원소 기호이다.)

| 보기 |

ㄱ. $m=2$이다.
ㄴ. ㉠은 중성자수이다.
ㄷ. 질량수는 C^{m+}이 B^{2-}의 2배이다.

① ㄱ   ② ㄷ   ③ ㄱ, ㄴ
④ ㄴ, ㄷ   ⑤ ㄱ, ㄴ, ㄷ

122   상 중 하

다음은 자연계에 존재하는 원소 X, Y에 대한 자료이다.

- 자연계에 존재하는 X와 Y에 대한 자료

원소	동위 원소	원자량	평균 원자량
X	^{a}X	a	$a+1$
	^{a+2}X	$a+2$	
Y	^{b}Y	b	㉠
	^{b+2}Y	$b+2$	

- $\dfrac{\text{분자량이 가장 큰 XY의 존재 비율}}{\text{분자량이 가장 작은 XY의 존재 비율}}=\dfrac{1}{3}$이다.

이에 대한 설명으로 옳은 것만을 〈보기〉에서 있는 대로 고른 것은? (단, X와 Y는 임의의 원소 기호이다.)

| 보기 |

ㄱ. ㉠은 $b+1$이다.
ㄴ. $\dfrac{\text{분자량이 가장 큰 }Y_2\text{의 존재 비율}}{\text{분자량이 가장 작은 }Y_2\text{의 존재 비율}}=\dfrac{1}{9}$이다.
ㄷ. 자연계에서 존재 비율이 가장 큰 XY의 분자량은 $a+b$이다.

① ㄱ   ② ㄴ   ③ ㄷ
④ ㄱ, ㄷ   ⑤ ㄴ, ㄷ

123 | 개념 통합 | 상 중 하

다음은 2가지 원소에 대한 자료이다.

- H와 B의 동위 원소에 대한 자료

원소	동위 원소	원자량	자연계 존재 비율(%)
H	^{1}H	1	99.99
	^{2}H	2	0.01
B	^{10}B	10	20
	^{11}B	11	80

- ^{19}F의 원자량은 19이고, 존재 비율은 100 %이다.

이에 대한 설명으로 옳은 것만을 〈보기〉에서 있는 대로 고른 것은?

| 보기 |

ㄱ. BF_3의 평균 분자량은 67.8이다.
ㄴ. 1 mol의 H_2에 들어 있는 중성자의 양은 1 mol보다 크다.
ㄷ. $\dfrac{1\text{ g의 B에 들어 있는 양성자수}}{1\text{ g의 }H_2\text{에 들어 있는 양성자수}}>\dfrac{1}{2}$이다.

① ㄱ   ② ㄴ   ③ ㄱ, ㄷ
④ ㄴ, ㄷ   ⑤ ㄱ, ㄴ, ㄷ

124   상 중 하

표는 원소 X의 동위 원소에 대한 자료이다. $a+b=100$이다.

동위 원소	원자량	자연계에 존재하는 비율(%)	평균 원자량
$^{m}_{x}X$	m	a	$m+\dfrac{1}{2}$
$^{m+2}_{x}X$	$m+2$	b	

이에 대한 설명으로 옳은 것만을 〈보기〉에서 있는 대로 고른 것은? (단, X는 임의의 원소 기호이다.)

| 보기 |

ㄱ. $\dfrac{b}{a}=\dfrac{1}{3}$이다.
ㄴ. $\dfrac{1\text{ g의 }^{m}X\text{에 들어 있는 양성자수}}{1\text{ g의 }^{m+2}X\text{에 들어 있는 양성자수}}=\dfrac{m+2}{m}$이다.
ㄷ. 1 mol의 X_2에 들어 있는 중성자의 양은 $(2m-2x+1)$ mol이다.

① ㄱ   ② ㄴ   ③ ㄱ, ㄷ
④ ㄴ, ㄷ   ⑤ ㄱ, ㄴ, ㄷ

125 | 신유형 | 개념 통합 | 　　　상 중 하

그림은 바닥상태 원자 X의 원자가 전자가 들어 있는 모든 오비탈에 대한 자료이다. n은 주 양자수, l은 방위(부) 양자수, m_l은 자기 양자수이다.

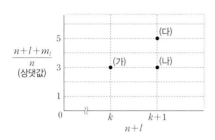

X에 대한 설명으로 옳은 것만을 〈보기〉에서 있는 대로 고른 것은? (단, X는 임의의 원소 기호이다.)

──── | 보기 | ────

ㄱ. (가)는 $3s$ 오비탈이다.

ㄴ. 원자가 전자 수는 4이다.

ㄷ. $\dfrac{p \text{ 오비탈에 들어 있는 전자 수}}{s \text{ 오비탈에 들어 있는 전자 수}} = \dfrac{4}{3}$이다.

① ㄱ 　　　② ㄴ 　　　③ ㄱ, ㄷ

④ ㄴ, ㄷ 　　　⑤ ㄱ, ㄴ, ㄷ

126 | 신유형 | 　　　상 중 하

표는 2, 3주기 바닥상태 원자 X, Y에 대한 자료이다. 원자 번호는 Y > X이고, $a > b > 1$이다.

원자	X	Y
p 오비탈에 들어 있는 전자 수	a	$12-a$
홀전자 수	b	b

이에 대한 설명으로 옳은 것만을 〈보기〉에서 있는 대로 고른 것은? (단, X와 Y는 임의의 원소 기호이다.)

──── | 보기 | ────

ㄱ. 원자가 전자 수는 X > Y이다.

ㄴ. $a+b=5$이다.

ㄷ. $\dfrac{p \text{ 오비탈의 전자 수}}{s \text{ 오비탈의 전자 수}}$ 는 Y가 X의 $\dfrac{4}{3}$배이다.

① ㄱ 　　　② ㄴ 　　　③ ㄱ, ㄷ

④ ㄴ, ㄷ 　　　⑤ ㄱ, ㄴ, ㄷ

127 　　　상 중 하

표는 원자 A~D에 대한 자료이다. A~D는 원소 X와 Y의 동위 원소이고, A~D의 중성자수 합은 72이다. 원자 번호는 Y > X이다.

원자	중성자수－양성자수	질량수
A	0	m
B	1	$m+3$
C	2	$m+2$
D	3	$m+5$

이에 대한 설명으로 옳은 것만을 〈보기〉에서 있는 대로 고른 것은? (단, X와 Y는 임의의 원소 기호이고, A~D의 원자량은 각각의 질량수와 같다.)

──── | 보기 | ────

ㄱ. A의 원자 번호는 17이다.

ㄴ. B와 D는 동위 원소이다.

ㄷ. $\dfrac{1 \text{ g의 D에 들어 있는 중성자수}}{1 \text{ g의 A에 들어 있는 중성자수}} = \dfrac{40}{37}$이다.

① ㄱ 　　　② ㄴ 　　　③ ㄷ

④ ㄱ, ㄷ 　　　⑤ ㄴ, ㄷ

128 　　　상 중 하

표는 2, 3주기 바닥상태 원자 X~Z에 대한 자료이다.

원자	X	Y	Z
$\dfrac{\text{전자가 들어 있는 } p \text{ 오비탈 수}}{\text{전자가 들어 있는 } s \text{ 오비탈 수}}$	x	2	2
$\dfrac{\text{홀전자 수}}{p \text{ 오비탈의 전자 수}}$	$\dfrac{1}{2}$	$\dfrac{1}{3}$	$\dfrac{1}{5}$

X~Z에 대한 설명으로 옳은 것만을 〈보기〉에서 있는 대로 고른 것은? (단, X~Z는 임의의 원소 기호이다.)

──── | 보기 | ────

ㄱ. $x = \dfrac{3}{2}$이다.

ㄴ. X와 Z는 같은 족 원소이다.

ㄷ. 원자 반지름은 Y가 가장 크다.

① ㄱ 　　　② ㄴ 　　　③ ㄱ, ㄷ

④ ㄴ, ㄷ 　　　⑤ ㄱ, ㄴ, ㄷ

129 | 개념 통합 | 상 중 하

그림은 바닥상태 마그네슘($_{12}$Mg) 원자에서 전자가 들어 있는 오비탈 (가)와 (나)를 모형으로 나타낸 것이다. 주 양자수(n)와 방위(부) 양자수 (l)와 자기 양자수(m_l)의 합은 (가)가 (나)보다 크다.

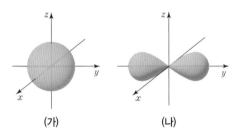

(가)   (나)

이에 대한 설명으로 옳은 것만을 〈보기〉에서 있는 대로 고른 것은?

| 보기 |

ㄱ. 오비탈에 들어 있는 전자 수는 (나)>(가)이다.
ㄴ. m_l는 (가)>(나)이다.
ㄷ. 에너지 준위는 (나)>(가)이다.

① ㄱ   ② ㄴ   ③ ㄱ, ㄷ
④ ㄴ, ㄷ   ⑤ ㄱ, ㄴ, ㄷ

130 | 신유형 | 개념 통합 | 상 중 하

다음은 바닥상태 원자 W~Z에 대한 자료이다.

- W~Z는 O, F, Na, Si를 순서 없이 나타낸 것이다.
- W와 X의 홀전자 수는 같다.
- 원자 번호는 W>X이다.
- 전기 음성도는 W>Z이다.

W~Z에 대한 설명으로 옳은 것만을 〈보기〉에서 있는 대로 고른 것은?

| 보기 |

ㄱ. 원자 반지름은 X>Y이다.
ㄴ. Ne의 전자 배치를 갖는 이온의 반지름은 Y>Z이다.
ㄷ. 제2 이온화 에너지는 W>Z이다.

① ㄱ   ② ㄷ   ③ ㄱ, ㄴ
④ ㄴ, ㄷ   ⑤ ㄱ, ㄴ, ㄷ

131 | 신유형 | 상 중 하

다음은 원자 W~Z에 대한 자료이다. E_1과 E_2는 각각 제1, 제2 이온화 에너지이다.

- W~Z는 Li, Be, B, C를 순서 없이 나타낸 것이다.
- 원자 번호는 Y>X이다.
- ㉠은 $\dfrac{E_1}{E_2}$와 $\dfrac{E_2}{E_1}$ 중 하나이다.

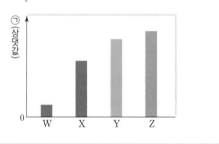

W~Z에 대한 설명으로 옳은 것만을 〈보기〉에서 있는 대로 고른 것은?

| 보기 |

ㄱ. ㉠은 $\dfrac{E_1}{E_2}$이다.
ㄴ. 원자가 전자가 느끼는 유효 핵전하는 Z>X이다.
ㄷ. 제3 이온화 에너지는 Z>Y이다.

① ㄱ   ② ㄴ   ③ ㄱ, ㄷ
④ ㄴ, ㄷ   ⑤ ㄱ, ㄴ, ㄷ

132 | 신유형 | 　　　상 중 **하**

표는 2주기 바닥상태 원자 X~Z에 대한 자료이다. ㉠은 s 오비탈과 p 오비탈 중 하나이다.

원자	X	Y	Z
홀전자 수 ／ ㉠에 들어 있는 전자 수	0	$\frac{1}{2}$	1

X~Z에 대한 설명으로 옳은 것만을 〈보기〉에서 있는 대로 고른 것은? (단, X~Z는 임의의 원소 기호이다.)

──────── | 보기 | ────────

ㄱ. ㉠은 p 오비탈이다.
ㄴ. X의 원자가 전자 수는 2이다.
ㄷ. 제2 이온화 에너지는 Y>Z이다.

① ㄱ 　　　　② ㄴ 　　　　③ ㄱ, ㄷ
④ ㄴ, ㄷ 　　　⑤ ㄱ, ㄴ, ㄷ

133 | 신유형 | 개념 통합 | 　　　상 **중** 하

다음은 2주기 바닥상태 원자 W~Z에 대한 자료이다.

• W~Z는 C, N, O, F을 순서 없이 나타낸 것이다.
• 제1 이온화 에너지 ／ 원자 반지름 는 W>X>Y>Z이다.
• 원자 번호는 Y>X이다.

W~Z에 대한 설명으로 옳은 것만을 〈보기〉에서 있는 대로 고른 것은?

──────── | 보기 | ────────

ㄱ. 원자 반지름은 X>Z이다.
ㄴ. 제2 이온화 에너지는 Y가 가장 크다.
ㄷ. 원자가 전자가 느끼는 유효 핵전하는 W>X이다.

① ㄱ 　　　　② ㄴ 　　　　③ ㄷ
④ ㄱ, ㄴ 　　　⑤ ㄴ, ㄷ

134 | 개념 통합 | 　　　상 **중** 하

다음은 원자 W~Z에 대한 자료이다.

• W~Z는 O, F, Na, Al을 순서 없이 나타낸 것이다.
• W, Y는 서로 다른 주기의 원소이다.
• 이온 반지름은 Z>W이다.
• 제2 이온화 에너지는 X>W>Y이다.

이에 대한 설명으로 옳은 것만을 〈보기〉에서 있는 대로 고른 것은?

──────── | 보기 | ────────

ㄱ. Y는 F이다.
ㄴ. 제2 이온화 에너지 ／ 제1 이온화 에너지 는 X>Y이다.
ㄷ. 원자가 전자가 느끼는 유효 핵전하는 W>Z이다.

① ㄱ 　　　　② ㄴ 　　　　③ ㄱ, ㄷ
④ ㄴ, ㄷ 　　　⑤ ㄱ, ㄴ, ㄷ

N Ⅲ 화학 결합과 분자의 세계

◆ 이렇게 출제되었다!

◆ 이렇게 출제되었다!

2015 개정 교육과정이 적용된 수능, 평가원, 교육청 기출 문제를 철저히 분석했습니다.

● 단원별 출제 비율

1. 화학 결합 7 %	08 화학 결합의 전기적 성질과 이온 결합
	09 공유 결합과 금속 결합
2. 분자의 구조와 성질 16 %	10 결합의 극성과 루이스 전자점식 《 빈출
	11 분자의 구조와 성질 《 고빈출

1. 화학 결합 이온 결합, 공유 결합, 금속 결합의 성질에 대해 묻는 문제가 평이하게 계속 출제되고 있으며, 화학 결합 모형을 제시하고 각 화학 결합의 특징을 찾는 문제도 꾸준하게 출제되고 있다.

2. 분자의 구조와 성질 전기 음성도와 결합의 극성에 대한 문제와 루이스 전자점식을 제시하고 분자의 성질을 예측하는 문제도 출제 빈도가 높다. 분자의 구조와 극성에 대한 문제가 가장 많이 출제되고 있다.

◆ 어떻게 공부해야 할까?

08 화학 결합의 전기적 성질과 이온 결합

전기 분해와 관련된 문제가 가끔 출제되므로 전기 분해 과정에서 (+)극과 (−)극에서 생성되는 생성물을 파악하고 있어야 한다. 이온 결합 물질의 화학 결합 모형을 이해하고 이온 결합 물질의 성질을 알고 있어야 한다.

09 공유 결합과 금속 결합

화학 결합 모형으로 각 화학 결합을 파악하는 문제가 출제되고 있다. 공유 결합 물질, 금속 결합 물질의 결합 모형을 이해하고 공유 결합 물질, 금속 결합 물질의 성질을 알고 있어야 한다.

10 결합의 극성과 루이스 전자점식

원자의 전기 음성도 차이에 따른 결합의 극성을 알아두어야 한다. 루이스 전자점식을 제시하고 각 원자와 분자의 성질을 비교하는 문제가 자주 출제되므로 루이스 전자점식으로부터 구성 원자와 분자의 성질을 알아낼 수 있도록 공부해야 한다.

11 분자의 구조와 성질

분자식이나 루이스 전자점식을 제시하고 분자의 구조와 성질을 묻는 문제가 출제된다. 분자 모양과 결합각을 예측할 수 있도록 공유 전자쌍과 비공유 전자쌍 수에 따른 분자의 구조를 정리해 두어야 하고, 분자의 쌍극자 모멘트에 따라 분자의 극성 여부를 구별하고 물질의 성질을 비교할 수 있어야 한다.

1 화학 결합의 전기적 성질과 원리

(1) **전기 분해**: (+)극에서는 산화 반응이, (−)극에서는 환원 반응이 일어남

① 염화 나트륨 용융액(NaCl(l))의 전기 분해

장치	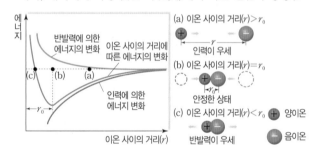 전원 장치
(+)극	$2Cl^-(l) \longrightarrow 2e^- + Cl_2(g)$
	염화 이온(Cl^-)이 정전기적 인력으로 (+)극으로 이동하여 전자를 잃고 산화
(−)극	$2Na^+(l) + 2e^- \longrightarrow 2Na(s)$
	나트륨 이온(Na^+)이 정전기적 인력으로 (−)극으로 이동하여 전자를 얻어 환원
전체 반응	$2NaCl(l) \longrightarrow 2Na(s) + Cl_2(g)$

☆ 빈출
② 물($H_2O(l)$)의 전기 분해

장치	(+) (−) 전원 장치
(+)극	$2H_2O(l) \longrightarrow 4e^- + 4H^+ + O_2(g)$
	물이 산화되어 수소 이온(H^+)을 내고 산소 기체가 발생함
(−)극	$4H_2O(l) + 4e^- \longrightarrow 4OH^- + 2H_2(g)$
	물이 환원되어 수산화 이온(OH^-)을 내고 수소 기체가 발생함
전체 반응	$2H_2O(l) \longrightarrow 2H_2(g) + O_2(g)$

• 순수한 물은 비전해질이므로 전류가 거의 흐르지 않음 ➡ 황산 나트륨(Na_2SO_4)과 같은 전해질을 녹인 뒤 전류를 흘려주면 (+)극에서는 O_2 기체, (−)극에서는 H_2 기체 발생
• 전기 에너지로 H 원자와 O 원자 사이의 결합을 끊으면 물은 H_2와 O_2로 분해됨

(2) 화학 결합과 옥텟 규칙

① 비활성 기체의 전자 배치: 18족 원소인 비활성 기체는 바닥상태에서 가장 바깥 전자 껍질에 8개의 전자가 배치됨(단, He은 2개)

② 옥텟 규칙: 18족 원소 이외의 원자들이 전자를 잃거나 얻어서 또는 전자를 공유하면서 비활성 기체와 같이 가장 바깥 전자 껍질에 8개의 전자를 채워 안정한 전자 배치를 가지려는 경향

2 이온 결합

(1) 이온의 형성

양이온	원자가 전자를 잃으면 양이온이 됨
	예 나트륨(Na) 원자가 전자 1개를 잃어 형성된 나트륨 이온(Na^+)은 비활성 기체인 네온(Ne)과 같은 전자 배치를 가짐
음이온	원자가 전자를 얻으면 음이온이 됨
	예 산소(O) 원자가 가장 바깥 전자 껍질에 전자 2개를 얻어 형성된 산화 이온(O^{2-})은 네온(Ne)과 같은 전자 배치를 가짐

☆ 고빈출
(2) 이온 결합의 형성

① 이온 결합: 양이온과 음이온 사이의 정전기적 인력에 의해 형성되는 결합 ➡ 전기 음성도 차이가 큰 금속 원자와 비금속 원자가 가까이 접근하게 되면 금속 원자에서 비금속 원자로 전자의 완전한 이동이 일어남

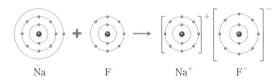

Na   F Na^+ F^-

② 이온 사이의 거리에 따른 에너지: 인력과 반발력의 합이 최저인 거리, 에너지가 가장 낮은 지점(r_0)에서 이온 결합이 형성됨

(a) 이온 사이의 거리(r)>r_0
인력이 우세
(b) 이온 사이의 거리(r)=r_0
안정한 상태
(c) 이온 사이의 거리(r)<r_0 ⊕ 양이온
반발력이 우세 ⊖ 음이온

(3) 이온 결합 물질의 성질

① 고체 상태의 이온 결합 물질에 힘을 가하면 이온층이 밀리면서 두 층 사이에서 같은 전하를 띤 이온들 사이의 반발력이 작용하여 쉽게 부서짐

② 전기 전도성: 고체 상태에서 전기 전도성이 없지만, 액체와 수용액 상태에서는 이온이 자유롭게 이동할 수 있으므로 전기 전도성이 있음

③ 녹는점과 끓는점: 이온 결합 물질은 녹는점과 끓는점이 높은 편 ➡ 상온에서 대부분 고체 상태로 존재

이온 결합 물질의 녹는점
• 이온의 전하량이 같을 때: 이온 사이의 거리가 가까울수록 녹는점 높아짐
NaF > NaCl > NaBr
• 이온 사이의 거리가 비슷할 때: 이온의 전하량이 클수록 녹는점 높아짐
BaO > NaCl

대표 기출 문제

135

다음은 물(H_2O)의 전기 분해 실험이다.

평가원 기출

| 실험 과정

(가) 비커에 물을 넣고, 황산 나트륨을 소량 녹인다.

(나) 그림과 같이 (가)의 수용액으로 가득 채운 시험관에 전극 A와 B를 설치하고, 전류를 흘려 생성되는 기체를 각각의 시험관에 모은다.

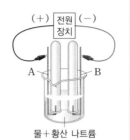

물+황산 나트륨

| 실험 결과

• (나)에서 생성된 기체는 수소(H_2)와 산소(O_2)였다.

• 각 전극에서 생성된 기체의 양(mol) ($0 < t_1 < t_2$)

전류를 흘려준 시간		t_1	t_2
기체의 양 (mol)	전극 A	x	N
	전극 B	N	y

이에 대한 설명으로 옳은 것만을 〈보기〉에서 있는 대로 고른 것은?

| 보기 |

ㄱ. 전극 A에서 생성된 기체는 O_2이다.

ㄴ. H_2O을 이루고 있는 H 원자와 O 원자 사이의 화학 결합에는 전자가 관여한다.

ㄷ. $\dfrac{x}{y} = \dfrac{1}{4}$이다.

① ㄱ   ② ㄷ   ③ ㄱ, ㄴ   ④ ㄴ, ㄷ   ⑤ ㄱ, ㄴ, ㄷ

● 발문과 자료 분석하기

물(H_2O)의 전기 분해 실험에서 (+)극과 (−)극에서 각각 산화, 환원 반응이 일어남을 파악해야 한다.

● 꼭 기억해야 할 개념

1. 물의 전기 분해 실험은 (+)극에서 산소(O_2) 기체가, (−)극에서 수소(H_2) 기체가 1 : 2의 몰비로 생성된다.

2. H 원자와 O 원자 사이의 공유 결합에는 전자가 관여한다.

● 선지별 선택 비율

①	②	③	④	⑤
2 %	2 %	13 %	5 %	78 %

136

다음은 원자 W~Z에 대한 자료이다.

수능 기출

• W~Z는 각각 O, F, Na, Mg 중 하나이다.

• 각 원자의 이온은 모두 Ne의 전자 배치를 갖는다.

• Y와 Z는 2주기 원소이다.

• X와 Z는 2 : 1로 결합하여 안정한 화합물을 형성한다.

이에 대한 설명으로 옳은 것만을 〈보기〉에서 있는 대로 고른 것은? (단, W~Z는 임의의 원소 기호이다.)

| 보기 |

ㄱ. W는 Na이다.

ㄴ. 녹는점은 WZ가 CaO보다 높다.

ㄷ. X와 Y의 안정한 화합물은 XY_2이다.

① ㄱ   ② ㄴ   ③ ㄷ   ④ ㄱ, ㄴ   ⑤ ㄴ, ㄷ

● 발문과 자료 분석하기

주어진 자료를 분석하여 각 원자를 찾아내는데 Z 원자가 산소(O) 원자임을 먼저 파악해야 한다.

● 꼭 기억해야 할 개념

이온 사이의 거리가 가까울수록, 이온의 전하량이 클수록 이온 결합 물질의 녹는점이 높아진다.

● 선지별 선택 비율

①	②	③	④	⑤
8 %	78 %	4 %	6 %	4 %

137 | 신유형 | 　　　　　상 중 하

다음은 전기 분해와 관련된 2가지 화학 반응식이다.

- $2NaCl(l) \longrightarrow 2\boxed{㉠} + \boxed{㉡}$
- $2H_2O(l) \xrightarrow{Na_2SO_4 \text{ 첨가}} 2\boxed{㉢} + \boxed{㉣}$

이에 대한 설명으로 옳은 것만을 〈보기〉에서 있는 대로 고른 것은?

──────── | 보기 | ────────
ㄱ. ㉠은 공유 결합 물질이다.
ㄴ. ㉡과 ㉢의 화학 결합의 종류는 같다.
ㄷ. ㉣에는 2중 결합이 있다.
────────────────────

① ㄱ 　　　　　② ㄴ 　　　　　③ ㄱ, ㄷ
④ ㄴ, ㄷ 　　　　⑤ ㄱ, ㄴ, ㄷ

138 | 신유형 | 　　　　　상 중 하

다음은 1, 2주기 원소 A~C에 대한 자료이다.

- A는 바닥상태 전자 배치에서 전자가 들어 있는 오비탈 수와 홀전자 수가 같다.
- B와 C는 2주기 원소로 바닥상태 전자 배치에서 홀전자 수비는 B : C=1 : 2이다.
- B와 C의 바닥상태 전자 배치에서 오비탈 수비는 B : C= 2 : 5이다.

이에 대한 설명으로 옳은 것만을 〈보기〉에서 있는 대로 고른 것은? (단, A~C는 임의의 원소 기호이다.)

──────── | 보기 | ────────
ㄱ. A와 B가 결합한 물질은 이온 결합 물질이다.
ㄴ. B와 C의 안정한 화합물은 BC_2이다.
ㄷ. 산화물의 녹는점은 $A_2O > B_2O$이다.
────────────────────

① ㄱ 　　　　　② ㄴ 　　　　　③ ㄱ, ㄷ
④ ㄴ, ㄷ 　　　　⑤ ㄱ, ㄴ, ㄷ

139 　　　　　상 중 하

표는 3주기 금속 원소 A와 B가 각각 산소와 결합한 화합물 A_mO_n과 B_xO_y에 대한 자료이다. A_mO_n과 B_xO_y에서 A, B, O의 이온은 Ne의 전자 배치를 갖는다.

화합물	A_mO_n	B_xO_y
화합물 1mol에 들어 있는 이온의 양(mol)	a	$\frac{5}{3}a$

이에 대한 설명으로 옳은 것만을 〈보기〉에서 있는 대로 고른 것은? (단, A와 B는 임의의 원소 기호이다.)

──────── | 보기 | ────────
ㄱ. $m=x$이다.
ㄴ. 바닥상태 전자 배치에서 홀전자 수는 A<B이다.
ㄷ. 녹는점은 $A_mO_n < B_xO_y$이다.
────────────────────

① ㄱ 　　　　　② ㄴ 　　　　　③ ㄱ, ㄷ
④ ㄴ, ㄷ 　　　　⑤ ㄱ, ㄴ, ㄷ

140 　　　　　상 중 하

그림은 이온 결합 물질 X_2Y_3를 구성하는 이온 X^{a+}, Y^{b-}의 전자 배치를 모형으로 나타낸 것이다.

이에 대한 설명으로 옳은 것만을 〈보기〉에서 있는 대로 고른 것은? (단, X, Y는 임의의 원소 기호이고, a, b는 3 이하의 자연수이다.)

──────── | 보기 | ────────
ㄱ. $a=b+1$이다.
ㄴ. X는 3주기 원소이다.
ㄷ. $X_2Y_3(s)$는 전기 전도성이 있다.
────────────────────

① ㄱ 　　　　　② ㄷ 　　　　　③ ㄱ, ㄴ
④ ㄴ, ㄷ 　　　　⑤ ㄱ, ㄴ, ㄷ

141

상 중 하

그림은 화합물 AB를 화학 결합 모형으로 나타낸 것이다.

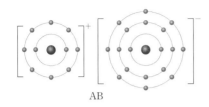

AB

이에 대한 설명으로 옳은 것만을 〈보기〉에서 있는 대로 고른 것은? (단, A와 B는 임의의 원소 기호이다.)

―| 보기 |―

ㄱ. A와 B는 같은 주기 원소이다.
ㄴ. AB(l)는 전기 전도성이 있다.
ㄷ. 원자 반지름은 A>B이다.

① ㄱ   ② ㄴ   ③ ㄱ, ㄷ
④ ㄴ, ㄷ   ⑤ ㄱ, ㄴ, ㄷ

142

상 중 하

그림은 원소 A~D의 이온 반지름을 나타낸 것이다. A~D는 각각 O, F, Na, Mg 중 하나이고, A~D의 이온은 Ne의 전자 배치를 갖는다.

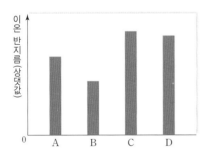

이에 대한 설명으로 옳은 것만을 〈보기〉에서 있는 대로 고른 것은?

―| 보기 |―

ㄱ. A와 C는 같은 주기 원소이다.
ㄴ. B와 D는 1 : 2로 결합하여 안정한 화합물을 형성한다.
ㄷ. 녹는점은 BC>AD이다.

① ㄱ   ② ㄴ   ③ ㄱ, ㄷ
④ ㄴ, ㄷ   ⑤ ㄱ, ㄴ, ㄷ

143

상 중 하

그림은 바닥상태 원자 A~C에서 전자가 들어 있는 s 오비탈 수를, 표는 원소 A~D로 구성된 이온 결합 물질에 대한 자료를 나타낸 것이다. A~D는 F, Na, Cl, K을 순서 없이 나타낸 것이고, BD, CA, CD에서 A~D의 이온은 Ne 또는 Ar의 전자 배치를 갖는다.

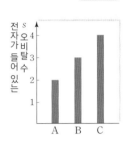

물질	BD	CA	CD
녹는점(℃)	801	858	x

이에 대한 설명으로 옳은 것만을 〈보기〉에서 있는 대로 고른 것은?

―| 보기 |―

ㄱ. D는 Cl이다.
ㄴ. x>801이다.
ㄷ. 이온 사이의 거리는 CA>CD이다.

① ㄱ   ② ㄴ   ③ ㄱ, ㄴ
④ ㄱ, ㄷ   ⑤ ㄴ, ㄷ

144

상 중 하

그림은 금속 산화물 AO와 BO에서 양이온과 음이온 사이의 거리(r)에 따른 에너지 변화를 나타낸 것이다. A와 B는 각각 Mg과 Ca 중 하나이다.

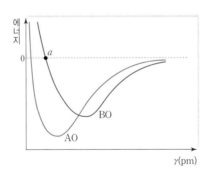

이에 대한 설명으로 옳은 것만을 〈보기〉에서 있는 대로 고른 것은?

―| 보기 |―

ㄱ. A는 Ca이다.
ㄴ. 녹는점은 AO>BO이다.
ㄷ. BO는 $r=a$에서 이온 사이의 인력과 반발력의 합이 최저이다.

① ㄱ   ② ㄴ   ③ ㄱ, ㄷ
④ ㄴ, ㄷ   ⑤ ㄱ, ㄴ, ㄷ

09 공유 결합과 금속 결합

1 공유 결합

(1) **공유 결합의 형성**: 비금속 원소의 원자들이 비활성 기체와 같은 전자 배치를 가지기 위해서 전자쌍을 서로 공유하면서 형성되는 결합

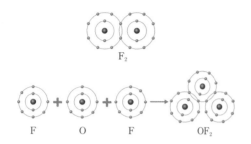

F_2

F O F OF_2

- 비금속 원자 간 만남으로 오비탈의 겹침이 일어나게 되고, 이때 전자쌍을 서로 공유하며 결합을 형성함. 두 원자핵은 공유 전자쌍을 끌어당김

(2) **공유 결합의 종류**

① 공유 전자쌍 1개를 결합선(―) 하나로 표현함
② 공유 결합에는 단일 결합, 2중 결합, 3중 결합이 있음

F―F	단일 결합	
O=O	2중 결합	결합 수 증가
N≡N	3중 결합	

(3) **공유 결합 물질**

① 공유 결합 물질의 종류

공유 결정 (원자 결정)	• 원자 간 강한 공유 결합으로 그물처럼 생성된 물질들로 녹는점이 매우 높음 • 고체, 액체 상태에서 전기 전도성이 없음(단, 흑연은 예외)
분자 결정	• 원자 간 공유 결합으로 생성된 독립적인 입자로 녹는점, 끓는점이 낮음 • 고체, 액체 상태에서 전기 전도성이 없음

- 공유 결합 물질 중 대부분이 분자로 존재하며, 원자 간 결합은 강하나 이는 분자 간 인력과는 관계없음

② 몇 가지 공유 결합 물질의 구조

↑ 흑연(C)   ↑ 다이아몬드(C)   ↑ 석영(SiO_2)

③ 녹는점, 끓는점이 낮은 편으로 승화성이 있는 물질도 있음
예 드라이 아이스(CO_2), 나프탈렌($C_{10}H_8$), 아이오딘(I_2) 등

2 금속 결합

(1) **금속 결합의 형성**: 금속 양이온과 자유 전자의 정전기적 인력으로 결합 형성

① 자유 전자: 금속 원자가 양이온이 되면서 내놓은 원자가 전자로, 금속 양이온 사이를 자유롭게 움직이면서 금속 양이온을 결합시키는 역할을 함
② 동일한 원소들의 결합으로 홑원소 물질, 즉 원소로 존재함

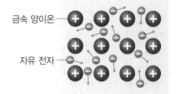

금속 양이온

자유 전자

↑ 금속 결합 모형(전자 바다 모형)

(2) **금속의 특성**: 금속의 여러 가지 특성은 자유 전자에 의해서 나타남

① 녹는점: 금속 양이온과 자유 전자의 정전기적 인력인 쿨롱의 힘으로 결합되어 녹는점이 높음
   • 상온에서 대부분 고체 상태로 존재(단, Hg은 예외)
② 전기 전도성: 고체 상태, 액체 상태 모두 자유 전자의 이동으로 전기 전도성이 있음
③ 열전도성: 금속을 가열하면 자유 전자의 에너지가 높아지는데 에너지가 높은 전자는 인접한 자유 전자와 금속 양이온에 열에너지를 전달하므로 열전도성이 큼
④ 연성과 전성: 힘을 가하면 모양은 변하나 자유 전자의 이동으로 금속 결합이 그대로 유지되므로 연성(뽑힘성), 전성(펴짐성)이 큼
⑤ 은백색 광택: 대부분의 금속은 은백색 광택을 띰(단, Au은 노란색, Cu는 붉은색)

3 화학 결합과 물질의 성질

화학 결합		이온 결합	공유 결합		금속 결합
결정 구조		이온 결정	공유 결정	분자 결정	금속 결정
구성 입자 단위		양이온, 음이온	원자	분자	금속 양이온, 자유 전자
녹는점과 끓는점		높음	매우 높음	낮음	높음
전기 전도성	고체	없음	없음		있음
	액체	있음	없음		있음

대표 기출 문제

145

그림은 화합물 A_2B와 CBD를 화학 결합 모형으로 나타낸 것이다.

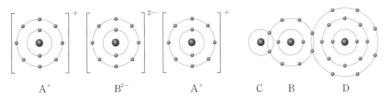

$$A^+ \qquad B^{2-} \qquad A^+ \qquad C \quad B \quad D$$

이에 대한 설명으로 옳은 것만을 〈보기〉에서 있는 대로 고른 것은? (단, A~D는 임의의 원소 기호이다.)

| 보기 |
ㄱ. A(s)는 전성(펴짐성)이 있다.
ㄴ. A와 D의 안정한 화합물은 AD이다.
ㄷ. C_2B는 공유 결합 물질이다.

① ㄱ   ② ㄷ   ③ ㄱ, ㄴ   ④ ㄴ, ㄷ   ⑤ ㄱ, ㄴ, ㄷ

✎ 발문과 자료 분석하기
   화학 결합 모형을 통해 원자 A~D가 각각 Na, O, H, Cl임을 알아내야 한다.

✎ 꼭 기억해야 할 개념
   1. 금속 원소는 연성(뽑힘성), 전성(펴짐성)이 있고, 전기 전도도가 크다.
   2. 18족 원소를 제외한 원자들은 화학 결합을 통해 옥텟 규칙을 만족하려 한다.

✎ 선지별 선택 비율

①	②	③	④	⑤
1 %	2 %	2 %	5 %	89 %

146

그림은 2가지 물질을 결합 모형으로 나타낸 것이다.

은(Ag)   다이아몬드(C)

금속 양이온

이에 대한 설명으로 옳은 것만을 〈보기〉에서 있는 대로 고른 것은? [3점]

| 보기 |
ㄱ. ㉠은 자유 전자이다.
ㄴ. Ag(s)은 전성(펴짐성)이 있다.
ㄷ. C(s, 다이아몬드)를 구성하는 원자는 공유 결합을 하고 있다.

① ㄱ   ② ㄷ   ③ ㄱ, ㄴ   ④ ㄴ, ㄷ   ⑤ ㄱ, ㄴ, ㄷ

✎ 발문과 자료 분석하기
   결합 모형으로 각각 금속 결합 물질과 공유 결합 물질임을 알 수 있어야 한다.

✎ 꼭 기억해야 할 개념
   1. 금속 결합은 금속 양이온과 자유 전자 사이의 정전기적 인력에 의해 형성된다.
   2. C(s, 다이아몬드)는 공유 결합 물질인 공유 결정으로 분자로 존재하지 않는다.

✎ 선지별 선택 비율

①	②	③	④	⑤
1 %	1 %	3 %	1 %	94 %

147

상 중 **하**

그림은 분자 (가)와 (나)를 화학 결합 모형으로 나타낸 것이다.

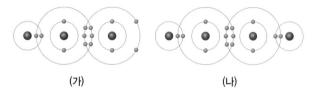

(가)   (나)

(가)와 (나)의 공통점으로 옳은 것만을 〈보기〉에서 있는 대로 고른 것은?

| 보기 |

ㄱ. 공유 결합 화합물이다.
ㄴ. 다중 결합이 있다.
ㄷ. 공유 전자쌍 수는 4이다.

① ㄱ
② ㄷ
③ ㄱ, ㄴ
④ ㄴ, ㄷ
⑤ ㄱ, ㄴ, ㄷ

148

상 중 **하**

그림은 3가지 물질을 주어진 기준에 따라 분류한 것이다.

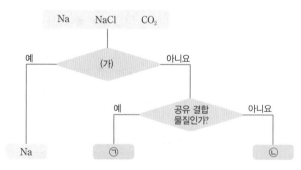

이에 대한 설명으로 옳은 것만을 〈보기〉에서 있는 대로 고른 것은?

| 보기 |

ㄱ. '전성(퍼짐성)이 있는가?'는 (가)로 적절하다.
ㄴ. ㉠은 CO_2이다.
ㄷ. ㉡은 액체 상태에서 전기 전도성이 있다.

① ㄱ
② ㄷ
③ ㄱ, ㄴ
④ ㄴ, ㄷ
⑤ ㄱ, ㄴ, ㄷ

149

상 중 **하**

다음은 2주기 원소 X~Z의 이원자 분자 X_2~Z_2에 대한 자료이다.

- X~Z는 각각 N, O, F 중 하나이다.
- 공유 전자쌍 수는 $Y_2 > Z_2 > X_2$이다.

이에 대한 설명으로 옳은 것만을 〈보기〉에서 있는 대로 고른 것은?

| 보기 |

ㄱ. 전기 음성도는 X < Z이다.
ㄴ. 원자가 전자 수는 Z > Y이다.
ㄷ. X_2~Z_2 중 다중 결합이 있는 분자는 1가지이다.

① ㄱ
② ㄴ
③ ㄱ, ㄷ
④ ㄴ, ㄷ
⑤ ㄱ, ㄴ, ㄷ

150

| 신유형 |

상 **중** 하

다음은 1~3주기 원소 A~C에 대한 자료이다.

- B의 원자 번호는 8이다.
- A의 원자가 전자 수는 1이다.
- 전기 음성도는 C가 가장 크다.
- 원자 반지름은 A가 C보다 작다.

이에 대한 설명으로 옳은 것만을 〈보기〉에서 있는 대로 고른 것은?
(단, A~C는 임의의 원소 기호이다.)

| 보기 |

ㄱ. AC는 공유 결합 화합물이다.
ㄴ. 공유 전자쌍 수는 B_2가 C_2보다 크다.
ㄷ. BC_2의 모든 원자는 옥텟 규칙을 만족한다.

① ㄱ
② ㄴ
③ ㄱ, ㄷ
④ ㄴ, ㄷ
⑤ ㄱ, ㄴ, ㄷ

151

상 중 하

그림은 화합물 AB_2의 화학 결합 모형을 나타낸 것이다.

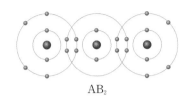

AB_2

이에 대한 설명으로 옳은 것만을 〈보기〉에서 있는 대로 고른 것은? (단, A와 B는 임의의 원소 기호이다.)

| 보기 |

ㄱ. 원자가 전자 수는 B>A이다.
ㄴ. AB_2에서 모든 원자는 옥텟 규칙을 만족한다.
ㄷ. 수소 화합물의 공유 전자쌍 수는 $AH_4 > H_2B$이다.

① ㄱ   ② ㄴ   ③ ㄱ, ㄷ
④ ㄴ, ㄷ   ⑤ ㄱ, ㄴ, ㄷ

152

상 중 하

그림은 화합물 AB와 CD를 화학 결합 모형으로 나타낸 것이다.

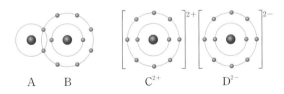

A   B C^{2+} D^{2-}

이에 대한 설명으로 옳은 것만을 〈보기〉에서 있는 대로 고른 것은? (단, A~D는 임의의 원소 기호이다.)

| 보기 |

ㄱ. B와 C는 같은 주기 원소이다.
ㄴ. $CB_2(l)$는 전기 전도성이 있다.
ㄷ. D_2B_2의 $\dfrac{\text{비공유 전자쌍 수}}{\text{공유 전자쌍 수}} = \dfrac{3}{10}$이다.

① ㄱ   ② ㄴ   ③ ㄱ, ㄷ
④ ㄴ, ㄷ   ⑤ ㄱ, ㄴ, ㄷ

153

상 중 하

그림은 주기율표의 일부를 나타낸 것이고, 표는 원소 W~Z로 이루어진 화합물 (가)와 (나)에 대한 자료이다.

주기＼족	1	2	13	14	15	16	17	18
1	W							
2					X		Y	
3		Z						

화합물	(가)	(나)
화학식	XW_a	ZY_b

이에 대한 설명으로 옳은 것만을 〈보기〉에서 있는 대로 고른 것은? (단, W~Z는 임의의 원소 기호이다.)

| 보기 |

ㄱ. $a>b$이다.
ㄴ. (가)와 (나)의 화학 결합의 종류는 같다.
ㄷ. X_2와 Y_2에는 다중 결합이 있다.

① ㄱ   ② ㄴ   ③ ㄱ, ㄷ
④ ㄴ, ㄷ   ⑤ ㄱ, ㄴ, ㄷ

154

| 신유형 |

상 중 하

그림은 원자 W~Z에 대한 자료이다. W~Z는 각각 O, F, Na, Mg 중 하나이고, 각 원자의 이온은 모두 Ne의 전자 배치를 갖는다.

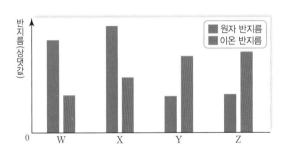

이에 대한 설명으로 옳은 것만을 〈보기〉에서 있는 대로 고른 것은?

| 보기 |

ㄱ. W와 X는 금속 원소이다.
ㄴ. ZY_2는 공유 결합 물질이다.
ㄷ. W와 Y는 2 : 1로 결합하여 안정한 화합물을 형성한다.

① ㄱ   ② ㄷ   ③ ㄱ, ㄴ
④ ㄴ, ㄷ   ⑤ ㄱ, ㄴ, ㄷ

1 결합의 극성

(1) **전기 음성도**: 공유 결합에서 한 원자가 공유 전자쌍을 끌어당기는 능력으로 플루오린(F) 4.0을 기준으로 한 상대적인 값

① 같은 족에서 전기 음성도

> 원자 번호↑ ⇨ 전자 껍질 수↑ ⇨ 핵과 전자와의 인력↓ ⇨ 전기 음성도↓

② 같은 주기에서 전기 음성도

> 원자 번호↑ ⇨ 유효 핵전하↑ ⇨ 핵과 전자와의 인력↑ ⇨ 전기 음성도↑

③ 전기 음성도가 큰 원자일수록 공유 결합에서 공유 전자쌍을 세게 끌어당김

④ 공유 결합을 이루는 두 원자 간 전기 음성도 차이가 클수록 전기 음성도가 큰 원자 쪽으로 공유 전자쌍이 많이 치우침

⑤ 폴링의 전기 음성도

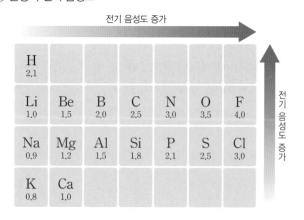

전기 음성도 증가 →

H 2.1						
Li 1.0	Be 1.5	B 2.0	C 2.5	N 3.0	O 3.5	F 4.0
Na 0.9	Mg 1.2	Al 1.5	Si 1.8	P 2.1	S 2.5	Cl 3.0
K 0.8	Ca 1.0					

전기 음성도 증가 ↑

(2) **결합의 극성**: 두 원자 사이의 전기 음성도 차이로 결합의 극성을 나눌 수 있음

① **극성 공유 결합**: 전기 음성도가 다른 두 원자 사이의 공유 결합이며, 전기 음성도가 큰 원자가 공유 전자쌍을 강하게 끌어당기므로 부분적인 음전하(δ^-)를 띠고, 전기 음성도가 작은 원자는 부분적인 양전하(δ^+)를 띰
　⑩ H−F, H−Cl

수소 원자(H) 염소 원자(Cl)　　염화 수소 분자(HCl)

② **무극성 공유 결합**: 같은 원소의 두 원자 사이의 공유 결합이며, 결합한 두 원자의 전기 음성도가 같으므로 부분 전하를 띠지 않음
　⑩ H−H, Cl−Cl, O=O

수소 원자(H) 수소 원자(H)　　수소 분자(H_2)

2 루이스 전자점식

(1) **루이스 전자점식**: 원소 기호 주위에 원자가 전자만 점으로 표현하는 식

① **표시 방법**: 원자가 전자 1개당 점 1개씩을 원소 기호의 네 방향에 돌아가면서 표시하고, 5개째 전자부터는 쌍을 이루도록 표시함

② 1~3주기 원소의 루이스 전자점식

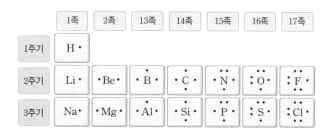

	1족	2족	13족	14족	15족	16족	17족
1주기	H·						
2주기	Li·	·Be·	·B·	·C·	·N·	·O·	·F·
3주기	Na·	·Mg·	·Al·	·Si·	·P·	·S·	·Cl·

③ **분자의 루이스 전자점식**: 공유 전자쌍은 두 원자의 원소 기호 사이에 표시하고, 비공유 전자쌍은 각 원소 기호 주변에 표시

분자	분자식	루이스 전자점식
메테인	CH_4	H:C:H (위아래 H) — 공유 전자쌍 수: 4 / 비공유 전자쌍 수: 0
물	H_2O	H:O:H — 공유 전자쌍 수: 2 / 비공유 전자쌍 수: 2

④ **이온의 루이스 전자점식**: 원자의 루이스 전자점식에서 이온의 전하만큼 전자를 빼거나 더해서 표시

$$[Na]^+ \; [\,:\!\ddot{\underset{..}{Cl}}\!:\,]^-$$

❶ NaCl의 루이스 전자점식

(2) **루이스 구조식**: 공유 전자쌍을 결합선(−)으로 나타낸 식으로 비공유 전자쌍은 생략하기도 함

분자	루이스 전자점식	결합선 표시	루이스 구조식
H_2	H:H	공유 전자쌍 1개를 −로 표시 ⇨ 단일 결합	H−H
O_2	:Ö::Ö:	공유 전자쌍 2개를 =로 표시 ⇨ 2중 결합	O=O
N_2	:N⫶⫶N:	공유 전자쌍 3개를 ≡로 표시 ⇨ 3중 결합	N≡N

대표 기출 문제

155

그림은 2주기 원소 X~Z로 구성된 분자 (가)와 (나)의 루이스 전자점식을 나타낸 것이다.

$$:\ddot{X}::Y::\ddot{X}: \qquad :\ddot{Z}:\ddot{Y}:\ddot{Z}:$$

(가)   (나)

이에 대한 설명으로 옳은 것만을 〈보기〉에서 있는 대로 고른 것은? (단, X~Z는 임의의 원소 기호이다.)

| 보기 |

ㄱ. X는 산소(O)이다.
ㄴ. (나)에서 단일 결합의 수는 3이다.
ㄷ. 비공유 전자쌍 수는 (나)가 (가)의 2배이다.

① ㄱ   ② ㄷ   ③ ㄱ, ㄴ   ④ ㄱ, ㄷ   ⑤ ㄴ, ㄷ

156

표는 원소 A~E에 대한 자료이다.

주기 \ 족	15	16	17
2	A	B	C
3	D		E

이에 대한 설명으로 옳은 것만을 〈보기〉에서 있는 대로 고른 것은? (단, A~E는 임의의 원소 기호이다.) [3점]

| 보기 |

ㄱ. 전기 음성도는 B>A>D이다.
ㄴ. BC$_2$에는 극성 공유 결합이 있다.
ㄷ. EC에서 C는 부분적인 음전하(δ^-)를 띤다.

① ㄱ   ② ㄷ   ③ ㄱ, ㄴ   ④ ㄴ, ㄷ   ⑤ ㄱ, ㄴ, ㄷ

157 | 신유형 | 상 중 하

다음은 분자 (가)와 (나)의 분자식이다.

$$C_2H_4 \qquad\qquad N_2F_2$$
$$\text{(가)} \qquad\qquad \text{(나)}$$

(가)와 (나)의 공통점으로 옳은 것만을 〈보기〉에서 있는 대로 고른 것은? (단, 전기 음성도는 H<C이다.)

| 보기 |

ㄱ. 2중 결합이 있다.
ㄴ. 무극성 공유 결합이 있다.
ㄷ. 중심 원자는 부분적인 음전하(δ^-)를 띤다.

① ㄱ   ② ㄷ   ③ ㄱ, ㄴ
④ ㄴ, ㄷ   ⑤ ㄱ, ㄴ, ㄷ

158 상 중 하

그림은 분자 (가)와 (나)의 구조식을 나타낸 것이다. (가)와 (나)에서 모든 원자는 옥텟 규칙을 만족하고, A와 B는 2주기 원소이다.

$$A-O-A \qquad\qquad O=B=O$$
$$\text{(가)} \qquad\qquad \text{(나)}$$

이에 대한 설명으로 옳은 것만을 〈보기〉에서 있는 대로 고른 것은? (단, A와 B는 임의의 원소 기호이다.)

| 보기 |

ㄱ. A는 F이다.
ㄴ. 전기 음성도는 A<B이다.
ㄷ. 바닥상태 원자에서 홀전자 수는 A>B이다.

① ㄱ   ② ㄴ   ③ ㄱ, ㄷ
④ ㄴ, ㄷ   ⑤ ㄱ, ㄴ, ㄷ

159 상 중 하

표는 2주기 원소 A와 B로 구성된 분자 A_2, B_2에 대한 자료이다. A_2, B_2에서 모든 원자는 옥텟 규칙을 만족한다.

분자	A_2	B_2
$\dfrac{\text{비공유 전자쌍 수}}{\text{공유 전자쌍 수}}$	a	$9a$

이에 대한 설명으로 옳은 것만을 〈보기〉에서 있는 대로 고른 것은? (단, A와 B는 임의의 원소 기호이다.)

| 보기 |

ㄱ. A는 N(질소)이다.
ㄴ. 전기 음성도는 A>B이다.
ㄷ. B_2에는 다중 결합이 있다.

① ㄱ   ② ㄴ   ③ ㄱ, ㄷ
④ ㄴ, ㄷ   ⑤ ㄱ, ㄴ, ㄷ

160 상 중 하

그림은 2주기 원소 X~Z의 루이스 전자점식을 나타낸 것이다.

$$\cdot \ddot{X} \cdot \qquad\qquad :\ddot{Y}\cdot \qquad\qquad :\ddot{Z}:$$

이에 대한 설명으로 옳은 것만을 〈보기〉에서 있는 대로 고른 것은? (단, X~Z는 임의의 원소 기호이다.)

| 보기 |

ㄱ. X_2Z_2에는 무극성 공유 결합이 있다.
ㄴ. Y_2Z_2에는 2중 결합이 있다.
ㄷ. 비공유 전자쌍 수는 Y_2Z_2 > X_2Z_2이다.

① ㄱ   ② ㄴ   ③ ㄱ, ㄷ
④ ㄴ, ㄷ   ⑤ ㄱ, ㄴ, ㄷ

161

상 중 <u>하</u>

그림은 분자 (가)와 (나)를 화학 결합 모형으로 나타낸 것이다.

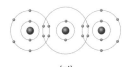
(가)

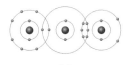
(나)

(가)와 (나)의 공통점으로 옳은 것만을 〈보기〉에서 있는 대로 고른 것은?

| 보기 |
ㄱ. 다중 결합이 있다.
ㄴ. 무극성 공유 결합이 있다.
ㄷ. 비공유 전자쌍 수는 4이다.

① ㄱ   ② ㄴ   ③ ㄱ, ㄷ
④ ㄴ, ㄷ   ⑤ ㄱ, ㄴ, ㄷ

162 | 신유형 |

상 <u>중</u> 하

다음은 2주기 원자 X와 Y의 바닥상태 전자 배치와 X와 Y가 결합하여 형성된 안정한 화합물 X_mY_n에 대한 자료이다.

- X : $1s^2 2s^2 2p^3$
- Y : $1s^2 2s^2 2p^5$
- X_mY_n의 1분자당 구성 원자 수는 4 이하이다.
- X_mY_n의 $\dfrac{\text{비공유 전자쌍 수}}{\text{공유 전자쌍 수}} = \dfrac{10}{3}$이다.

X_mY_n에 대한 설명으로 옳은 것만을 〈보기〉에서 있는 대로 고른 것은? (단, X와 Y는 임의의 원소 기호이다.)

| 보기 |
ㄱ. 전기 음성도는 X < Y이다.
ㄴ. 분자식은 X_2Y_2이다.
ㄷ. 무극성 공유 결합이 있다.

① ㄱ   ② ㄴ   ③ ㄱ, ㄷ
④ ㄴ, ㄷ   ⑤ ㄱ, ㄴ, ㄷ

163

상 중 <u>하</u>

표는 3가지 분자 (가)~(다)에 대한 자료이다. X와 Y는 2주기 원소이고, X, Y, F(플루오린)은 분자 내에서 옥텟 규칙을 만족한다.

분자	구성 원자 수			공유 전자쌍 수	비공유 전자쌍 수
	X	Y	F		
(가)	1	2	0	4	4
(나)	0	1	2	a	b
(다)	1	1	2		b

이에 대한 설명으로 옳은 것만을 〈보기〉에서 있는 대로 고른 것은? (단, X와 Y는 임의의 원소 기호이다.)

| 보기 |
ㄱ. 전기 음성도는 X > Y이다.
ㄴ. $4a = b$이다.
ㄷ. (나)와 (다)에는 모두 2중 결합이 있다.

① ㄱ   ② ㄴ   ③ ㄱ, ㄷ
④ ㄴ, ㄷ   ⑤ ㄱ, ㄴ, ㄷ

164 | 신유형 | 〔상 중 하〕

표는 수소(H)와 2주기 원소 X~Z로 이루어진 분자 (가)~(다)에 대한 자료이다. (가)~(다)에는 모두 무극성 공유 결합이 있으며, 분자에서 X~Z는 옥텟 규칙을 만족한다.

분자	구성 원소	분자당 구성 원자 수	공유 전자쌍 수
(가)	X, H	a	$a-1$
(나)	Y, H	a	a
(다)	Z, H	a	$a+1$

이에 대한 설명으로 옳은 것만을 〈보기〉에서 있는 대로 고른 것은? (단, X~Z는 임의의 원소 기호이다.)

| 보기 |
ㄱ. $a=4$이다.
ㄴ. 전기 음성도는 X<Y<Z이다.
ㄷ. (나)와 (다)에는 모두 2중 결합이 있다.

① ㄱ   ② ㄴ   ③ ㄱ, ㄷ
④ ㄴ, ㄷ   ⑤ ㄱ, ㄴ, ㄷ

165 〔상 중 하〕

그림은 임의의 원소 A~D의 전기 음성도를 상댓값으로 나타낸 것이다. A~D는 각각 O, F, Na, Mg 중 하나이다.

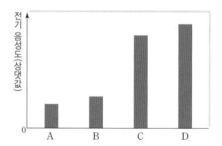

이에 대한 설명으로 옳은 것만을 〈보기〉에서 있는 대로 고른 것은?

| 보기 |
ㄱ. A는 Na이다.
ㄴ. B와 C가 결합한 화합물의 화학식은 BC_2이다.
ㄷ. 비공유 전자쌍 수는 C_2>D_2이다.

① ㄱ   ② ㄴ   ③ ㄱ, ㄷ
④ ㄴ, ㄷ   ⑤ ㄱ, ㄴ, ㄷ

166 〔상 중 하〕

표는 2주기 원소 X~Z의 이원자 분자 X_2~Z_2에 대한 자료이다. X_2~Z_2에서 모든 원자는 옥텟 규칙을 만족한다.

분자	X_2	Y_2	Z_2
공유 전자쌍 수	a		
비공유 전자쌍 수		$2a$	$4a$

이에 대한 설명으로 옳은 것만을 〈보기〉에서 있는 대로 고른 것은? (단, X~Z는 임의의 원소 기호이다.)

| 보기 |
ㄱ. 전기 음성도는 X<Z이다.
ㄴ. 비공유 전자쌍 수비는 X_2 : Y_2=3 : 1이다.
ㄷ. ZX_2에서 $\dfrac{\text{비공유 전자쌍 수}}{\text{공유 전자쌍 수}}=4$이다.

① ㄱ   ② ㄴ   ③ ㄱ, ㄷ
④ ㄴ, ㄷ   ⑤ ㄱ, ㄴ, ㄷ

167 〔상 중 하〕

표는 2주기 원소 W~Z로 이루어진 분자 (가)~(다)에 대한 자료이다. (가)~(다)에서 W~Z는 모두 옥텟 규칙을 만족한다.

분자	구성 원소	분자당 원자 수	공유 전자쌍 수
(가)	W, X	4	4
(나)	W, Y	4	5
(다)	W, Y, Z	4	4

(가)~(다)에 대한 설명으로 옳은 것만을 〈보기〉에서 있는 대로 고른 것은? (단, W~Z는 임의의 원소 기호이다.)

| 보기 |
ㄱ. (가)에는 2중 결합이 있다.
ㄴ. 무극성 공유 결합이 있는 분자는 2가지이다.
ㄷ. $\dfrac{\text{비공유 전자쌍 수}}{\text{공유 전자쌍 수}}$ 는 (나)>(다)이다.

① ㄱ   ② ㄷ   ③ ㄱ, ㄴ
④ ㄱ, ㄷ   ⑤ ㄱ, ㄴ, ㄷ

168 | 신유형 | 〔상 중 하〕

그림은 분자 (가)와 (나)의 구조식을 나타낸 것이다. (가)와 (나)에서 2주기 원소인 X와 Y는 옥텟 규칙을 만족한다.

$$H_2X=XH_2 \qquad\qquad H_2Y-YH_2$$
$$\text{(가)} \qquad\qquad\qquad \text{(나)}$$

이에 대한 설명으로 옳은 것만을 〈보기〉에서 있는 대로 고른 것은? (단, X와 Y는 임의의 원소 기호이다.)

— | 보기 | —
ㄱ. 전기 음성도는 X < Y이다.
ㄴ. (가)에서 X는 비공유 전자쌍이 있다.
ㄷ. (나)는 극성 공유 결합으로만 이루어져 있다.

① ㄱ   ② ㄴ   ③ ㄱ, ㄷ
④ ㄴ, ㄷ   ⑤ ㄱ, ㄴ, ㄷ

169 〔상 중 하〕

그림은 플루오린(F)과 2주기 원소 X와 Y의 화합물의 구조식을 나타낸 것이다. (가)와 (나)에서 모든 원자는 옥텟 규칙을 만족한다.

$$\begin{array}{c} F-X-F \\ | \\ F \end{array} \qquad\qquad \begin{array}{c} F-Y \\ | \\ F \end{array}$$
$$\text{(가)} \qquad\qquad\qquad \text{(나)}$$

이에 대한 설명으로 옳은 것만을 〈보기〉에서 있는 대로 고른 것은? (단, X와 Y는 임의의 원소 기호이다.)

— | 보기 | —
ㄱ. 원자가 전자 수는 X < Y이다.
ㄴ. 비공유 전자쌍 수는 (가) > (나)이다.
ㄷ. (가)와 (나)는 극성 공유 결합으로만 이루어져 있다.

① ㄱ   ② ㄴ   ③ ㄱ, ㄷ
④ ㄴ, ㄷ   ⑤ ㄱ, ㄴ, ㄷ

170 〔상 중 하〕

다음은 수소(H)와 2주기 원소 X, Y로 구성된 분자 (가)~(다)에 대한 자료이다. (가)~(다)에서 X와 Y는 옥텟 규칙을 만족한다.

- (가)~(다)의 분자당 구성 원자 수는 각각 4 이하이다.
- 전기 음성도는 X < Y이다.
- 각 분자 1 mol에 존재하는 원자 수비

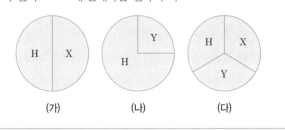

(가)   (나)   (다)

(가)~(다)에 대한 설명으로 옳은 것만을 〈보기〉에서 있는 대로 고른 것은? (단, X와 Y는 임의의 원소 기호이다.)

— | 보기 | —
ㄱ. 무극성 공유 결합이 있는 분자는 1가지이다.
ㄴ. 3중 결합이 있는 분자는 2가지이다.
ㄷ. 분자당 X 원자 수는 (가)가 (다)의 2배이다.

① ㄱ   ② ㄴ   ③ ㄱ, ㄷ
④ ㄴ, ㄷ   ⑤ ㄱ, ㄴ, ㄷ

분자의 구조와 성질

1 전자쌍 반발 원리

(1) 전자쌍 반발 원리: 중심 원자에 존재하는 전자쌍은 서로 반발하여 최대한 멀리 떨어지게 됨

중심 원자에 존재하는 전자쌍 수			
	2	3	4
전자쌍 배열 구조 (결합각)	직선형 (180°)	평면 삼각형 (120°)	사면체형 (109.5°)

(2) 반발력의 크기: 비공유 전자쌍−비공유 전자쌍>비공유 전자쌍−공유 전자쌍>공유 전자쌍−공유 전자쌍

2 분자의 구조

(1) 이원자 분자: 동일한 직선 상에 존재하는 평면 구조 @ H_2, HCl

(2) 중심 원자를 기준으로 반발하는 장소: 2인 경우

분자식	구조식	분자 모형	분자 구조
BeF_2	$:\ddot{F}-Be-\ddot{F}:$	180° F-Be-F	직선형

(3) 중심 원자에 존재하는 반발 장소: 3인 경우

분자식	구조식	분자 모형	분자 구조
BF_3	$:\ddot{F}-B(\ddot{F}:)(\ddot{F}:)$	120°	평면 삼각형

(4) 중심 원자에 존재하는 반발 장소: 4인 경우

분자식	구조식	분자 모형	분자 구조
CH_4	H-C-H (H, H)	109.5°	정사면체형

(5) 중심 원자에 비공유 전자쌍을 가지는 경우

분자식	NH_3	H_2O
구조식	H-N-H (H)	H-O (H)
분자 모형	비공유 전자쌍 / 107°	비공유 전자쌍 / 104.5°
분자 구조	삼각뿔형	굽은 형

3 분자의 극성

(1) 쌍극자 모멘트(μ)

① 쌍극자 모멘트(μ): 전하량(q)과 양전하 중심과 음전하 중심 간 거리(r)를 곱한 값을 쌍극자 모멘트(μ)라고 함

② 쌍극자 모멘트(μ)가 클수록 극성이 큼

$$\mu = q \times r$$

(2) 극성 분자: 극성 공유 결합이 있는 분자 중 결합의 쌍극자 모멘트 합이 0이 아닌 구조이면 분자의 쌍극자 모멘트가 0이 아니므로 극성 분자가 됨
@ HF, H_2O, NH_3 등

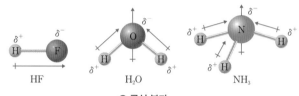

↑ 극성 분자

(3) 무극성 분자

① 무극성 공유 결합을 하는 이원자 분자는 무조건 무극성 분자임
@ H_2, N_2, O_2, F_2 등

② 극성 공유 결합이 있는 분자라도 결합의 쌍극자 모멘트 합이 0인 구조이면 분자의 쌍극자 모멘트가 0이므로 무극성 분자
@ CO_2, BCl_3, CH_4 등

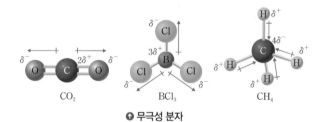

↑ 무극성 분자

(4) 극성 분자와 무극성 분자의 성질

구분	극성 분자	무극성 분자
분자 간 인력(끓는점)	분자량이 비슷할 때 극성 물질의 끓는점이 무극성 물질보다 높음	
용해성	극성 용매에 잘 녹음	무극성 용매에 잘 녹음
전기장에서의 배열	일정한 배열	영향을 받지 않음
대전체와의 끌림	물 / 대전체에 끌림	사염화 탄소 / 대전체에 끌리지 않음

대표 기출 문제

171

표는 원소 W~Z로 구성된 분자 (가)~(라)에 대한 자료이다. (가)~(라)의 분자당 구성 원자 수는 각각 3 이하이고, 분자에서 모든 원자는 옥텟 규칙을 만족한다. W~Z는 각각 C, N, O, F 중 하나이다.

분자	구성 원소	중심 원자	$\dfrac{\text{비공유 전자쌍 수}}{\text{공유 전자쌍 수}}$
(가)	W		6
(나)	W, X	X	4
(다)	W, X, Y	Y	2
(라)	W, Y, Z	Z	1

이에 대한 설명으로 옳은 것만을 〈보기〉에서 있는 대로 고른 것은?

| 보기 |

ㄱ. Z는 탄소(C)이다.
ㄴ. (다)의 분자 모양은 직선형이다.
ㄷ. 결합각은 (라) > (나)이다.

① ㄱ   ② ㄴ   ③ ㄱ, ㄷ   ④ ㄴ, ㄷ   ⑤ ㄱ, ㄴ, ㄷ

172

표는 탄소(C), 플루오린(F), X, Y로 구성된 분자 (가)~(다)에 대한 자료이다. X와 Y는 질소(N)와 산소(O) 중 하나이고, 분자에서 모든 원자는 옥텟 규칙을 만족한다.

분자	분자식	모든 결합의 종류	결합의 수
(가)	XF_2	F과 X 사이의 단일 결합	2
(나)	CXF_m	C와 F 사이의 단일 결합	2
		C와 X 사이의 2중 결합	1
(다)	YF_3	F과 Y 사이의 단일 결합	3

이에 대한 설명으로 옳은 것만을 〈보기〉에서 있는 대로 고른 것은? [3점]

| 보기 |

ㄱ. (가)의 분자 구조는 굽은형이다.
ㄴ. $m = 3$이다.
ㄷ. $\dfrac{\text{공유 전자쌍 수}}{\text{비공유 전자쌍 수}}$ 는 (다) > (나)이다.

① ㄱ   ② ㄴ   ③ ㄷ   ④ ㄱ, ㄴ   ⑤ ㄱ, ㄷ

173 | 신유형 | 　　　　　상 중 하

그림은 3가지 분자의 구조식을 나타낸 것이다. 다중 결합과 비공유 전자쌍은 나타내지 않았으며, (가)~(다)에서 C와 N는 모두 옥텟 규칙을 만족한다.

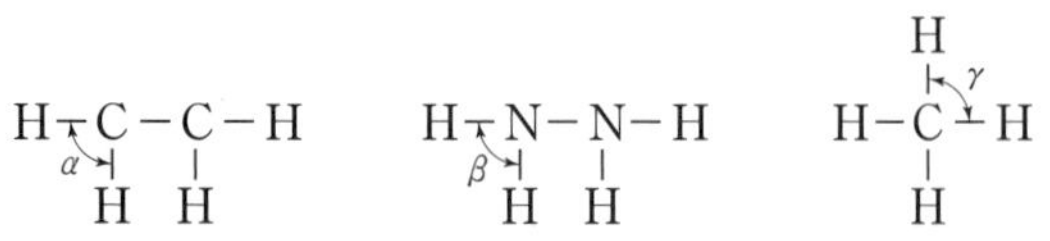

$$\begin{array}{ccc}
H-\underset{\substack{|\\H}}{\overset{\alpha}{C}}-\underset{\substack{|\\H}}{C}-H & H-\underset{\substack{|\\H}}{\overset{\beta}{N}}-\underset{\substack{|\\H}}{N}-H & H-\underset{\substack{|\\H}}{\overset{\gamma}{C}}\overset{H}{\underset{}{|}}H \\
(가) & (나) & (다)
\end{array}$$

결합각 $\alpha \sim \gamma$의 크기를 비교한 것으로 옳은 것은?

① $\alpha > \beta > \gamma$ 　　② $\alpha > \gamma > \beta$ 　　③ $\beta > \alpha > \gamma$

④ $\beta > \gamma > \alpha$ 　　⑤ $\gamma > \alpha > \beta$

174 　　　　　상 중 하

그림은 2가지 분자의 구조식을 나타낸 것이다.

$$\begin{array}{cc}
H-\underset{\substack{|\\H}}{\overset{H}{\overset{\alpha}{N}}}-H & F-\overset{O}{\overset{||}{\underset{}{C}}}\overset{\beta}{}F \\
(가) & (나)
\end{array}$$

이에 대한 설명으로 옳은 것만을 〈보기〉에서 있는 대로 고른 것은?

─── | 보기 | ───
ㄱ. (가)의 분자 모양은 삼각뿔형이다.
ㄴ. (나) 분자의 쌍극자 모멘트는 0이다.
ㄷ. 결합각은 $\alpha > \beta$이다.

① ㄱ 　　② ㄴ 　　③ ㄱ, ㄷ

④ ㄴ, ㄷ 　　⑤ ㄱ, ㄴ, ㄷ

175 　　　　　상 중 하

그림은 2주기 원소 X~Z로 이루어진 분자 (가)와 (나)를 루이스 구조식으로 나타낸 것이다.

$$\begin{array}{cc}
\overset{\displaystyle :Y:}{\overset{||}{:\ddot{Z}-X-\ddot{Z}:}} & :\ddot{Z}-\ddot{Y}-\ddot{Z}: \\
\cdots\cdots\cdots & \\
(가) & (나)
\end{array}$$

이에 대한 설명으로 옳은 것만을 〈보기〉에서 있는 대로 고른 것은? (단, X~Z는 임의의 원소 기호이다.)

─── | 보기 | ───
ㄱ. (나)는 무극성 분자이다.
ㄴ. 결합각은 (가) > (나)이다.
ㄷ. 비공유 전자쌍 수는 (가) = (나)이다.

① ㄱ 　　② ㄴ 　　③ ㄱ, ㄷ

④ ㄴ, ㄷ 　　⑤ ㄱ, ㄴ, ㄷ

176 　　　　　상 중 하

표는 2가지 분자의 분자식이다.

분자	(가)	(나)
분자식	N_2H_4	N_2H_2

(가)와 (나)에 대한 설명으로 옳은 것만을 〈보기〉에서 있는 대로 고른 것은?

─── | 보기 | ───
ㄱ. (가)의 모든 원자는 동일 평면에 존재한다.
ㄴ. 다중 결합을 가지는 분자는 1가지이다.
ㄷ. 비공유 전자쌍 수는 (가) < (나)이다.

① ㄱ 　　② ㄴ 　　③ ㄷ

④ ㄱ, ㄴ 　　⑤ ㄴ, ㄷ

177

상 중 **하**

그림은 3가지 분자를 2가지 기준에 따라 분류한 것이다.

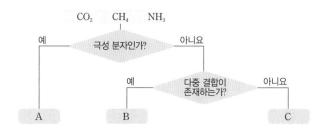

이에 대한 설명으로 옳은 것만을 〈보기〉에서 있는 대로 고른 것은?

| 보기 |
ㄱ. A와 B에는 비공유 전자쌍이 있다.
ㄴ. C의 분자 모양은 정사면체형이다.
ㄷ. 결합각의 크기는 B>C>A이다.

① ㄱ ② ㄴ ③ ㄱ, ㄷ
④ ㄴ, ㄷ ⑤ ㄱ, ㄴ, ㄷ

178

상 중 **하**

표는 원소 W~Z로 이루어진 안정한 분자 (가)~(라)에 대한 자료이다. W~Z는 각각 H, C, N, O 중 하나이며, 분자당 구성 원자 수는 4 이하이다. 분자에서 H를 제외한 모든 원자는 옥텟 규칙을 만족한다.

분자	구성 원소	분자 내 공유 전자쌍 수	분자 내 비공유 전자쌍 수	분자의 극성
(가)	W, X	4	4	무극성
(나)	X, Y	2	2	
(다)	Y, Z	3	1	
(라)	W, Y, Z	x	1	

(가)~(라)에 대한 설명으로 옳은 것만을 〈보기〉에서 있는 대로 고른 것은?

| 보기 |
ㄱ. W는 산소(O)이다.
ㄴ. $x=4$이다.
ㄷ. 결합각이 가장 작은 분자는 (나)이다.

① ㄱ ② ㄴ ③ ㄱ, ㄷ
④ ㄴ, ㄷ ⑤ ㄱ, ㄴ, ㄷ

179

| 신유형 |

상 중 **하**

표는 화합물 (가), (나)에 대한 자료이다. X와 Y는 2주기 원소이며 화합물에서 옥텟 규칙을 만족한다.

화합물	(가)	(나)
분자식	X_2F_4	Y_2H_4
공유 전자쌍 수	5	6

이에 대한 설명으로 옳은 것만을 〈보기〉에서 있는 대로 고른 것은? (단, X와 Y는 임의의 원소 기호이다.)

| 보기 |
ㄱ. (가)에는 2중 결합이 있다.
ㄴ. (나)의 모든 원자는 동일 평면에 존재한다.
ㄷ. 분자의 쌍극자 모멘트는 (가)<(나)이다.

① ㄱ ② ㄴ ③ ㄷ
④ ㄱ, ㄴ ⑤ ㄴ, ㄷ

180

| 신유형 |

상 **중** 하

그림은 2주기 원자 A~D의 루이스 전자점식을 나타낸 것이다. A~D로 이루어진 화합물에서 A~D는 모두 옥텟 규칙을 만족한다.

$$\cdot \overset{\cdot}{A} \cdot \quad \cdot \overset{\cdot}{B} \cdot \quad : \overset{\cdot}{C} \cdot \quad : \overset{\cdot}{D} \cdot$$

이에 대한 설명으로 옳은 것만을 〈보기〉에서 있는 대로 고른 것은? (단, A~D는 임의의 원소 기호이다.)

| 보기 |
ㄱ. 결합각은 $AC_2 > CD_2$이다.
ㄴ. 비공유 전자쌍 수는 $BD_3 < CD_2$이다.
ㄷ. ACD_2의 모든 원자는 동일 평면에 존재한다.

① ㄱ ② ㄴ ③ ㄱ, ㄷ
④ ㄴ, ㄷ ⑤ ㄱ, ㄴ, ㄷ

181 | 신유형 | 상 중 하

표는 2주기 원소의 플루오린 화합물 (가)~(다)에 대한 자료이다. 2가지 종류의 원소로만 이루어진 (가)~(다)의 구성 원자 수는 4 이하이고, 모든 원자는 옥텟 규칙을 만족한다.

분자	(가)	(나)	(다)
$\dfrac{\text{비공유 전자쌍 수}}{\text{공유 전자쌍 수}}$	$\dfrac{6}{5}$	2	4

(가)~(다)에 대한 설명으로 옳은 것만을 〈보기〉에서 있는 대로 고른 것은?

| 보기 |
ㄱ. (가)와 (나)에는 모두 다중 결합이 있다.
ㄴ. (다)의 분자 모양은 삼각뿔형이다.
ㄷ. 분자의 쌍극자 모멘트는 (다)>(가)이다.

① ㄱ   ② ㄴ   ③ ㄱ, ㄷ
④ ㄴ, ㄷ   ⑤ ㄱ, ㄴ, ㄷ

182 상 중 하

다음은 2주기 원소 W~Z로 이루어진 3가지 분자의 분자식이다. 분자에서 모든 원자는 옥텟 규칙을 만족하고, 전기 음성도는 W < Y이다.

WX_2 YZ_3 WXZ_2
(가)   (나)   (다)

이에 대한 설명으로 옳은 것만을 〈보기〉에서 있는 대로 고른 것은? (단, W~Z는 임의의 원소 기호이다.)

| 보기 |
ㄱ. (가)에는 2중 결합이 있다.
ㄴ. WXZ_2에서 W는 부분적인 양전하(δ^+)를 띤다.
ㄷ. 비공유 전자쌍 수는 (나)>(다)이다.

① ㄱ   ② ㄷ   ③ ㄱ, ㄴ
④ ㄴ, ㄷ   ⑤ ㄱ, ㄴ, ㄷ

183 상 중 하

표는 구성 원자 수가 각각 4 이하인 분자 (가)~(다)에 대한 자료이다. X~Z는 각각 C, N, F 중 하나이고, (가)~(다)에서 모든 원자는 옥텟 규칙을 만족한다.

분자	(가)	(나)	(다)
원자 수비	X | Y	X | Z	X, Y (X 큰쪽)
$\dfrac{\text{비공유 전자쌍 수}}{\text{공유 전자쌍 수}}$		x	$\dfrac{10}{3}$

이에 대한 설명으로 옳은 것만을 〈보기〉에서 있는 대로 고른 것은?

| 보기 |
ㄱ. $x = \dfrac{6}{5}$이다.
ㄴ. 결합각은 (가)<(나)이다.
ㄷ. 무극성 공유 결합이 있는 분자는 2가지이다.

① ㄱ   ② ㄴ   ③ ㄱ, ㄷ
④ ㄴ, ㄷ   ⑤ ㄱ, ㄴ, ㄷ

184

상 중 하

그림은 4가지 분자를 주어진 기준에 따라 분류한 것이다.

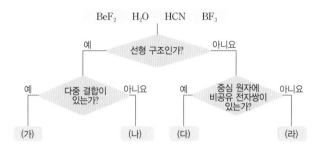

이에 대한 설명으로 옳은 것만을 〈보기〉에서 있는 대로 고른 것은?

| 보기 |

ㄱ. (가)는 극성 분자이다.

ㄴ. (나)의 중심 원자는 옥텟 규칙을 만족하지 않는다.

ㄷ. 결합각은 (다)>(라)이다.

① ㄱ   ② ㄷ   ③ ㄱ, ㄴ

④ ㄴ, ㄷ   ⑤ ㄱ, ㄴ, ㄷ

185

상 중 하

그림은 2주기 원자 X와 Y의 루이스 전자점식을, 표는 X와 Y로 이루어진 분자 (가)~(다)에 대한 자료이다.

분자	(가)	(나)	(다)
분자당 X 원자 수	1	2	2
분자당 Y 원자 수	4	4	2

(가)~(다)에 대한 설명으로 옳은 것만을 〈보기〉에서 있는 대로 고른 것은? (단, X와 Y는 임의의 원소 기호이다.)

| 보기 |

ㄱ. 무극성 공유 결합이 있는 분자는 3가지이다.

ㄴ. 모든 원자가 동일 평면에 있는 분자는 2가지이다.

ㄷ. 결합각($\angle YXY$)은 (가)>(나)이다.

① ㄱ   ② ㄴ   ③ ㄱ, ㄷ

④ ㄴ, ㄷ   ⑤ ㄱ, ㄴ, ㄷ

186 | 신유형 |

상 중 하

그림은 분자 (가)~(라)의 루이스 전자점식에서 중심 원자에 결합한 원자 수와 비공유 전자쌍 수를 나타낸 것이다. (가)~(라)는 각각 HCN, CH_2O, CO_2, NH_3 중 하나이고, C, N, O는 분자 내에서 옥텟 규칙을 만족한다.

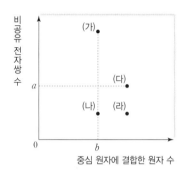

이에 대한 설명으로 옳은 것만을 〈보기〉에서 있는 대로 고른 것은?

| 보기 |

ㄱ. $a+b=4$이다.

ㄴ. 결합각은 (나)>(라)이다.

ㄷ. (가)와 (다)의 모든 원자는 동일 평면에 존재한다.

① ㄱ   ② ㄷ   ③ ㄱ, ㄴ

④ ㄴ, ㄷ   ⑤ ㄱ, ㄴ, ㄷ

187 | 신유형 | 상 중 하

그림 (가)와 (나)는 각각 염화 나트륨($NaCl$) 용융액과 물(H_2O)의 전기 분해 장치를 나타낸 것이다.

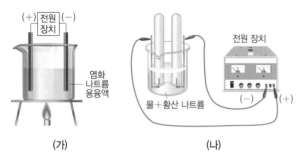

(가)   (나)

이에 대한 설명으로 옳은 것만을 〈보기〉에서 있는 대로 고른 것은?

| 보기 |

ㄱ. (가)의 (+)극에서 기체가 발생한다.
ㄴ. (나)의 (−)극에서 생성되는 물질에는 2중 결합이 있다.
ㄷ. (가)와 (나)에서 생성되는 물질의 몰비는 각각 (+)극 : (−)극=2 : 1이다.

① ㄱ   ② ㄴ   ③ ㄱ, ㄷ
④ ㄴ, ㄷ   ⑤ ㄱ, ㄴ, ㄷ

188 상 중 하

표는 원자 $W \sim Z$에 대한 자료이다. $W \sim Z$는 각각 O, F, Na, Mg 중 하나이고, 각 원자의 이온은 모두 Ne의 전자 배치를 갖는다.

원자	W	X	Y	Z
원자 반지름(pm)	㉠	186	64	66
이온 반지름(pm)	65	95	㉡	140

이에 대한 설명으로 옳은 것만을 〈보기〉에서 있는 대로 고른 것은? (단, $W \sim Z$는 임의의 원소 기호이다.)

| 보기 |

ㄱ. W는 Mg이다.
ㄴ. ㉡>140이다.
ㄷ. X와 Z는 2 : 1로 결합하여 안정한 화합물을 형성한다.

① ㄱ   ② ㄴ   ③ ㄷ
④ ㄱ, ㄷ   ⑤ ㄴ, ㄷ

189 상 중 하

그림은 화합물 AB_2를 화학 결합 모형으로 나타낸 것이다.

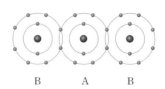

B   A   B

이에 대한 설명으로 옳은 것만을 〈보기〉에서 있는 대로 고른 것은? (단, A, B는 임의의 원소 기호이다.)

| 보기 |

ㄱ. A_2에는 2중 결합이 있다.
ㄴ. $\dfrac{공유\ 전자쌍\ 수}{비공유\ 전자쌍\ 수}$ 는 $A_2 < B_2$이다.
ㄷ. A_2B_2에서 모든 원자는 옥텟 규칙을 만족한다.

① ㄱ   ② ㄴ   ③ ㄱ, ㄷ
④ ㄴ, ㄷ   ⑤ ㄱ, ㄴ, ㄷ

190 | 신유형 | 상 중 하

그림은 원자 번호가 연속인 2주기 원자 $V \sim Z$의 이온화 에너지를 나타낸 것이다. $V \sim Z$는 원자 번호 순서가 아니고, W의 바닥상태 전자 배치에서 전자가 들어 있는 오비탈 수는 2이다.

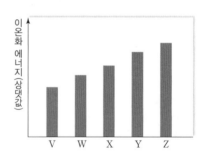

이에 대한 설명으로 옳은 것만을 〈보기〉에서 있는 대로 고른 것은? (단, $V \sim Z$는 임의의 원소 기호이다.)

| 보기 |

ㄱ. 원자가 전자 수는 V>W이다.
ㄴ. XY_2에는 다중 결합이 존재한다.
ㄷ. 공유 전자쌍 수는 Z_2가 Y_2보다 크다.

① ㄱ   ② ㄴ   ③ ㄱ, ㄷ
④ ㄴ, ㄷ   ⑤ ㄱ, ㄴ, ㄷ

191 상 중 하

표는 분자 C_2F_x, C_2F_y, C_2F_z에 대한 자료이다. C_2F_x, C_2F_y, C_2F_z에서 모든 원자는 옥텟 규칙을 만족한다.

분자	C_2F_x	C_2F_y	C_2F_z
공유 전자쌍 수	a		
비공유 전자쌍 수		a	$3a$

이에 대한 설명으로 옳은 것만을 〈보기〉에서 있는 대로 고른 것은?

| 보기 |
ㄱ. $x+y=z$이다.
ㄴ. $a=5$이다.
ㄷ. 공유 전자쌍 수는 $C_2F_z < C_2F_y$이다.

① ㄱ   ② ㄴ   ③ ㄱ, ㄷ
④ ㄴ, ㄷ   ⑤ ㄱ, ㄴ, ㄷ

192 상 중 하

그림은 2주기 원자 X~Z의 루이스 전자점식을 나타낸 것이고, 표는 분자 (가)와 (나)에 대한 자료이다. (가)와 (나)에서 모든 원자는 옥텟 규칙을 만족한다.

분자	(가)	(나)
구성 원소	X, Z	Y, Z
원자 수비	X : Z = 1 : 1	Y : Z = 1 : 1

(가)와 (나)의 공통점으로 옳은 것만을 〈보기〉에서 있는 대로 고른 것은? (단, X~Z는 임의의 원소 기호이다.)

| 보기 |
ㄱ. 다중 결합이 있다.
ㄴ. 무극성 공유 결합이 있다.
ㄷ. 중심 원자는 부분적인 양전하(δ^+)를 띤다.

① ㄱ   ② ㄴ   ③ ㄱ, ㄷ
④ ㄴ, ㄷ   ⑤ ㄱ, ㄴ, ㄷ

193 | 신유형 | 상 중 하

그림 (가)~(다)는 3가지 화합물의 구조식으로 비공유 전자쌍과 다중 결합은 나타내지 않았다.

$$H-C-N \qquad O-C-O \qquad H-C-C-H$$
(가) \qquad\qquad (나) \qquad\qquad (다)

(가)~(다)에 대한 설명으로 옳은 것만을 〈보기〉에서 있는 대로 고른 것은?

| 보기 |
ㄱ. 3중 결합을 가지고 있는 것은 2가지이다.
ㄴ. 분자의 쌍극자 모멘트가 0인 것은 3가지이다.
ㄷ. 구성 원자가 모두 동일 평면에 존재하는 것은 3가지이다.

① ㄱ   ② ㄴ   ③ ㄱ, ㄷ
④ ㄴ, ㄷ   ⑤ ㄱ, ㄴ, ㄷ

194 상 중 하

표는 원소 W~Z로 구성된 분자 (가)~(라)에 대한 자료이다. (가)~(라)의 분자당 구성 원자 수는 각각 3 이하이고, 분자에서 모든 원자는 옥텟 규칙을 만족한다. W~Z는 각각 C, N, O, F 중 하나이다.

분자	구성 원소	$\dfrac{\text{비공유 전자쌍 수}}{\text{공유 전자쌍 수}}$
(가)	W, X	4
(나)	X, Y	1
(다)	W, X, Z	2
(라)	W, Y, Z	x

이에 대한 설명으로 옳은 것만을 〈보기〉에서 있는 대로 고른 것은?

| 보기 |
ㄱ. Z는 탄소(C)이다.
ㄴ. $x=1$이다.
ㄷ. 결합각은 (라) > (다)이다.

① ㄱ   ② ㄴ   ③ ㄱ, ㄷ
④ ㄴ, ㄷ   ⑤ ㄱ, ㄴ, ㄷ

195 | 신유형 | 　상 중 하

다음은 C_mH_n 1 mol을 완전 연소시킬 때의 화학 반응식이다.

$$C_mH_n + 3O_2 \longrightarrow mCO_2 + \frac{n}{2}H_2O$$

C_mH_n에 대한 설명으로 옳은 것만을 〈보기〉에서 있는 대로 고른 것은?

――――――――| 보기 |――――――――

ㄱ. $m+n=6$이다.

ㄴ. 분자의 모든 원자는 동일 평면에 있다.

ㄷ. 분자 모양은 직선형이다.

① ㄱ　　　　　② ㄷ　　　　　③ ㄱ, ㄴ

④ ㄴ, ㄷ　　　　⑤ ㄱ, ㄴ, ㄷ

196 　상 중 하

표는 원소 W~Z로 구성된 분자 (가)~(다)에 대한 자료이다. W~Z는 각각 C, N, O, F 중 하나이고, 분자에서 모든 원자는 옥텟 규칙을 만족한다.

분자	분자식	원자 사이의 결합 수
(가)	XYZ	3
(나)	YX_3	3
(다)	WZ_2	4

이에 대한 설명으로 옳은 것만을 〈보기〉에서 있는 대로 고른 것은?

――――――――| 보기 |――――――――

ㄱ. (가)에는 2중 결합이 있다.

ㄴ. (다)의 분자 모양은 굽은 형이다.

ㄷ. $\dfrac{\text{공유 전자쌍 수}}{\text{비공유 전자쌍 수}}$ 는 (가) < (나)이다.

① ㄱ　　　　　② ㄴ　　　　　③ ㄱ, ㄷ

④ ㄴ, ㄷ　　　　⑤ ㄱ, ㄴ, ㄷ

197 　상 중 하

표는 플루오린(F)과 2주기 원소 X~Z로 구성된 분자 (가)~(다)에 대한 자료이다.

분자	(가)	(나)	(다)
분자식	XF_a	YF_b	ZF_c
비공유 전자쌍 수	8	9	10

(가)~(다)에 대한 설명으로 옳은 것만을 〈보기〉에서 있는 대로 고른 것은? (단, X~Z는 임의의 원소 기호이다.)

――――――――| 보기 |――――――――

ㄱ. $a+b+c=8$이다.

ㄴ. (나)에서 Y는 옥텟 규칙을 만족한다.

ㄷ. 극성 분자는 2가지이다.

① ㄱ　　　　　② ㄴ　　　　　③ ㄱ, ㄷ

④ ㄴ, ㄷ　　　　⑤ ㄱ, ㄴ, ㄷ

198

상 **중** 하

표는 분자 (가)~(다)에 대한 자료이다. (가)~(다)는 각각 FCN, COF_2, OF_2 중 하나이고, 분자에서 모든 원자는 옥텟 규칙을 만족한다.

분자	공유 전자쌍 수	비공유 전자쌍 수
(가)	a	b
(나)		b
(다)	a	

이에 대한 설명으로 옳은 것만을 〈보기〉에서 있는 대로 고른 것은?

── | 보기 | ──
ㄱ. (가)는 FCN이다.
ㄴ. $2a=b$이다.
ㄷ. 결합각은 (나)>(다)이다.

① ㄱ   ② ㄴ   ③ ㄱ, ㄷ
④ ㄴ, ㄷ   ⑤ ㄱ, ㄴ, ㄷ

199 | 신유형 |

상 **중** 하

다음은 분자 (가)~(다)에 대한 자료이다. (가)~(다)는 각각 CH_4, NH_3, H_2O 중 하나이다.

• 결합각은 (가)가 (나)보다 크다.
• $\dfrac{\text{비공유 전자쌍 수}}{\text{공유 전자쌍 수}}$ 는 (다)가 (나)보다 크다.

(가)~(다)에 대한 설명으로 옳은 것만을 〈보기〉에서 있는 대로 고른 것은?

── | 보기 | ──
ㄱ. 분자의 쌍극자 모멘트는 (가)<(나)이다.
ㄴ. (나)의 모든 원자는 동일 평면에 있다.
ㄷ. (나)와 (다)의 중심 원자에는 비공유 전자쌍이 있다.

① ㄱ   ② ㄴ   ③ ㄱ, ㄷ
④ ㄴ, ㄷ   ⑤ ㄱ, ㄴ, ㄷ

200 | 신유형 |

상 **중** 하

그림은 분자 (가)~(라)의 중심 원자에 결합한 원자 수와 분자의 비공유 전자쌍 수를 나타낸 것이다. 구성 원자는 H, C, N, O이고, 분자 (가)~(라)를 구성하는 원자 수는 각각 4 이하이다.

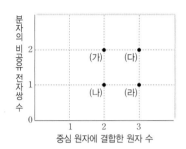

(가)~(라)에 대한 설명으로 옳은 것만을 〈보기〉에서 있는 대로 고른 것은?

── | 보기 | ──
ㄱ. 다중 결합이 존재하는 것은 (나)와 (다)이다.
ㄴ. 결합각은 (가)>(라)이다.
ㄷ. 무극성 분자는 1가지이다.

① ㄱ   ② ㄴ   ③ ㄱ, ㄷ
④ ㄴ, ㄷ   ⑤ ㄱ, ㄴ, ㄷ

Ⅳ 역동적인 화학 반응

◆ 이렇게 출제되었다!

2015 개정 교육과정이 적용된 수능, 평가원, 교육청 기출 문제를 철저히 분석했습니다.

• 단원별 출제 비율

Ⅲ단원 23%
Ⅳ단원 29%
Ⅱ단원 23%
Ⅰ단원 25%

1. 화학 반응에서의 동적 평형 19 %
- 12 동적 평형
- 13 물의 자동 이온화와 pH
- 14 산 염기 중화 반응 ≪ 고빈출

2. 산화 환원 반응과 열의 출입 10 %
- 15 산화 환원 반응 ≪ 빈출
- 16 화학 반응에서의 열의 출입

1. 화학 반응에서의 동적 평형

동적 평형에 대한 문제와 물의 자동 이온화와 pH에 대한 문제는 매년 출제되고 있다. 중화 반응 문제가 가장 많이 출제되었고, 중화 반응에 대한 문제에서 양적 관계와 관련된 문제는 고난도 문제로 출제되었으며, 중화 적정 실험 문제도 계속 출제되고 있다.

2. 산화 환원 반응과 열의 출입

산화수를 통해 산화 환원 반응식을 완성하는 문제와 산화 환원 반응 실험에서 양이온의 종류와 양(mol)을 파악하는 문제가 출제되고 있다. 화학 반응의 열 출입 관련 문제는 단독으로 출제되기보다 Ⅰ단원과 연계하여 출제되는 추세이다.

◆ 어떻게 공부해야 할까?

12 동적 평형

동적 평형 상태에서 물질의 양(mol)이 변하지 않는다는 사실을 알고, 동적 평형 상태 이전과 동적 평형 상태 이후 반응이 일어나는 속도를 파악할 수 있도록 공부해야 한다.

13 물의 자동 이온화와 pH

물의 자동 이온화와 pH에 관한 문제는 매년 출제된다. 25 ℃에서 $pH+pOH=14$, $[H_3O^+][OH^-]$ $=1\times10^{-14}$를 이용하여 수용액에서 pH, pOH, $[H_3O^+]$, $[OH^-]$와 몰 농도를 구할 수 있어야 한다.

14 산 염기 중화 반응

중화 반응과 양적 관계에 대한 문제가 고난도로 출제되고 있으므로 중화 반응에서 산과 염기 용액에 존재하는 이온의 종류와 양(mol)을 파악하여 미지수를 구할 수 있도록 많은 문제 풀이를 통해 익혀야 한다.

15 산화 환원 반응

산화수를 이용하여 산화 환원 반응식을 완성하는 과정을 반드시 알아두도록 한다. 산화 환원 반응 실험 관련 문제가 출제되고 있으므로 산화 환원 반응 실험에서 양이온의 종류와 양이온의 양(mol) 변화를 파악할 수 있어야 한다.

16 화학 반응에서 열의 출입

화학 반응이 일어날 때 발열 반응과 흡열 반응을 구분하고, 실생활에서 발열 반응과 흡열 반응을 이용하는 예를 알아둔다.

동적 평형

1 가역 반응과 비가역 반응

(1) 가역 반응

① 정반응, 역반응이 동시에 일어날 수 있는 반응으로 농도, 온도, 압력 등 반응 조건에 따라 진행 방향이 바뀔 수 있는 반응이며, '⇌'로 표현

② 가역 반응의 예

물의 증발과 응축	$H_2O(l) \rightleftharpoons H_2O(g)$ • 정반응: 기화(증발) • 역반응: 응축(응결)
염화 코발트 종이의 색 변화 (물 검출 반응)	$CoCl_2 + 6H_2O \rightleftharpoons CoCl_2 \cdot 6H_2O$ 푸른색　　　　　　　　　붉은색 • 정반응: 푸른색 염화 코발트($CoCl_2$) 종이와 물이 반응하면 붉은색 염화 코발트 육수화물($CoCl_2 \cdot 6H_2O$)이 됨 • 역반응: 붉은색 염화 코발트 종이에서 물을 제거하면 푸른색이 됨

(2) 비가역 반응

① 한쪽 방향으로만 진행되는 반응으로, 정반응에 비해 역반응은 무시될 만큼 적게 일어나는 반응

② 비가역 반응의 예

연소 반응	$CH_4(g) + 2O_2(g) \longrightarrow CO_2(g) + 2H_2O(l)$
기체 생성 반응	$Mg(s) + 2HCl(aq) \longrightarrow MgCl_2(aq) + H_2(g)$
산과 염기의 중화 반응	$HCl(aq) + NaOH(aq) \longrightarrow NaCl(aq) + H_2O(l)$

2 동적 평형

정반응 속도와 역반응 속도가 같아 겉보기에 반응이 정지된 것처럼 보이는 상태

(1) 반응이 진행되면서 반응물의 농도는 감소하고 생성물의 농도는 증가하므로 정반응 속도는 감소, 역반응 속도는 증가

(2) 시간이 지나 정반응 속도와 역반응 속도가 같아지게 되면 외관상 정지된 것처럼 보이는 동적 평형 상태에 도달

(3) 동적 평형 상태에서는 반응물과 생성물의 양이 각각 일정하게 유지

3 상평형 (고빈출)

(1) **상평형**: 한 물질의 2가지 이상인 상태가 함께 존재할 때 서로 상태 변화하는 속도가 같아서 외관상 변화가 일어나지 않는 것처럼 보이는 동적 평형 상태

(2) 밀폐된 용기에 액체를 넣을 때

: 처음에는 증발 속도가 응축 속도보다 빠르지만 시간이 지나면서 응축 속도가 점점 빨라져 증발 속도와 같아지는 동적 평형에 도달하며, 동적 평형 상태에서 액체와 기체의 양이 각각 일정하게 유지

① 정반응은 기화(증발), 역반응은 응축(응결)

② 밀폐된 용기에 액체를 넣으면 액체 표면에 있는 분자들이 분자 사이의 인력을 극복하고 기체 상태로 기화되는 증발이 일어나고, 증발이 계속되면서 용기 내 기체 분자 수가 증가함. 또한 기체 분자는 액체 표면과 충돌하여 액체로 돌아가는 응축이 일어남

③ 액체의 증발 속도는 온도가 일정하면 변하지 않음. 시간이 지나면서 기체 분자 수가 많아지므로 응축 속도는 점점 빨라지며, 증발 속도와 응축 속도가 같은 동적 평형 상태에 도달

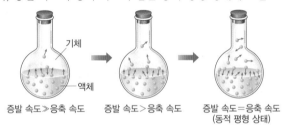

증발 속도≫응축 속도　　증발 속도>응축 속도　　증발 속도=응축 속도 (동적 평형 상태)

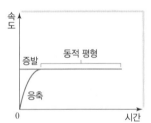

⬆ 밀폐된 용기에서 물의 증발 속도와 응축 속도

4 용해 평형 (빈출)

(1) **용해 평형**: 용해 속도와 석출 속도가 같아 겉보기에 용해나 석출이 일어나지 않는 것처럼 보이는 동적 평형 상태

(2) **일정한 온도에서 고체 용질이 액체 용매에 녹을 때**: 고체 용질이 액체 용매에 녹아 들어가는 용해 속도와 녹아 있던 용질이 다시 고체 용매로 되돌아가는 석출 속도가 같아져서 변화가 없는 것처럼 보이는 상태

① 이때 용액은 포화 용액이고, 고체 용질의 양과 용액의 농도가 일정하게 유지

② 불포화 용액: 포화 용액보다 용질이 적게 녹아 있는 용액

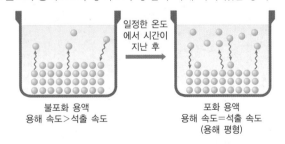

불포화 용액
용해 속도>석출 속도　　　　　포화 용액
용해 속도=석출 속도 (용해 평형)

일정한 온도에서 시간이 지난 후

대표 기출 문제

201

그림은 온도가 다른 두 밀폐된 진공 용기 (가)와 (나)에 각각 같은 양(mol)의 $H_2O(l)$을 넣은 후 시간에 따른 $\dfrac{H_2O(l)의\ 양(mol)}{H_2O(g)의\ 양(mol)}$ 을 나타낸 것이다.

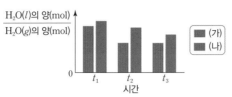

(가)에서는 t_2일 때, (나)에서는 t_3일 때 $H_2O(l)$과 $H_2O(g)$는 동적 평형 상태에 도달하였다. $0 < t_1 < t_2 < t_3$이다. 이에 대한 설명으로 옳은 것만을 〈보기〉에서 있는 대로 고른 것은? (단, 두 용기의 온도는 각각 일정하다.)

| 보기 |

ㄱ. (가)에서 $H_2O(g)$의 양(mol)은 t_2일 때가 t_1일 때보다 많다.
ㄴ. (나)에서 t_3일 때 $H_2O(g)$가 $H_2O(l)$로 되는 반응은 일어나지 않는다.
ㄷ. t_2일 때 H_2O의 $\dfrac{증발\ 속도}{응축\ 속도}$ 는 (가)에서가 (나)에서보다 크다.

① ㄱ   ② ㄴ   ③ ㄷ   ④ ㄱ, ㄴ   ⑤ ㄱ, ㄷ

202

다음은 설탕의 용해에 대한 실험이다.

| 실험 과정

(가) 25 °C의 물이 담긴 비커에 충분한 양의 설탕을 넣고 유리 막대로 저어 준다.
(나) 시간에 따른 비커 속 고체 설탕의 양을 관찰하고 설탕 수용액의 몰 농도(M)를 측정한다.

| 실험 결과

시간	t	$4t$	$8t$
관찰 결과			
설탕 수용액의 몰 농도(M)	$\dfrac{2}{3}a$	a	

• $4t$일 때 설탕 수용액은 용해 평형에 도달하였다.

이에 대한 설명으로 옳은 것만을 〈보기〉에서 있는 대로 고른 것은? (단, 온도는 25 °C로 일정하고, 물의 증발은 무시한다.)

| 보기 |

ㄱ. t일 때 설탕의 석출 속도는 0이다.
ㄴ. $4t$일 때 설탕의 용해 속도는 석출 속도보다 크다.
ㄷ. 녹지 않고 남아 있는 설탕의 질량은 $4t$일 때와 $8t$일 때가 같다.

① ㄴ   ② ㄷ   ③ ㄱ, ㄴ   ④ ㄱ, ㄷ   ⑤ ㄴ, ㄷ

203
상 중 하

그림은 밀폐된 진공 용기에 $H_2O(l)$을 넣은 후 시간에 따른 $H_2O(l)$의 증발 속도와 $H_2O(g)$의 응축 속도를 나타낸 것이다. (가)와 (나)는 각각 $H_2O(l)$의 증발 속도, $H_2O(g)$의 응축 속도 중 하나이다.

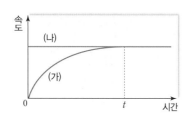

이에 대한 설명으로 옳은 것만을 〈보기〉에서 있는 대로 고른 것은? (단, 온도는 일정하다.)

| 보기 |
ㄱ. H_2O의 상변화는 가역 반응이다.
ㄴ. (가)는 $H_2O(l)$의 증발 속도이다.
ㄷ. t일 때 $H_2O(l)$과 $H_2O(g)$는 동적 평형 상태에 도달한다.

① ㄱ   ② ㄷ   ③ ㄱ, ㄴ
④ ㄱ, ㄷ   ⑤ ㄴ, ㄷ

204
상 중 하

표는 밀폐된 진공 용기에 $I_2(s)$을 넣은 후 시간에 따른 ㉠의 양(mol)에 대한 자료이고, 그림은 $2t$일 때 용기에서 $I_2(g)$과 $I_2(s)$이 동적 평형 상태에 도달한 것을 나타낸 것이다. ㉠은 $I_2(s)$, $I_2(g)$ 중 하나이고, $a > b$이다.

시간	t	$2t$	$3t$
㉠의 양(mol)	a	b	x

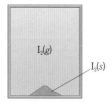

이에 대한 설명으로 옳은 것만을 〈보기〉에서 있는 대로 고른 것은? (단, 온도는 일정하다.)

| 보기 |
ㄱ. ㉠은 $I_2(s)$이다.
ㄴ. $x > b$이다.
ㄷ. $3t$일 때 $I_2(g) \longrightarrow I_2(s)$의 반응이 일어나지 않는다.

① ㄱ   ② ㄷ   ③ ㄱ, ㄴ
④ ㄴ, ㄷ   ⑤ ㄱ, ㄴ, ㄷ

205
상 중 하

그림은 밀폐된 용기에 $H_2O(l)$을 넣은 것을, 표는 용기 속 $H_2O(g)$의 분자 수를 시간에 따라 나타낸 것이다.

 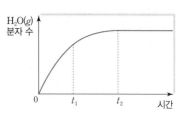

이에 대한 설명으로 옳은 것만을 〈보기〉에서 있는 대로 고른 것은? (단, 온도는 일정하다.)

| 보기 |
ㄱ. $H_2O(l)$의 양(mol)은 t_2일 때가 t_1일 때보다 적다.
ㄴ. $H_2O(g)$의 응축 속도는 t_2일 때가 t_1일 때보다 크다.
ㄷ. t_1일 때 $H_2O(l)$의 증발 속도는 t_2일 때 $H_2O(g)$의 응축 속도보다 크다.

① ㄱ   ② ㄷ   ③ ㄱ, ㄴ
④ ㄴ, ㄷ   ⑤ ㄱ, ㄴ, ㄷ

206
상 중 하

표는 물에 $X(s)$ w g을 넣은 후 시간에 따른 용해된 X의 질량을 나타낸 것이다. $0 < t_1 < t_2 < t_3$이고, $w > 2a$이다.

시간	t_1	t_2	t_3
용해된 X의 질량(g)	a	$2a$	$2a$

이에 대한 설명으로 옳은 것만을 〈보기〉에서 있는 대로 고른 것은? (단, 온도는 일정하다.)

| 보기 |
ㄱ. X의 용해 속도는 t_2일 때가 t_1일 때보다 크다.
ㄴ. X의 석출 속도는 t_3일 때가 t_1일 때보다 크다.
ㄷ. 용해되지 않은 X의 질량은 t_2일 때와 t_3일 때가 같다.

① ㄱ   ② ㄴ   ③ ㄱ, ㄷ
④ ㄴ, ㄷ   ⑤ ㄱ, ㄴ, ㄷ

207 | 신유형 | 상 중 하

표는 밀폐된 진공 용기에 $H_2O(g)$를 넣은 후 시간에 따른 $\dfrac{H_2O(l)의\ 양(mol)}{H_2O(g)의\ 양(mol)}$을 나타낸 것이다. $0<t_1<t_2<t_3<t_4$이고, $a \sim c$는 서로 다르며, t_3일 때 $H_2O(l)$과 $H_2O(g)$는 동적 평형 상태에 도달하였다.

시간	t_1	t_2	t_3	t_4
$\dfrac{H_2O(l)의\ 양(mol)}{H_2O(g)의\ 양(mol)}$	a	b	c	c

이에 대한 설명으로 옳은 것만을 〈보기〉에서 있는 대로 고른 것은? (단, 온도는 일정하다.)

| 보기 |

ㄱ. $H_2O(l)$의 양(mol)은 t_2일 때가 t_1일 때보다 많다.
ㄴ. $c>b>a$이다.
ㄷ. $H_2O(g)$의 응축 속도는 t_2일 때가 t_4일 때보다 크다.

① ㄱ ② ㄷ ③ ㄱ, ㄴ
④ ㄴ, ㄷ ⑤ ㄱ, ㄴ, ㄷ

208 상 중 하

표는 1 L의 물에 $NaCl(s)$을 넣은 후 시간에 따른 수용액의 몰 농도를 나타낸 것이다. $0<t_1<t_2<t_3<t_4$이고, a, b는 서로 다르며, t_4일 때 물에 녹지 않고 남은 $NaCl$이 존재한다.

시간	t_1	t_2	t_3	t_4
수용액의 몰 농도(M)	㉠	a	b	b

이에 대한 설명으로 옳은 것만을 〈보기〉에서 있는 대로 고른 것은? (단, 온도는 일정하고, 수용액의 부피는 1 L로 일정하다.)

| 보기 |

ㄱ. ㉠$>a$이다.
ㄴ. t_3 이후 $NaCl$이 물에 용해되는 반응은 일어나지 않는다.
ㄷ. $NaCl$의 석출 속도는 t_4일 때가 t_2일 때보다 크다.

① ㄱ ② ㄴ ③ ㄷ
④ ㄱ, ㄷ ⑤ ㄴ, ㄷ

209 상 중 하

그림은 밀폐된 진공 용기에 $C_2H_5OH(l)$을 넣은 후 시간에 따른 $C_2H_5OH(l)$의 양(mol)을 나타낸 것이다. t_3일 때 $C_2H_5OH(l)$과 $C_2H_5OH(g)$은 동적 평형 상태에 도달하였다.

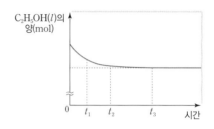

이에 대한 설명으로 옳은 것만을 〈보기〉에서 있는 대로 고른 것은? (단, 온도는 일정하다.)

| 보기 |

ㄱ. $t_1 \sim t_3$ 중 $C_2H_5OH(l)$의 증발 속도는 t_3일 때가 가장 작다.
ㄴ. $\dfrac{C_2H_5OH(g)의\ 양(mol)}{C_2H_5OH(l)의\ 양(mol)}$은 t_2일 때가 t_1일 때보다 크다.
ㄷ. t_3일 때 $\dfrac{C_2H_5OH(g)의\ 응축\ 속도}{C_2H_5OH(l)의\ 증발\ 속도}>1$이다.

① ㄱ ② ㄴ ③ ㄱ, ㄷ
④ ㄴ, ㄷ ⑤ ㄱ, ㄴ, ㄷ

210 상 중 하

그림은 밀폐된 진공 용기에 $CO_2(s)$를 넣은 후 시간에 따른 용기 속에 들어 있는 물질을 나타낸 것이다. $CO_2(s)$의 크기는 (가)>(나)=(다)이다.

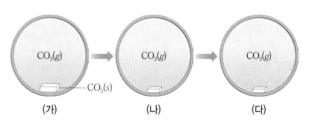

이에 대한 설명으로 옳은 것만을 〈보기〉에서 있는 대로 고른 것은? (단, 온도는 일정하다.)

| 보기 |

ㄱ. (나)에서 $CO_2(s)$와 $CO_2(g)$는 동적 평형 상태이다.
ㄴ. 일정한 시간 동안 $CO_2(g)$가 승화되는 반응은 (가)에서가 (다)에서보다 많이 일어난다.
ㄷ. $\dfrac{CO_2(g)의\ 승화\ 속도}{CO_2(s)의\ 승화\ 속도}$는 (나)=(다)>(가)이다.

① ㄴ ② ㄷ ③ ㄱ, ㄴ
④ ㄱ, ㄷ ⑤ ㄱ, ㄴ, ㄷ

✅ 출제 개념
- 아레니우스 정의와 브뢴스테드·로리 정의 비교
- 수용액에서 물의 자동 이온화
- 25 ℃에서 pH와 pOH의 관계

1 산과 염기의 정의

(1) **아레니우스 정의** : 산과 염기가 물에 녹아서 이온화하는 것을 근거로 함

산	염기
수용액 상태에서 H^+을 내놓는 물질 예 HCl, CH_3COOH, H_2SO_4	수용액 상태에서 OH^-을 내놓는 물질 예 $NaOH$, KOH, $Ca(OH)_2$

(2) **브뢴스테드·로리 정의** : 아레니우스 정의보다 확장된 산과 염기에 대한 정의로 양성자(H^+)의 이동으로 설명

산	염기
양성자(H^+)를 주는 물질	양성자(H^+)를 받는 물질

예 $\underset{\text{산}}{HCl} + \underset{\text{염기}}{H_2O} \rightleftharpoons Cl^- + H_3O^+$

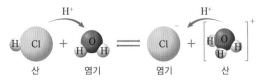

➡ HCl는 H_2O에게 H^+를 주는 물질이므로 산이고, H_2O은 HCl로부터 H^+를 받는 물질이므로 염기

2 물의 자동 이온화 ☆빈출

(1) **물의 자동 이온화** : 물은 대부분 분자로 존재하지만 아주 적은 양의 물은 이온화되어 동적 평형을 이룸

$$H_2O(l) + H_2O(l) \rightleftharpoons H_3O^+(aq) + OH^-(aq)$$

(2) **물의 이온화 상수(K_w)** : 물의 자동 이온화 반응에서 생성된 H_3O^+과 OH^-의 몰 농도 곱
① K_w는 온도가 같으면 일정하고 온도에 따라 변함
② 25 ℃에서 $K_w = [H_3O^+][OH^-] = 1 \times 10^{-14}$이고, 순수한 물에서 $[H_3O^+] = [OH^-] = 1 \times 10^{-7}$ M

3 수소 이온 농도 지수(pH) ☆고빈출

(1) **pH** : $[H_3O^+]$의 상용로그 값에 음의 부호를 붙인 것

$$pH = -\log[H_3O^+]$$

① $[H_3O^+]$가 클수록, 산의 세기가 클수록 pH는 작음
② pH가 1만큼 작으면 수소 이온 농도가 10배 큼

(2) **pOH** : pH와 마찬가지로 $[OH^-]$의 상용로그 값에 음의 부호를 붙인 것

$$pOH = -\log[OH^-]$$

① $[OH^-]$가 커질수록 pOH는 감소
② $[OH^-]$가 10배 커지면 pOH는 1만큼 감소

(3) **25 ℃에서 수용액의 액성** : 25 ℃에서 $[H_3O^+][OH^-] = 1 \times 10^{-14}$이므로 pH+pOH=14

 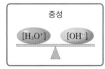 

수용액의 액성	몰 농도(25 ℃)	pH, pOH(25 ℃)
산성	$[H_3O^+] > 1 \times 10^{-7}$ M $> [OH^-]$	pH<7, pOH>7
중성	$[H_3O^+] = 1 \times 10^{-7}$ M $= [OH^-]$	pH=7, pOH=7
염기성	$[H_3O^+] < 1 \times 10^{-7}$ M $< [OH^-]$	pH>7, pOH<7

(4) **25 ℃에서 $[H_3O^+]$, $[OH^-]$, pH, pOH의 관계**

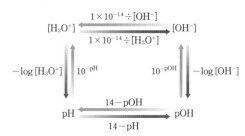

• 25 ℃에서 $[H_3O^+][OH^-] = 1 \times 10^{-14}$이므로
$$[H_3O^+] = \frac{1 \times 10^{-14}}{[OH^-]}, \quad [OH^-] = \frac{1 \times 10^{-14}}{[H_3O^+]}$$

(5) **pH의 측정** : pH 시험지, pH 미터, 지시약 등으로 pH를 측정

지시약	산성	중성	염기성
리트머스	푸른색 → 붉은색		붉은색 → 푸른색
페놀프탈레인	무색	무색	붉은색
메틸 오렌지	붉은색	노란색	노란색
BTB	노란색	초록색	파란색

(6) **우리 주위 물질의 pH** : 레몬, 토마토, 커피, 우유 등은 pH가 7보다 작아 산성을 띠고, 혈액, 베이킹 소다, 비누, 하수구 세척액 등은 pH가 7보다 커서 염기성을 띰

대표 기출 문제

211

다음은 25 °C에서 수용액 (가)~(다)에 대한 자료이다.

- (가)~(다)의 액성은 모두 다르며, 각각 산성, 중성, 염기성 중 하나이다.
- |pH−pOH|은 (가)가 (나)보다 4만큼 크다.

수용액	(가)	(나)	(다)
$\dfrac{pH}{pOH}$	$\dfrac{3}{25}$	x	y
부피(L)	0.2	0.4	0.5
OH^-의 양(mol)	a	b	c

이에 대한 설명으로 옳은 것만을 〈보기〉에서 있는 대로 고른 것은? (단, 25 °C에서 물의 이온화 상수(K_w)는 1×10^{-14}이다.) [3점]

| 보기 |

ㄱ. (나)의 액성은 중성이다.

ㄴ. $x + y = 4$이다.

ㄷ. $\dfrac{b \times c}{a} = 100$이다.

① ㄱ   ② ㄴ   ③ ㄷ   ④ ㄱ, ㄴ   ⑤ ㄴ, ㄷ

수능 기출

✎ 발문과 자료 분석하기
먼저 pH+pOH=14를 이용하여 (가)의 pH가 1.5임을 알아내야 한다.

✎ 꼭 기억해야 할 개념
$[H_3O^+] \times [OH^-] = 1 \times 10^{-14}$,
pH+pOH=14 (단, 25 °C)

✎ 선지별 선택 비율

①	②	③	④	⑤
7 %	28 %	10 %	14 %	39 %

212

표는 수용액 (가)와 (나)에 대한 자료이다. (가)와 (나)는 각각 $NaOH(aq)$과 $HCl(aq)$ 중 하나이다.

수용액	(가)	(나)
몰 농도(M)	a	$\dfrac{1}{10}a$
pH	$2x$	x

이에 대한 설명으로 옳은 것만을 〈보기〉에서 있는 대로 고른 것은? (단, 온도는 25 °C로 일정하며, 25 °C에서 물의 이온화 상수(K_w)는 1×10^{-14}이다.) [3점]

| 보기 |

ㄱ. (나)는 $HCl(aq)$이다.

ㄴ. $x = 4.0$이다.

ㄷ. $10a$ M $NaOH(aq)$에서 $\dfrac{[Na^+]}{[H_3O^+]} = 1 \times 10^8$이다.

① ㄱ   ② ㄴ   ③ ㄷ   ④ ㄱ, ㄷ   ⑤ ㄴ, ㄷ

수능 기출

✎ 발문과 자료 분석하기
pH의 대소 관계를 이용하여 (가)가 $NaOH(aq)$임을 알 수 있다.

✎ 꼭 기억해야 할 개념
$[H_3O^+] \times [OH^-] = 1 \times 10^{-14}$,
pH+pOH=14 (단, 25 °C)

✎ 선지별 선택 비율

①	②	③	④	⑤
12 %	3 %	5 %	73 %	4 %

213

상 중 하

표는 25 ℃에서 수용액 (가)~(다)에 대한 자료이다.

수용액	(가)	(나)	(다)
$\dfrac{[OH^-]}{[H_3O^+]}$	$\dfrac{1}{100}$	1	10000

이에 대한 설명으로 옳은 것만을 〈보기〉에서 있는 대로 고른 것은? (단, 온도는 25 ℃로 일정하고, 25 ℃에서 물의 이온화 상수(K_w)는 1×10^{-14}이다.)

| 보기 |

ㄱ. (가)는 산성이다.
ㄴ. (나)의 pH는 7.0이다.
ㄷ. 같은 부피에서 OH^-의 양(mol)은 (다)가 (가)의 100배 이다.

① ㄱ   ② ㄷ   ③ ㄱ, ㄴ
④ ㄴ, ㄷ   ⑤ ㄱ, ㄴ, ㄷ

214

상 중 하

표는 25 ℃의 수용액 (가)~(다)에 대한 자료이다.

수용액	(가)	(나)	(다)
pH	a	$2a$	$a+5$
$[OH^-]$	㉠	b	$100b$

이에 대한 설명으로 옳은 것만을 〈보기〉에서 있는 대로 고른 것은? (단, 온도는 25 ℃로 일정하고, 25 ℃에서 물의 이온화 상수(K_w)는 1×10^{-14}이다.)

| 보기 |

ㄱ. (나)는 산성이다.
ㄴ. ㉠$=\dfrac{b}{1000}$이다.
ㄷ. 같은 부피일 때 H_3O^+의 양(mol)은 (가)가 (다)의 10^5배 이다.

① ㄱ   ② ㄴ   ③ ㄱ, ㄷ
④ ㄴ, ㄷ   ⑤ ㄱ, ㄴ, ㄷ

215

상 중 하

표는 25 ℃에서 $HCl(aq)$ (가)~(다)에 대한 자료이다.

수용액	(가)	(나)	(다)
$\dfrac{pH}{pOH}$	0	$\dfrac{2}{5}$	$\dfrac{3}{4}$
부피(mL)		V	$10V$

이에 대한 설명으로 옳은 것만을 〈보기〉에서 있는 대로 고른 것은? (단, 온도는 25 ℃로 일정하고, 25 ℃에서 물의 이온화 상수(K_w)는 1×10^{-14}이다.)

| 보기 |

ㄱ. pOH는 (가)가 (나)보다 3만큼 크다.
ㄴ. H_3O^+의 양(mol)은 (나)가 (다)의 10배이다.
ㄷ. (다)에 물을 넣어 전체 부피를 $20V$ L로 만들면 $[OH^-]$ $=5 \times 10^{-9}$ M이다.

① ㄱ   ② ㄴ   ③ ㄱ, ㄷ
④ ㄴ, ㄷ   ⑤ ㄱ, ㄴ, ㄷ

216

상 중 하

그림은 100 mL의 $H_2O(l)$ (가)에서 일어나는 물의 자동 이온화를 모형으로 나타낸 것이다.

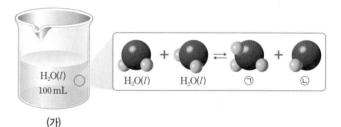

이에 대한 설명으로 옳은 것만을 〈보기〉에서 있는 대로 고른 것은? (단, 온도는 25 ℃로 일정하고, 25 ℃에서 물의 이온화 상수(K_w)는 1×10^{-14}이다.)

| 보기 |

ㄱ. ㉠은 H_3O^+이다.
ㄴ. (가)에 0.1 M $HCl(aq)$을 넣으면 ㉡의 양(mol)은 감소 한다.
ㄷ. (가)에 0.1 M $NaOH(aq)$ 100 mL를 넣어 수용액의 전체 부피를 1 L로 만들면 수용액의 pH는 12이다.

① ㄱ   ② ㄷ   ③ ㄱ, ㄴ
④ ㄴ, ㄷ   ⑤ ㄱ, ㄴ, ㄷ

217 | 신유형 | 상 중 하

표는 V mL의 $H_2O(l)$에 NaOH(aq)을 넣어 주었을 때, 넣어 준 NaOH(aq)의 부피에 따른 수용액에 대한 자료이다.

넣어 준 NaOH(aq)의 부피(mL)	0	10	40
$[OH^-]$(M)		0.004	
pH	7		12

V는? (단, 온도는 25 ℃로 일정하고, 25 ℃에서 물의 이온화 상수(K_w)는 1×10^{-14}이며, 혼합 용액의 부피는 혼합 전 물과 용액의 부피의 합과 같다.)

① 10 　　　　② 20 　　　　③ 40

④ 50 　　　　⑤ 80

218 상 중 하

그림은 25 ℃에서 수용액 (가)와 (나)를 나타낸 것이다. (가)와 (나)는 각각 HCl(aq), NaOH(aq) 중 하나이다.

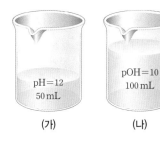

(가) pH=12 50 mL 　　(나) pOH=10 100 mL

이에 대한 설명으로 옳은 것만을 〈보기〉에서 있는 대로 고른 것은? (단, 온도는 25 ℃로 일정하고, 25 ℃에서 물의 이온화 상수(K_w)는 1×10^{-14}이다.)

| 보기 |

ㄱ. (가)는 HCl(aq)이다.

ㄴ. (나)에 $H_2O(l)$을 넣어 수용액의 부피를 1 L로 만들면 수용액의 pH=5이다.

ㄷ. $\dfrac{(나)의\ H_3O^+의\ 양(mol)}{(가)의\ OH^-의\ 양(mol)} = \dfrac{1}{50}$이다.

① ㄱ 　　　　② ㄴ 　　　　③ ㄱ, ㄷ

④ ㄴ, ㄷ 　　　　⑤ ㄱ, ㄴ, ㄷ

219 상 중 하

표는 25 ℃에서 수용액 (가)와 (나)에 대한 자료이다.

수용액	pOH−pH	$[H_3O^+]$(M)	부피(L)
(가)	a	b	V
(나)	$2a$	$10b$	$10V$

이에 대한 설명으로 옳은 것만을 〈보기〉에서 있는 대로 고른 것은? (단, 온도는 25 ℃로 일정하고, 25 ℃에서 물의 이온화 상수(K_w)는 1×10^{-14}이다.)

| 보기 |

ㄱ. (가)의 pH=6이다.

ㄴ. (나)의 $\dfrac{pOH}{pH} = \dfrac{5}{2}$이다.

ㄷ. OH^-의 양(mol)은 (나)가 (가)의 100배이다.

① ㄱ 　　　　② ㄴ 　　　　③ ㄱ, ㄷ

④ ㄴ, ㄷ 　　　　⑤ ㄱ, ㄴ, ㄷ

220 | 신유형 | 상 중 하

표는 25 ℃에서 물질 (가)~(다)에 대한 자료이다. (가)~(다)는 각각 HCl(aq), $H_2O(l)$, NaOH(aq) 중 하나이다.

수용액	(가)	(나)	(다)
|pH−pOH|	a	$a+4$	$a+7$
$\dfrac{pOH}{pH}$ (상댓값)	㉠	5	27

이에 대한 설명으로 옳은 것만을 〈보기〉에서 있는 대로 고른 것은? (단, 온도는 25 ℃로 일정하고, 25 ℃에서 물의 이온화 상수(K_w)는 1×10^{-14}이다.)

| 보기 |

ㄱ. ㉠=9이다.

ㄴ. $\dfrac{(다)의\ pOH}{(가)의\ pH} = \dfrac{3}{2}$이다.

ㄷ. 수용액의 몰 농도는 (다)가 (나)의 100배이다.

① ㄱ 　　　　② ㄷ 　　　　③ ㄱ, ㄴ

④ ㄴ, ㄷ 　　　　⑤ ㄱ, ㄴ, ㄷ

1 중화 반응

(1) **중화 반응**: 수용액에서 산과 염기가 만나 물과 염을 생성하고, 열을 방출하는 반응

$$H^+(aq) + OH^-(aq) \longrightarrow H_2O(l)$$

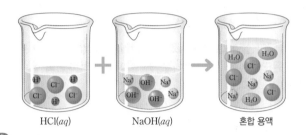

HCl(aq)   NaOH(aq)   혼합 용액

`고빈출`
(2) **중화 반응의 양적 관계**: 산, 염기의 종류와 관계없이 수소 이온(H^+)과 수산화 이온(OH^-)이 1 : 1의 몰비로 결합하여 물을 생성

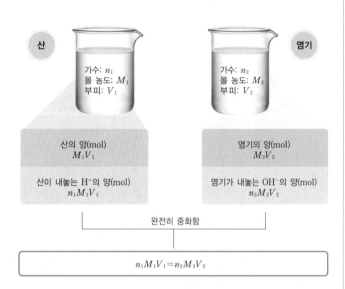

산
가수: n_1
몰 농도: M_1
부피: V_1

염기
가수: n_2
몰 농도: M_2
부피: V_2

산의 양(mol)
M_1V_1

염기의 양(mol)
M_2V_2

산이 내놓는 H^+의 양(mol)
$n_1M_1V_1$

염기가 내놓는 OH^-의 양(mol)
$n_2M_2V_2$

완전히 중화함

$$n_1M_1V_1 = n_2M_2V_2$$

(3) **일정한 NaOH(aq)에 HCl(aq)을 조금씩 가할 때**

① 액성의 변화: HCl(aq)의 양에 따라 혼합 수용액의 액성이 달라짐

염기성 → 중성(중화점) → 산성

② 이온 수의 변화: 구경꾼 이온인 Na^+ 수는 일정, OH^- 수는 가해 주는 H^+과 반응하여 감소하지만 감소한 OH^- 수만큼 Cl^-이 공급되어 전체 이온 수는 중화점까지 일정하게 유지

③ 물 분자 수의 변화: $H^+(aq) + OH^-(aq) \longrightarrow H_2O(l)$의 중화 반응으로 생성된 물 분자 수는 증가하다가 반응이 완결되면 OH^-이 존재하지 않으므로 물 분자 수의 변화는 없음

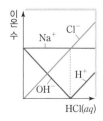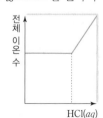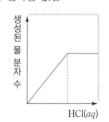

(4) 일정한 NaOH(aq)에 H₂SO₄(aq)을 조금씩 가할 때

① 액성의 변화: $H_2SO_4(aq)$의 양에 따라 혼합 수용액의 액성이 달라짐

염기성 → 중성(중화점) → 산성

② 이온 수의 변화: 구경꾼 이온인 Na^+ 수는 일정, OH^- 2개 감소할 때 SO_4^{2-} 1개가 생성되므로 전체 이온 수는 중화점까지 감소하다가 중화점 이후 증가함

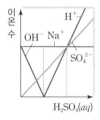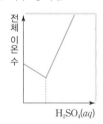

2 중화 적정

(1) **중화 적정**: 표준 용액(농도를 정확히 아는 용액)을 이용하여 농도를 모르는 산, 염기의 농도를 구해 내는 실험

`고빈출`
(2) **중화 적정 실험**: 농도를 모르는 산 또는 염기 수용액의 부피를 측정하여 삼각 플라스크에 지시약과 함께 넣고, 표준 용액을 뷰렛에 넣은 후 중화점에 도달할 때까지 넣어 준 표준 용액의 부피를 구하여 농도를 결정함. 이때 중화 적정의 양적 관계식을 이용

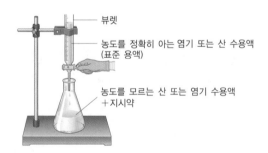

─ 뷰렛

─ 농도를 정확히 아는 염기 또는 산 수용액
(표준 용액)

─ 농도를 모르는 산 또는 염기 수용액
+지시약

(3) **생활 속의 중화 반응**

① 산성화된 토양에 석회가루를 뿌려 준다.
② 생선 비린내 제거를 위해 레몬즙을 뿌린다.
③ 음식을 먹은 후 치약으로 이를 닦는다.
④ 과다 분비되는 위산을 제거하기 위해 제산제를 먹는다.
⑤ 벌레에 물린 후 암모니아수를 바른다.

대표 기출 문제

221

다음은 25 ℃에서 식초 A 1 g에 들어 있는 아세트산(CH_3COOH)의 질량을 알아보기 위한 중화 적정 실험이다.

| 자료
- 25 ℃에서 식초 A의 밀도: d g/mL
- CH_3COOH의 분자량: 60

| 실험 과정 및 결과
(가) 식초 A 10 mL에 물을 넣어 수용액 50 mL를 만들었다.
(나) (가)의 수용액 20 mL에 페놀프탈레인 용액을 2~3방울 넣고 a M KOH(aq)으로 적정하였을 때, 수용액 전체가 붉게 변하는 순간까지 넣어 준 KOH(aq)의 부피는 30 mL이었다.
(다) (나)의 적정 결과로부터 구한 식초 A 1 g에 들어 있는 CH_3COOH의 질량은 0.05 g이었다.

---

a는? (단, 온도는 25 ℃로 일정하고, 중화 적정 과정에서 식초 A에 포함된 물질 중 CH_3COOH만 KOH과 반응한다.) [3점]

① $\dfrac{d}{9}$　　② $\dfrac{d}{6}$　　③ $\dfrac{5d}{18}$　　④ $\dfrac{d}{3}$　　⑤ $\dfrac{5d}{9}$

✎ 발문과 자료 분석하기
(다)를 이용하여 식초 A 10 mL 속에 들어 있는 아세트산(CH_3COOH)의 질량이 $0.5d$ g임을 알아내야 한다.

✎ 꼭 기억해야 할 개념
1. $nMV = n'M'V'$
2. H^+과 OH^-은 1 : 1의 몰비로 반응한다.

✎ 선지별 선택 비율

①	②	③	④	⑤
37 %	18 %	19 %	12 %	12 %

222

다음은 x M H_2X(aq), 0.2 M YOH(aq), 0.3 M $Z(OH)_2$(aq)의 부피를 달리하여 혼합한 용액 Ⅰ~Ⅲ에 대한 자료이다.

- 수용액에서 H_2X는 H^+과 X^{2-}으로, YOH는 Y^+과 OH^-으로, $Z(OH)_2$는 Z^{2+}과 OH^-으로 모두 이온화된다.

혼합 용액	혼합 전 수용액의 부피(mL)			모든 음이온의 몰 농도(M) 합 (상댓값)
	x M H_2X(aq)	0.2 M YOH(aq)	0.3 M $Z(OH)_2$(aq)	
Ⅰ	V	20	0	5
Ⅱ	$2V$	$4a$	$2a$	4
Ⅲ	$2V$	a	$5a$	b

- Ⅰ은 산성이다.
- Ⅱ에서 $\dfrac{\text{모든 양이온의 양(mol)}}{\text{모든 음이온의 양(mol)}} = \dfrac{3}{2}$이다.
- Ⅱ와 Ⅲ의 부피는 각각 100 mL이다.

$x \times b$는? (단, 혼합 용액의 부피는 혼합 전 각 용액의 부피의 합과 같고, 물의 자동 이온화는 무시하며, X^{2-}, Y^+, Z^{2+}은 반응하지 않는다.) [3점]

① 1　　② 2　　③ 3　　④ 4　　⑤ 5

✎ 발문과 자료 분석하기
혼합 용액 Ⅰ이 산성이고, 모든 음이온의 자료가 나와 있으므로 혼합 용액 Ⅱ의 액성은 판단이 빠른 산성부터 가정해야 한다.

✎ 꼭 기억해야 할 개념
중화 반응은 수용액 속 알짜 이온의 반응이므로 구경꾼 이온 수는 변함이 없고, 전기적으로 중성임을 알아야 한다.

✎ 선지별 선택 비율

①	②	③	④	⑤
12 %	19 %	13 %	38 %	14 %

223

상 중 **하**

다음은 $CH_3COOH(aq)$의 몰 농도를 구하기 위한 실험이다.

| 실험 과정

(가) a M $CH_3COOH(aq)$ 20 mL를 삼각 플라스크에 넣고 페놀프탈레인 용액을 2~3방울 떨어뜨린다.

(나) 0.1 M $NaOH(aq)$을 뷰렛에 넣고 (가)의 삼각 플라스크에 한 방울씩 떨어뜨리면서 삼각 플라스크를 흔들어 준다.

(다) (나)의 삼각 플라스크 속 수용액 전체가 붉은색으로 변하는 순간 적정을 멈추고, 적정에 사용된 $NaOH(aq)$의 부피를 측정한다.

| 실험 결과

• 적정에 사용된 $NaOH(aq)$의 부피: V mL

a는? (단, 온도는 25 °C로 일정하다.)

① $\dfrac{V}{400}$ ② $\dfrac{V}{200}$ ③ $\dfrac{V}{100}$

④ $\dfrac{V}{50}$ ⑤ $\dfrac{V}{20}$

224

상 중 **하**

다음은 중화 적정 실험이다.

| 실험 과정

(가) a M $CH_3COOH(aq)$ 10 mL에 물을 넣어 수용액 Ⅰ 100 mL를 만든다.

(나) Ⅰ 20 mL를 삼각 플라스크에 넣고 페놀프탈레인 용액을 2~3방울 떨어뜨린다.

(다) 0.1 M $NaOH(aq)$을 뷰렛에 넣고 (나)의 삼각 플라스크에 한 방울씩 떨어뜨리면서 수용액 전체가 붉은색으로 변하는 순간 적정을 멈추고, 적정에 사용된 $NaOH(aq)$의 부피를 측정한다.

| 실험 결과

• 적정에 사용된 $NaOH(aq)$의 부피: 50 mL

a는? (단, 온도는 25 °C로 일정하다.)

① 0.25 ② 0.5 ③ 1.0

④ 2.5 ⑤ 4.0

225

상 중 **하**

다음은 25 °C에서 중화 적정을 이용하여 식초 A 1 g에 들어 있는 아세트산(CH_3COOH)의 질량을 알아보기 위한 실험이다.

| 자료

• 25 °C에서 식초 A의 밀도: d g/mL
• CH_3COOH의 분자량 : 60

| 실험 과정

(가) 식초 A 10 mL에 물을 넣어 수용액 Ⅰ 100 mL를 만든다.

(나) Ⅰ 20 mL를 삼각 플라스크에 넣고 페놀프탈레인 용액을 2~3방울 떨어뜨린다.

(다) a M $NaOH(aq)$을 뷰렛에 넣은 다음 꼭지를 열어 수용액을 약간 흘려보낸 후 꼭지를 닫고 눈금을 읽는다.

(라) 뷰렛의 꼭지를 열어 (나)의 용액에 $NaOH(aq)$을 한 방울씩 가하다가 플라스크를 흔들어도 혼합 용액의 붉은색이 사라지지 않으면 꼭지를 닫고 눈금을 읽는다.

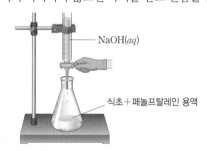

NaOH(aq)

식초＋페놀프탈레인 용액

| 실험 결과

• 측정한 눈금

과정	(다)	(라)
눈금(mL)	3.5	43.5

이에 대한 설명으로 옳은 것만을 〈보기〉에서 있는 대로 고른 것은? (단, 온도는 25 °C로 일정하고, 중화 적정 과정에서 식초에 포함된 물질 중 CH_3COOH만 $NaOH$과 반응한다.)

| 보기 |

ㄱ. (라)에서 반응한 $NaOH$의 양은 $\dfrac{1}{25}a$ mol이다.

ㄴ. Ⅰ 20 mL에 들어 있는 CH_3COOH의 질량은 $\dfrac{12}{5}a$ g 이다.

ㄷ. 식초 A 1 g에 들어 있는 CH_3COOH의 질량은 $\dfrac{6a}{25d}$ g 이다.

① ㄱ ② ㄷ ③ ㄱ, ㄴ ④ ㄴ, ㄷ ⑤ ㄱ, ㄴ, ㄷ

226

상 중 **하**

다음은 25 ℃에서 식초에 들어 있는 아세트산(CH_3COOH)의 질량을 알아보기 위한 중화 적정 실험이다.

| **자료**

- 25 ℃에서 식초 A, B의 밀도(g/mL)는 각각 d_A, d_B이다.

| **실험 과정**

(가) 식초 A, B를 준비한다.

(나) A 20 mL에 물을 넣어 수용액 Ⅰ 100 mL를 만든다.

(다) 60 mL의 Ⅰ에 페놀프탈레인 용액을 2~3방울 넣고 0.1 M NaOH(aq)으로 적정하였을 때, 수용액 전체가 붉게 변하는 순간까지 넣어 준 NaOH(aq)의 부피(V)를 측정한다.

(라) B 20 mL에 물을 넣어 수용액 Ⅱ 100 g를 만든다.

(마) 60 mL의 Ⅰ 대신 40 g의 Ⅱ를 이용하여 (다)를 반복한다.

| **실험 결과**

- (다)에서 V : 40 mL
- (마)에서 V : 50 mL
- 식초 A, B 각 1 g에 들어 있는 CH_3COOH의 질량

식초	A	B
CH_3COOH의 질량(g)	x	y

$\dfrac{y}{x}$는? (단, 온도는 25 ℃로 일정하고, 중화 적정 과정에서 식초 A, B에 포함된 물질 중 CH_3COOH만 NaOH과 반응한다.)

① $\dfrac{15d_A}{8d_B}$ ② $\dfrac{2d_A}{d_B}$ ③ $\dfrac{9d_B}{4d_A}$

④ $\dfrac{5d_A}{2d_B}$ ⑤ $\dfrac{25d_B}{8d_A}$

227

상 중 **하**

다음은 3가지 실험 기구 A~C와 아세트산(CH_3COOH) 수용액의 중화 적정 실험이다.

| **실험 기구 및 과정**

(가) CH_3COOH(aq) 15 mL를 ⬚ㄱ⬚에 담아 삼각 플라스크에 넣고 페놀프탈레인 용액을 2~3방울 떨어뜨린다.

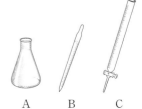

A B C

(나) 0.3 M NaOH(aq)을 ⬚ㄴ⬚에 넣고 (가)의 삼각 플라스크 속 수용액 전체가 붉은색으로 변하는 순간까지 넣어 적정하고, 적정에 사용된 NaOH(aq)의 부피를 측정한다.

| **실험 결과**

- 적정에 사용된 NaOH(aq)의 부피 : 40 mL

이에 대한 설명으로 옳은 것만을 〈보기〉에서 있는 대로 고른 것은? (단, 온도는 25 ℃로 일정하다.)

| 보기 |

ㄱ. ㄱ은 B이다.

ㄴ. ㄴ은 A이다.

ㄷ. (가)에서 CH_3COOH(aq)의 몰 농도는 0.8 M이다.

① ㄱ ② ㄴ ③ ㄱ, ㄷ ④ ㄴ, ㄷ ⑤ ㄱ, ㄴ, ㄷ

228 | 신유형 |

상 중 **하**

다음은 산 염기 반응 (가)~(다)의 화학 반응식이다.

(가) H_2CO_3(aq) + H_2O(l) ⟶ HCO_3^-(aq) + H_3O^+(aq)

(나) HCO_3^-(aq) + H_2O(l) ⟶ CO_3^{2-}(aq) + H_3O^+(aq)

(다) CO_3^{2-}(aq) + H_2O(l) ⟶ HCO_3^-(aq) + OH^-(aq)

이에 대한 설명으로 옳은 것만을 〈보기〉에서 있는 대로 고른 것은?

| 보기 |

ㄱ. (가)에서 H_2CO_3은 아레니우스 산이다.

ㄴ. (나)에서 HCO_3^-은 브뢴스테드·로리 산이다.

ㄷ. (다)에서 H_2O은 브뢴스테드·로리 산이다.

① ㄱ ② ㄷ ③ ㄱ, ㄴ ④ ㄴ, ㄷ ⑤ ㄱ, ㄴ, ㄷ

229   (상 중 하)

표는 HCl(aq)과 NaOH(aq)의 부피를 달리하여 혼합한 용액 (가)~(다)에 대한 자료이다.

혼합 용액	혼합 전 용액의 부피(mL)		$\dfrac{\text{Cl}^-\text{의 양(mol)}}{\text{모든 이온의 양(mol)}}$
	HCl(aq)	NaOH(aq)	
(가)	10	30	$\dfrac{1}{4}$
(나)	20	40	㉠
(다)	30	40	$\dfrac{1}{2}$

이에 대한 설명으로 옳은 것만을 〈보기〉에서 있는 대로 고른 것은? (단, 물의 자동 이온화는 무시한다.)

─── | 보기 | ───
ㄱ. (가)와 (다)는 모두 산성이다.
ㄴ. ㉠$=\dfrac{3}{8}$이다.
ㄷ. 생성된 물 분자 수는 (다)가 (나)의 $\dfrac{4}{3}$배이다.

① ㄱ   ② ㄴ   ③ ㄱ, ㄷ
④ ㄴ, ㄷ   ⑤ ㄱ, ㄴ, ㄷ

230 | 신유형 | (상 중 하)

표는 0.3 M H₂A(aq), a M HB(aq), b M NaOH(aq)의 부피를 달리하여 혼합한 용액 (가)~(다)에 대한 자료이다. (가)는 염기성이고, 수용액에서 H_2A는 H^+과 A^{2-}으로, HB는 H^+과 B^-으로 모두 이온화된다.

혼합 용액		(가)	(나)	(다)
혼합 전 용액의 부피(mL)	0.3 M H₂A(aq)	10	20	20
	a M HB(aq)	10	20	10
	b M NaOH(aq)	20	20	40
H⁺ 또는 OH⁻의 양(mol)(상댓값)		1	6	㉠
모든 음이온의 몰 농도(M) 합(상댓값)		15	16	

$\dfrac{b}{a}\times$㉠은? (단, 혼합 용액의 부피는 혼합 전 각 용액의 부피의 합과 같고, 물의 자동 이온화는 무시한다.)

① 9   ② $\dfrac{21}{2}$ ③ 12
④ $\dfrac{25}{2}$ ⑤ 15

231   (상 중 하)

다음은 a M HCl(aq), b M NaOH(aq), c M KOH(aq)의 부피를 달리하여 혼합한 용액 (가)~(다)에 대한 자료이다.

혼합 용액	혼합 전 용액의 부피(mL)			혼합 용액에 존재하는 모든 이온의 몰 농도(M)비
	HCl(aq)	NaOH(aq)	KOH(aq)	
(가)	10	20	10	1:1:2:2
(나)	20	10	20	1:1:2:4
(다)	20	20	V	1:2:3:4

이에 대한 설명으로 옳은 것만을 〈보기〉에서 있는 대로 고른 것은? (단, 온도는 일정하고, 물의 자동 이온화는 무시한다.)

─── | 보기 | ───
ㄱ. (가)는 산성이다.
ㄴ. $\dfrac{b+c}{a}=1$이다.
ㄷ. $V=40$이다.

① ㄱ   ② ㄴ   ③ ㄱ, ㄷ
④ ㄴ, ㄷ   ⑤ ㄱ, ㄴ, ㄷ

232   (상 중 하)

표는 a M HCl(aq), b M NaOH(aq), c M KOH(aq)의 부피를 달리하여 혼합하였을 때 혼합 용액 (가)~(다)에 대한 자료이다.

혼합 용액		(가)	(나)	(다)
혼합 전 용액의 부피(mL)	HCl(aq)	10	V_1	20
	NaOH(aq)	20	V_2	20
	KOH(aq)	10	20	V_2
혼합 용액에 존재하는 양이온 수의 비율		$\frac{1}{2}$ / $\frac{1}{2}$	$\frac{1}{6}$ / $\frac{1}{6}$ / $\frac{2}{3}$	$\frac{1}{3}$ / $\frac{1}{3}$ / $\frac{1}{3}$

이에 대한 설명으로 옳은 것만을 〈보기〉에서 있는 대로 고른 것은? (단, 온도는 일정하고, 물의 자동 이온화는 무시한다.)

─── | 보기 | ───
ㄱ. $V_1+V_2=30$이다.
ㄴ. 모든 이온의 양(mol)은 (나)와 (다)가 같다.
ㄷ. a M HCl(aq), b M NaOH(aq), c M KOH(aq)을 같은 부피로 혼합한 용액에서 $\dfrac{\text{Cl}^-\text{의 수}}{\text{Na}^+\text{의 수}+\text{K}^+\text{의 수}}=1$이다.

① ㄱ   ② ㄷ   ③ ㄱ, ㄴ
④ ㄴ, ㄷ   ⑤ ㄱ, ㄴ, ㄷ

233

표는 0.2 M $H_2A(aq)$ V mL에 0.3 M $NaOH(aq)$을 넣어 반응시킬 때, 넣은 $NaOH(aq)$의 부피에 따른 혼합 용액에 대한 자료이다. ㉠~㉢은 혼합 용액에 존재하는 이온이고, H_2A는 수용액에서 H^+과 A^{2-}으로 모두 이온화된다.

넣은 $NaOH(aq)$의 부피(mL)	20	40
$\dfrac{㉡의 양(mol)}{㉠의 양(mol)}$	$\dfrac{2}{3}$	x
$\dfrac{㉢의 양(mol)}{㉠의 양(mol)}$	$\dfrac{1}{3}$	0
모든 이온의 몰 농도(M) 합(상댓값)	9	10

이에 대한 설명으로 옳은 것만을 〈보기〉에서 있는 대로 고른 것은? (단, 혼합 용액의 부피는 혼합 전 각 용액의 부피의 합과 같고, 물의 자동 이온화는 무시한다.)

| 보기 |

ㄱ. ㉠은 A^{2-}이다.

ㄴ. $x = \dfrac{1}{3}$이다.

ㄷ. $V = 30$이다.

① ㄱ ② ㄴ ③ ㄱ, ㄷ
④ ㄴ, ㄷ ⑤ ㄱ, ㄴ, ㄷ

234

표는 x M $H_2A(aq)$과 y M $NaOH(aq)$의 부피를 달리하여 혼합한 용액 (가)~(다)에 대한 자료이다. (가)~(다) 중 산성은 1가지이고, H_2A는 수용액에서 H^+과 A^{2-}으로 모두 이온화된다.

혼합 용액	혼합 전 용액의 부피(mL)		모든 음이온의 몰 농도(M) 합
	$H_2A(aq)$	$NaOH(aq)$	
(가)	V	10	$2n$
(나)	$2V$	40	$3n$
(다)	$2V$	80	$5n$

$V \times \dfrac{y}{x}$는? (단, 혼합 용액의 부피는 혼합 전 각 용액의 부피의 합과 같고, 물의 자동 이온화는 무시한다.)

① 30 ② 40 ③ 60
④ 80 ⑤ 90

235

다음은 중화 반응에 대한 실험이다.

| 자료
- ㉠과 ㉡은 각각 y M $HA(aq)$과 z M $H_2B(aq)$ 중 하나이다.
- 수용액에서 HA는 H^+과 A^-으로, H_2B는 H^+과 B^{2-}으로 모두 이온화된다.

| 실험 과정
(가) x M $NaOH(aq)$, y M $HA(aq)$, z M $H_2B(aq)$을 각각 준비한다.
(나) 2개의 비커에 각각 $NaOH(aq)$ 20 mL를 넣는다.
(다) (나)의 2개의 비커에 각각 ㉠ V mL, ㉡ $3V$ mL를 첨가하여 혼합 용액 I과 II를 만든다.

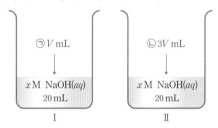

| 실험 결과
- 혼합 용액에 존재하는 모든 이온의 종류와 이온의 몰 농도(M)

이온의 종류		W	X	Y	Z
이온의 몰 농도(M)	I	$2a$	0	$4a$	0
	II	0	$4a$	$2a$	$6a$

이에 대한 설명으로 옳은 것만을 〈보기〉에서 있는 대로 고른 것은? (단, 혼합 용액의 부피는 혼합 전 각 용액의 부피의 합과 같고, 물의 자동 이온화는 무시한다.)

| 보기 |

ㄱ. ㉠은 z M $H_2B(aq)$이다.

ㄴ. X는 H^+이다.

ㄷ. $V \times \dfrac{z}{x+y} = 5$이다.

① ㄱ ② ㄷ ③ ㄱ, ㄴ
④ ㄴ, ㄷ ⑤ ㄱ, ㄴ, ㄷ

15 산화 환원 반응

출제 개념
- 산화와 환원
- 화학 반응에서 산화수 구하기
- 산화수 변화로 산화제와 환원제 알아내기
- 산화 환원 반응식 완성하기

1 산화와 환원

산화	환원
산소를 얻는 반응	산소를 잃는 반응
얻는 산소 원자 수 = 잃는 산소 원자 수	
전자를 잃는 반응	전자를 얻는 반응
잃는 전자 수 = 얻는 전자 수	
산화수 증가	산화수 감소
증가한 산화수 = 감소한 산화수	

2 산화수

고빈출

(1) **산화수** : 물질을 구성하는 원자가 전자를 몇 개 잃었는지 얻었는지를 나타내는 수로 전기 음성도가 큰 원자가 음(−)의 값을 가짐

　예 HCl에서 H의 산화수는 +1, Cl의 산화수는 −1

　　➡ 전기 음성도가 큰 Cl 원자가 공유 전자쌍을 모두 가졌다고 간주하여 Cl 원자는 전자 1개를 얻은 상태이므로 산화수가 −1, H 원자는 전자 1개를 잃은 상태이므로 산화수가 +1

(2) **산화수 정하는 규칙**

① 원소를 구성하는 원자의 산화수는 0

② 화합물은 전기적으로 중성이므로 화합물을 구성하는 원자들의 산화수 총합은 0

　• 화합물에서 절대적 산화수

알칼리 금속	알칼리 토금속	Al	F	H
+1	+2	+3	−1	+1, −1

　• 절대적 산화수를 갖는 원자의 산화수를 먼저 정한 후 화합물의 산화수 총합이 0이 되게 하여 다른 원자의 산화수를 구함

　• 절대적 산화수를 제외한 원자들의 산화수는 전기 음성도를 비교하여 결정

　　예 산소(O)의 전기 음성도는 F 다음으로 크기 때문에 OF_2, O_2F_2 화합물에서 각각 +2, +1로 양의 값을 가지며 과산화물에서는 −1

③ 일원자 이온 : 원자가 전자를 잃거나 얻어 형성된 것이므로 전하와 산화수가 일치

④ 다원자 이온 : 동일하게 산화수를 정하되 산화수 총합은 이온의 전하와 같게 함

　　예

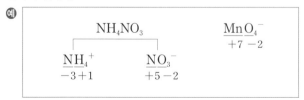

⑤ 동일한 원소라도 결합한 원자의 전기 음성도에 따라 여러 가지 산화수를 가질 수 있음

3 산화 환원 반응식

빈출

(1) **산화제와 환원제**

① 산화제 : 자신이 환원(산화수 감소)되면서 다른 물질을 산화

② 환원제 : 자신이 산화(산화수 증가)되면서 다른 물질을 환원

(2) **산화 환원 반응식**

① 산화수법 : 증가하는 산화수의 합과 감소하는 산화수의 합이 같은 것을 이용하여 산화 환원 반응식을 완성

> [1단계] 각 원자의 산화수 변화를 조사
> $$\overset{0}{Cu}+\overset{+1 +5 -2}{HNO_3} \longrightarrow \overset{+2 +5 -2}{Cu(NO_3)_2}+\overset{+2 -2}{NO}+\overset{+1 -2}{H_2O}$$
> ➡ Cu : 0 → +2 (2 증가), N : +5 → +2 (3 감소)
> [2단계] 증가한 산화수와 감소한 산화수가 같도록 계수를 맞춤
> Cu : 산화수 2 증가, N : 산화수 3 감소
> ➡ 총 산화수 증가량과 감소량을 6으로 맞춤
> $$3Cu+2HNO_3 \longrightarrow 3Cu(NO_3)_2+2NO+H_2O$$
> [3단계] 산화수 변화가 없는 원소의 원자 수가 같도록 계수를 맞춤
> $$3Cu+8HNO_3 \longrightarrow 3Cu(NO_3)_2+2NO+4H_2O$$

② 산화 환원 반응의 계수를 통해서 산화 환원 반응의 양적 관계를 알 수 있음

4 산화 환원 반응

고빈출

(1) **금속의 반응성** : 반응성이 작은 금속 양이온이 들어 있는 수용액에 반응성이 큰 금속을 넣으면 금속은 산화, 금속 이온은 환원

　예 $Zn(s)+Cu^{2+}(aq) \longrightarrow Zn^{2+}(aq)+Cu(s)$

　• 금속의 반응성 : 아연(Zn)>구리(Cu)

　• Zn의 산화수 : 0 → +2로 2 증가(산화)

　• Cu의 산화수 : +2 → 0으로 2 감소(환원)

　• Zn 1 mol이 전자 2 mol을 잃어 Zn^{2+}으로 산화될 때 Cu^{2+}이 Zn 표면에서 그 전자 2 mol을 얻어 Cu 1 mol로 환원

　• 산화 환원 반응이 일어날 때 전하량이 같으므로 이온 수 변화가 없음

(2) **금속과 산의 반응** : 수소보다 반응성이 큰 금속에 묽은 산을 가해 주면 수소 기체 발생. 이때 금속은 전자를 잃어 양이온이 되고(산화), 수소 이온은 전자를 얻어 수소 기체가 됨(환원)

　예 $Mg(s)+2H^+(aq) \longrightarrow Mg^{2+}(aq)+H_2(g)$

　• Mg의 산화수 : 0 → +2로 2 증가(산화)

　• H의 산화수 : +1 → 0으로 1 감소(환원)

　• Mg 1 mol이 전자 2 mol을 잃어 Mg^{2+}으로 산화될 때 H^+ 2 mol이 그 전자를 얻어 H_2 1 mol로 환원

　　➡ 수용액의 이온 수는 감소, 금속 이온이 수용액에 존재하므로 수용액의 밀도는 증가

　• H_2 기체가 발생하는 동안 H^+의 농도가 감소하므로 pH는 증가

대표 기출 문제

236

다음은 금속 M과 관련된 산화 환원 반응의 화학 반응식이다. M의 산화물에서 산소(O)의 산화수는 -2이다.

$$a\mathrm{M}^{3+} + b\mathrm{ClO_4}^- + c\mathrm{H_2O} \longrightarrow d\mathrm{Cl}^- + e\mathrm{MO_2}^{2+} + f\mathrm{H}^+ \quad (a\sim f\text{는 반응 계수})$$

$\dfrac{d+f}{a+c}$는? (단, M은 임의의 원소 기호이다.) [3점]

① $\dfrac{5}{8}$ ② $\dfrac{3}{4}$ ③ $\dfrac{8}{9}$ ④ $\dfrac{9}{8}$ ⑤ $\dfrac{4}{3}$

237

다음은 금속 A~C의 산화 환원 반응 실험이다.

| **실험 과정**
(가) $\mathrm{A}^+(aq)$ $15N$ mol이 들어 있는 수용액 V mL를 준비한다.
(나) (가)의 비커에 B(s)를 넣어 반응시킨다.
(다) (나)의 비커에 C(s)를 넣어 반응시킨다.

실험 결과 및 자료
• (나) 과정 후 B는 모두 B^{2+}이 되었고, (다) 과정에서 B^{2+}은 C와 반응하지 않으며, (다) 과정 후 C는 C^{m+}이 되었다.
• 각 과정 후 수용액 속에 들어 있는 양이온의 종류와 수

과정	(나)	(다)
양이온의 종류	A^+, B^{2+}	B^{2+}, C^{m+}
전체 양이온 수(mol)	$12N$	$6N$

이에 대한 설명으로 옳은 것만을 〈보기〉에서 있는 대로 고른 것은? (단, A~C는 임의의 원소 기호이고 물과 반응하지 않으며, 음이온은 반응에 참여하지 않는다.)

| 보기 |
ㄱ. $m=3$이다.
ㄴ. (나)와 (다)에서 A^+은 산화제로 작용한다.
ㄷ. (다) 과정 후 양이온 수비는 $\mathrm{B}^{2+} : \mathrm{C}^{m+} = 1 : 1$이다.

① ㄱ ② ㄷ ③ ㄱ, ㄴ ④ ㄴ, ㄷ ⑤ ㄱ, ㄴ, ㄷ

238

상 중 **하**

다음은 산화 환원 반응 (가)~(다)의 화학 반응식이다.

> (가) $2H_2O \longrightarrow 2H_2 + O_2$
> $\quad\quad\quad\quad\quad\;\; \text{㉠}\quad\;\; \text{㉡}$
>
> (나) $2Na + 2H_2O \longrightarrow 2NaOH + H_2$
> $\quad\quad\quad\quad\quad\quad\quad\quad\quad\quad \text{㉢}$
>
> (다) $H_2O_2 + 2H^+ + 2I^- \longrightarrow 2H_2O + I_2$
> $\quad\quad\quad\quad\quad\quad\quad\quad\quad\;\; \text{㉣}$

이에 대한 설명으로 옳은 것만을 〈보기〉에서 있는 대로 고른 것은?

> | 보기 |
>
> ㄱ. (가)에서 H의 산화수는 감소한다.
> ㄴ. (나)에서 Na은 산화제이다.
> ㄷ. ㉠~㉣의 산화수 합은 −5이다.

① ㄱ   ② ㄴ   ③ ㄱ, ㄷ

④ ㄴ, ㄷ   ⑤ ㄱ, ㄴ, ㄷ

239

상 중 **하**

다음은 금속 M과 관련된 산화 환원 반응에 대한 자료이다.

> • 화학 반응식:
> $M^{m+} + aS_2O_8^{2-} + 2bOH^- \longrightarrow$
> $\quad\quad\quad MO_n + 2aSO_4^{2-} + bH_2O$ (a, b는 반응 계수)
> • M의 산화수는 2만큼 증가한다.
> • OH^- 2 mol이 반응하면 SO_4^{2-} 1 mol이 생성된다.

$\dfrac{n+b}{m+a}$는? (단, M은 임의의 원소 기호이다.)

① $\dfrac{7}{6}$ ② $\dfrac{6}{5}$ ③ $\dfrac{5}{4}$

④ $\dfrac{4}{3}$ ⑤ $\dfrac{3}{2}$

240

상 중 **하**

그림은 금속 이온 $X^{m+}(aq)$이 들어 있는 수용액에 금속 $Y(s)$를 넣고 반응을 완결시켰을 때 수용액 속 금속 이온만을 모형으로 나타낸 것이다.

이에 대한 설명으로 옳은 것만을 〈보기〉에서 있는 대로 고른 것은? (단, X와 Y는 임의의 원소 기호이고 물과 반응하지 않으며, 음이온은 반응에 참여하지 않는다.)

> | 보기 |
>
> ㄱ. 반응이 일어나면 X^{m+}은 환원된다.
> ㄴ. Y의 산화수는 감소한다.
> ㄷ. $\dfrac{n}{m} = \dfrac{3}{2}$이다.

① ㄱ   ② ㄴ   ③ ㄱ, ㄷ

④ ㄴ, ㄷ   ⑤ ㄱ, ㄴ, ㄷ

241

상 중 **하**

표는 4가지 물질에서 X 또는 Y의 산화수를 나타낸 것이다. 4가지 물질에서 H와 O의 산화수는 각각 +1, −2이다.

물질	XO_2	HXO_3	YO_n	H_2YO_{n+1}
X 또는 Y의 산화수	$+a$	$+b$	$+6$	

이에 대한 설명으로 옳은 것만을 〈보기〉에서 있는 대로 고른 것은? (단, X와 Y는 임의의 원소 기호이다.)

> | 보기 |
>
> ㄱ. $n=2$이다.
> ㄴ. $a+b=9$이다.
> ㄷ. 반응 $H_2O + YO_n \longrightarrow H_2YO_{n+1}$에서 H_2O은 산화제이다.

① ㄱ   ② ㄴ   ③ ㄱ, ㄷ

④ ㄴ, ㄷ   ⑤ ㄱ, ㄴ, ㄷ

242

다음은 금속 산화물 MO와 C의 반응에 대한 실험이다.

| 화학 반응식
- $2MO(s)+C(s) \longrightarrow 2M(s)+CO_2(g)$

| 실험 과정 및 결과
- 삼각 플라스크에 $MO(s)$ 4 g과 $C(s)$ 0.6 g을 넣고 반응을 완결시켰더니 삼각 플라스크 속 물질의 질량은 2.4 g이었다.

| 자료
- C와 O의 원자량은 각각 12, 16이다.

이에 대한 설명으로 옳은 것만을 〈보기〉에서 있는 대로 고른 것은? (단, M은 임의의 원소 기호이고, 남아 있는 반응물은 없다.)

| 보기 |
ㄱ. MO는 환원제이다.
ㄴ. 생성된 $CO_2(g)$의 양은 0.05 mol이다.
ㄷ. M의 원자량은 24이다.

① ㄱ   ② ㄴ   ③ ㄱ, ㄷ
④ ㄴ, ㄷ   ⑤ ㄱ, ㄴ, ㄷ

243

다음은 금속 X와 관련된 산화 환원 반응의 화학 반응식이다.

$$aX_2O_7^{2-}+bC_2H_6O+cH_3O^+ \longrightarrow$$
$$dX^{3+}+bC_2H_4O_2+eH_2O \text{ (} a\sim e \text{는 반응 계수)}$$

$\dfrac{c+d}{a+b+e}$ 는? (단, X는 임의의 원소 기호이다.)

① $\dfrac{5}{8}$ ② $\dfrac{11}{16}$ ③ $\dfrac{3}{4}$

④ $\dfrac{7}{8}$ ⑤ $\dfrac{15}{16}$

244

다음은 산화 환원 반응의 화학 반응식이다. 화합물과 이온에서 O의 산화수는 -2이다.

$$aXO_3^{2-}+bY_2O_4^{2-}+cH^+ \longrightarrow aX^{2+}+dYO_2+eH_2O$$
$$(a\sim e \text{는 반응 계수})$$

이에 대한 설명으로 옳은 것만을 〈보기〉에서 있는 대로 고른 것은? (단, X와 Y는 임의의 원소 기호이다.)

| 보기 |
ㄱ. X의 산화수는 증가한다.
ㄴ. $Y_2O_4^{2-}$은 환원제로 작용한다.
ㄷ. $b+d+e>a+c$이다.

① ㄱ   ② ㄴ   ③ ㄱ, ㄷ
④ ㄴ, ㄷ   ⑤ ㄱ, ㄴ, ㄷ

245 | 신유형 |

다음은 산화 환원 반응 (가)와 (나)의 화학 반응식이다. ㉠과 ㉡은 각각 H^+, OH^- 중 하나이고, $a\sim c$, $x\sim z$는 반응 계수이다.

(가) $aMnO_4^-+bC_2O_4^{2-}+2c$ ㉠ $\longrightarrow$
$$aMn^{2+}+2bCO_2+cH_2O$$

(나) $xMnO_4^-+yC_2O_4^{2-}+2z$ ㉡ $\longrightarrow$
$$xMnO_2+2yCO_3^{2-}+zH_2O$$

이에 대한 설명으로 옳은 것만을 〈보기〉에서 있는 대로 고른 것은?

| 보기 |
ㄱ. (가)와 (나)에서 Mn의 산화수의 최댓값은 $+7$이다.
ㄴ. ㉠은 OH^-이다.
ㄷ. $\dfrac{b+c}{a}\times\dfrac{x}{y+z}=\dfrac{13}{5}$이다.

① ㄱ   ② ㄴ   ③ ㄱ, ㄷ
④ ㄴ, ㄷ   ⑤ ㄱ, ㄴ, ㄷ

246

다음은 금속 X와 관련된 산화 환원 반응에 대한 자료이다.

• 화학 반응식

$$a\mathrm{X_2O} + b\mathrm{NO}_n^- + c\mathrm{H}^+ \longrightarrow$$
$$2a\mathrm{X}^{(n-1)+} + b\mathrm{NO} + d\mathrm{H_2O} \ (a{\sim}d\text{는 반응 계수})$$

• N의 산화수는 3만큼 감소한다.

$\dfrac{b+c}{a+d}$ 는? (단, X는 임의의 원소 기호이다.)

① $\dfrac{8}{5}$ ② 2 ③ $\dfrac{12}{5}$

④ 3 ⑤ $\dfrac{7}{2}$

247

다음은 2가지 산화 환원 반응에 대한 자료이다. 화합물과 이온에서 O의 산화수는 -2이다.

• 화학 반응식

(가) $2\mathrm{XO_2} + m\mathrm{NO} \longrightarrow 2\mathrm{XO}_n + \mathrm{N}_m$

(나) $5\mathrm{XO}_x^{2-} + 2\mathrm{MnO_4}^- + a\mathrm{H}^+ \longrightarrow$
$$5\mathrm{XO}_y^{2-} + 2\mathrm{Mn}^{2+} + b\mathrm{H_2O}$$
$$(m, a, b\text{는 반응 계수})$$

• 반응물에서 X의 산화수는 (가)에서와 (나)에서가 같다.

• 생성물에서 X의 산화수는 (가)에서와 (나)에서가 같다.

$\dfrac{m+n}{a}$ 은? (단, X는 임의의 원소 기호이다.)

① $\dfrac{1}{2}$ ② $\dfrac{5}{8}$ ③ $\dfrac{5}{6}$

④ $\dfrac{6}{5}$ ⑤ $\dfrac{3}{2}$

248

다음은 금속 A~C의 산화 환원 반응 실험이다.

| 실험 과정

(가) A^{2+} $7N$ mol이 들어 있는 수용액을 각각 비커 Ⅰ과 Ⅱ에 넣는다.

(나) Ⅰ에 B(s) $4N$ mol을 넣고 반응시킨다.

(다) Ⅱ에 C(s) $4N$ mol을 넣고 반응시킨다.

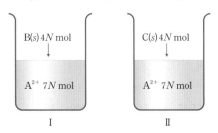

| 실험 결과

• Ⅰ과 Ⅱ에서 반응 후 수용액에 들어 있는 금속 이온의 종류는 2가지이다.

• Ⅰ과 Ⅱ에서 반응 전과 후 수용액에 들어 있는 금속 이온의 양(mol)

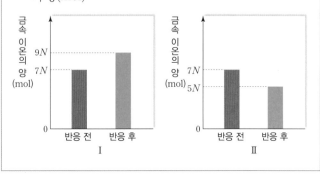

이에 대한 설명으로 옳은 것만을 〈보기〉에서 있는 대로 고른 것은? (단, A~C는 임의의 원소 기호이고 물과 반응하지 않으며, 음이온은 반응에 참여하지 않는다.)

---- | 보기 | ----

ㄱ. Ⅰ과 Ⅱ에서 A^{2+}은 환원된다.

ㄴ. 수용액 속 A^{2+}의 양(mol)은 Ⅰ에서가 Ⅱ에서의 5배이다.

ㄷ. Ⅰ과 Ⅱ에서 반응 후 $\dfrac{\text{C 이온의 전하}}{\text{B 이온의 전하}} = 3$이다.

---

① ㄱ ② ㄷ ③ ㄱ, ㄴ

④ ㄴ, ㄷ ⑤ ㄱ, ㄴ, ㄷ

249

상 중 하

표는 금속 양이온 A^{a+} xN mol이 들어 있는 수용액에 금속 B $3N$ mol을 두 번 넣고 각각 반응을 완결시켰을 때, 석출된 금속 또는 수용액에 존재하는 양이온에 대한 자료이다. B는 모두 B^{2+}이 되었고, ㉠~㉢은 각각 A^{a+}, A, B^{2+} 중 하나이다.

넣어 준 B(s)의 양(mol)	금속 또는 양이온의 양(mol)		
	㉠	㉡	㉢
$3N$	$2N$	$3N$	$3N$
$6N$	yN	N	$6N$

이에 대한 설명으로 옳은 것만을 〈보기〉에서 있는 대로 고른 것은? (단, A와 B는 임의의 원소 기호이고 물과 반응하지 않으며, 음이온은 반응에 참여하지 않는다.)

| 보기 |

ㄱ. B(s)는 산화제이다.
ㄴ. ㉡은 A이다.
ㄷ. $\dfrac{x+y}{a}=3$이다.

① ㄱ   ② ㄷ   ③ ㄱ, ㄴ
④ ㄴ, ㄷ   ⑤ ㄱ, ㄴ, ㄷ

250

상 중 하

다음은 금속 A~C의 산화 환원 반응 실험이다.

| 실험 과정 및 결과

(가) A^+ xN mol이 들어 있는 수용액을 준비한다.
(나) (가)의 수용액에 충분한 양의 B(s)를 넣어 반응을 완결시켰더니 수용액에 B^{3+} $2N$ mol이 생성되었다.
(다) (나)의 수용액에 충분한 양의 C(s)를 넣어 반응을 완결시켰더니 수용액에 C^{c+} $3N$ mol이 생성되었다.

이에 대한 설명으로 옳은 것만을 〈보기〉에서 있는 대로 고른 것은? (단, A~C는 임의의 원소 기호이고 물과 반응하지 않으며, 음이온은 반응에 참여하지 않는다.)

| 보기 |

ㄱ. $x=6$이다.
ㄴ. $c=2$이다.
ㄷ. (다)에서 이동하는 전자의 양은 $3N$ mol이다.

① ㄱ   ② ㄷ   ③ ㄱ, ㄴ
④ ㄴ, ㄷ   ⑤ ㄱ, ㄴ, ㄷ

251

상 중 하

다음은 금속 A~C의 산화 환원 반응 실험이다.

| 실험 과정

(가) 비커에 A^{2+} $3n$ mol, B^+ $9n$ mol이 들어 있는 수용액을 넣는다.
(나) (가)의 비커에 C(s) w g을 넣어 반응을 완결시킨다.
(다) (나)의 비커에 C(s) w g을 넣어 반응을 완결시킨다.

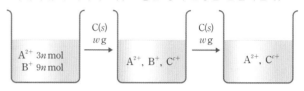

| 실험 결과

• 각 과정 후 비커에 들어 있는 금속 양이온에 대한 자료

과정	(나)	(다)
금속 양이온의 종류	A^{2+}, B^+, C^{c+}	A^{2+}, C^{c+}
금속 양이온의 양(mol)	㉠	$6n$
금속의 양(mol)	B $6n$	B $9n$, C n

이에 대한 설명으로 옳은 것만을 〈보기〉에서 있는 대로 고른 것은? (단, A~C는 임의의 원소 기호이고 물과 반응하지 않으며, 음이온은 반응에 참여하지 않는다.)

| 보기 |

ㄱ. (다)에서 A^{2+}은 환원된다.
ㄴ. $c=3$이다.
ㄷ. ㉠$=8n$이다.

① ㄱ   ② ㄷ   ③ ㄱ, ㄴ
④ ㄴ, ㄷ   ⑤ ㄱ, ㄴ, ㄷ

1 발열 반응과 흡열 반응

반응이 일어나면 물질 변화뿐 아니라 에너지도 변하므로 에너지가 변함에 따라 열의 출입이 일어남

(1) 발열 반응

① 화학 반응이 일어날 때 열을 방출하는 반응
② 주위로 열을 방출하므로 주위의 온도가 높아짐
③ 반응물의 에너지 합>생성물의 에너지 합
④ 발열 반응의 예: 연료의 연소, 중화 반응, 수증기의 액화, 물의 응고와 같은 상태 변화

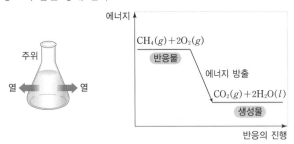

(2) 흡열 반응

① 화학 반응이 일어날 때 열을 흡수하는 반응
② 주위로부터 열을 흡수하므로 주위의 온도가 낮아짐
③ 반응물의 에너지 합<생성물의 에너지 합
④ 흡열 반응의 예: 탄산 칼슘의 열분해, 광합성, 물의 기화, 얼음의 융해와 같은 상태 변화

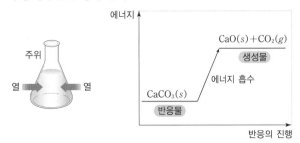

흡열 반응 실험

(가) 나무판의 중앙에 물을 조금 떨어뜨리고, 수산화 바륨 팔수화물($Ba(OH)_2 \cdot 8H_2O(s)$)이 담긴 삼각 플라스크를 올려놓음
(나) (가)의 삼각 플라스크에 질산 암모늄($NH_4NO_3(s)$)을 넣고 유리 막대로 잘 저은 다음, 몇 분 뒤 삼각 플라스크를 들어 올림

• **실험 결과**: 삼각 플라스크와 나무판이 함께 들어 올려졌고, 나무판 위의 물이 얼어 있었음

➡ $Ba(OH)_2 \cdot 8H_2O(s)$과 $NH_4NO_3(s)$의 반응은 물로부터 열을 빼앗아 물을 얼게 하므로 흡열 반응

2 화학 반응에서 출입하는 열의 측정

(1) **비열(c)**: 물질 1 g의 온도를 1 ℃ 높이는 데 필요한 열량으로, 단위는 J/(g·℃)

(2) **열용량**: 물질의 온도를 1 ℃ 높이는 데 필요한 열량으로, 단위는 J/℃

(3) **열량(Q)**: 물질이 흡수 또는 방출하는 열에너지의 양으로 어떤 물질이 방출하거나 흡수하는 열량은 그 물질의 비열에 질량과 온도 변화를 곱하여 구할 수 있음

$$Q(J) = cm\Delta t \ (c: 비열(J/(g·℃)), \ m: 질량(g), \ \Delta t: 온도 \ 변화(℃))$$
$$Q(J) = C\Delta t \ (C: 열용량(J/℃))$$

(4) **간이 열량계를 이용한 열의 측정**: 열량계와 외부 사이의 열 출입이 없다고 가정하고 열량계 자체가 흡수하는 열을 무시하면, 화학 반응에서 발생한 열을 열량계의 용액이 모두 흡수하므로 화학 반응에서 발생한 열량은 열량계 속 용액이 얻은 열량과 같음

화학 반응에서 발생한 열량(Q)=열량계 속 용액이 흡수한 열량
$$= c_{용액}m_{용액}\Delta t$$

3 발열 반응과 흡열 반응의 이용

(1) **발열 반응의 이용**: 발열 반응이 일어날 때 방출하는 열 이용
예 주머니 난로는 철 가루가 녹스는 산화 반응에서 발생하는 열을 이용

(2) **흡열 반응의 이용**: 흡열 반응이 일어날 때 냉각 효과 이용
예 냉찜질용 주머니에서는 질산 암모늄(NH_4NO_3)이 물에 녹을 때 흡열 반응이 일어나는 것을 이용

대표 기출 문제

252

다음은 일상생활에서 이용되고 있는 물질에 대한 자료와 이에 대한 학생들의 대화이다.

> • ㉠메테인(CH_4)을 연소시켜 난방을 하거나 음식을 익힌다.
> • ㉡질산 암모늄(NH_4NO_3)이 물에 용해되는 반응을 이용하여 냉찜질 주머니를 차갑게 만든다.

㉠은 탄소 화합물이야.

㉠의 연소는 흡열 반응이야.

㉡이 일어날 때 주위로 열이 방출돼.

학생 A   학생 B   학생 C

제시한 내용이 옳은 학생만을 있는 대로 고른 것은?

① A ② B ③ A, C ④ B, C ⑤ A, B, C

253

다음은 염화 칼슘($CaCl_2$)이 물에 용해되는 반응에 대한 실험과 이에 대한 세 학생의 대화이다.

> | 실험 과정
> (가) 그림과 같이 25 ℃의 물 100 g이 담긴 열량계를 준비한다.
> (나) (가)의 열량계에 25 ℃의 $CaCl_2(s)$ w g을 넣어 녹인 후 수용액의 최고 온도를 측정한다.
>
> | 실험 결과
> • 수용액의 최고 온도 : 30 ℃

온도계
젓개
물
㉠ 스타이로폼 컵

> 학생 A : 열량계 내부의 온도 변화로 반응에서의 열의 출입을 알 수 있어.
> 학생 B : $CaCl_2(s)$이 물에 용해되는 반응은 발열 반응이야.
> 학생 C : ㉠은 열량계 내부와 외부 사이의 열 출입을 막기 위해 사용해.

제시한 내용이 옳은 학생만을 있는 대로 고른 것은? (단, 열량계의 외부 온도는 25 ℃로 일정하다.)

① A ② B ③ A, C ④ B, C ⑤ A, B, C

적중 예상 문제

254

상 중 하

다음은 화학 반응과 열의 출입에 대한 학생들의 대화이다.

열이 발생하는 반응은 발열 반응이야.

흡열 반응이 일어나면 주위의 온도가 높아져.

휴대용 손난로는 발열 반응을 이용한 사례야.

학생 A 학생 B 학생 C

제시한 내용이 옳은 학생만을 있는 대로 고른 것은?

① A   ② B   ③ A, C
④ B, C   ⑤ A, B, C

255

상 중 하

다음은 화학 반응에서 열의 출입을 이용하는 사례에 대한 설명이다.

- ㉠메테인의 연소 반응을 이용하여 물을 끓일 수 있다.
- ㉡질산 암모늄의 용해 반응을 이용하여 냉각팩을 만들 수 있다.
- ㉢염화 칼슘의 용해 반응을 이용하여 눈을 녹일 수 있다.

㉠~㉢ 중 발열 반응만을 있는 대로 고른 것은?

① ㉡   ② ㉢   ③ ㉠, ㉡
④ ㉠, ㉢   ⑤ ㉠, ㉡, ㉢

256

상 중 하

다음은 화학 반응에서 열의 출입과 관련된 설명이다.

- ㉠수산화 나트륨(NaOH)을 물에 녹이면 수용액의 온도가 높아진다.
- ㉡수산화 바륨 팔수화물($Ba(OH)_2 \cdot 8H_2O$)과 질산 암모늄(NH_4NO_3)을 혼합한 용기를 물을 조금 떨어뜨린 나무판 위에 올려놓으면 물이 언다.

이에 대한 설명으로 옳은 것만을 〈보기〉에서 있는 대로 고른 것은?

| 보기 |

ㄱ. ㉠에서 일어나는 반응은 발열 반응이다.
ㄴ. ㉡에서 일어나는 반응에 의해 주위의 온도가 내려간다.
ㄷ. ㉠과 ㉡에서 일어나는 반응 중 반응물의 에너지 합이 생성물의 에너지 합보다 큰 것은 ㉠이다.

① ㄱ   ② ㄷ   ③ ㄱ, ㄴ
④ ㄴ, ㄷ   ⑤ ㄱ, ㄴ, ㄷ

257 | 신유형 |

상 중 하

그림은 25 ℃의 물 100 g에 25 ℃의 X(s) w g과 Y(s) w g을 각각 녹였을 때 수용액의 최고 또는 최저 온도를 나타낸 것이다.

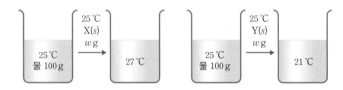

25 ℃ X(s) w g / 25 ℃ 물 100 g → 27 ℃

25 ℃ Y(s) w g / 25 ℃ 물 100 g → 21 ℃

이에 대한 설명으로 옳은 것만을 〈보기〉에서 있는 대로 고른 것은?

| 보기 |

ㄱ. X(s)의 용해 반응은 흡열 반응이다.
ㄴ. Y(s)가 용해되면 주위의 열을 흡수한다.
ㄷ. 같은 질량을 용해시킬 때 출입하는 열의 크기는 X(s)가 Y(s)보다 크다.

① ㄱ   ② ㄴ   ③ ㄷ
④ ㄱ, ㄴ   ⑤ ㄴ, ㄷ

1등급 도전 문제

258 　상 중 하

그림은 서로 다른 온도의 물이 담긴 비커 (가)와 (나)에 설탕 w g을 각각 넣은 후 시간에 따른 설탕 수용액의 몰 농도를 나타낸 것이다. 모든 설탕 수용액의 부피는 같고, (가)와 (나)에서 설탕 수용액이 동적 평형 상태에 도달했을 때 녹지 않은 설탕이 존재한다.

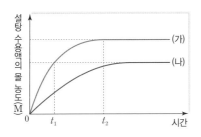

이에 대한 설명으로 옳은 것만을 〈보기〉에서 있는 대로 고른 것은? (단, (가)와 (나)에서 온도는 각각 일정하다.)

| 보기 |

ㄱ. (가)에서 설탕의 석출 속도는 t_1일 때가 t_2일 때보다 크다.

ㄴ. t_1일 때 녹지 않은 설탕의 질량은 (나)에서가 (가)에서보다 크다.

ㄷ. t_2일 때 $\dfrac{설탕의\ 석출\ 속도}{설탕의\ 용해\ 속도}$ 는 (나)에서가 (가)에서보다 크다.

① ㄱ   ② ㄴ   ③ ㄱ, ㄷ
④ ㄴ, ㄷ   ⑤ ㄱ, ㄴ, ㄷ

259 | 신유형 |　상 중 하

표는 밀폐된 진공 용기에 $CO_2(s)$를 넣은 후 시간에 따른 $\dfrac{\text{ⓛ}}{\text{㉠}}$ 을 나타낸 것이다. $t_1 \sim t_3$은 시간 순서가 아니고, ㉠과 ⓛ은 각각 $CO_2(s)$의 승화 속도, $CO_2(g)$의 승화 속도 중 하나이다.

시간	t_1	t_2	t_3
$\dfrac{\text{ⓛ}}{\text{㉠}}$	$2a$	$2a$	$3a$

이에 대한 설명으로 옳은 것만을 〈보기〉에서 있는 대로 고른 것은? (단, 온도는 일정하다.)

| 보기 |

ㄱ. $a = \dfrac{1}{2}$이다.

ㄴ. ㉠은 $CO_2(s)$의 승화 속도이다.

ㄷ. $t_3 > t_1$이다.

① ㄱ   ② ㄴ   ③ ㄱ, ㄷ
④ ㄴ, ㄷ   ⑤ ㄱ, ㄴ, ㄷ

260 　상 중 하

표는 크기가 다른 밀폐된 진공 용기 (가)와 (나)에 $H_2O(l)$을 넣은 후 시간에 따른 $\dfrac{H_2O(g)의\ 양(mol)}{H_2O(l)의\ 양(mol)}$ 을 나타낸 것이다. $0 < t_1 < t_2 < t_3 < t_4$ 이고, (나)에서 t_4일 때 동적 평형 상태에 도달하였으며, $a \sim e$는 모두 다르다.

시간		t_1	t_2	t_3	t_4
$\dfrac{H_2O(g)의\ 양(mol)}{H_2O(l)의\ 양(mol)}$	(가)	a	b	c	c
	(나)	d	a		e

이에 대한 설명으로 옳은 것만을 〈보기〉에서 있는 대로 고른 것은? (단, 온도는 일정하다.)

| 보기 |

ㄱ. (가)에서 $H_2O(g)$의 양(mol)은 t_3일 때와 t_4일 때가 같다.

ㄴ. $b > d$이다.

ㄷ. t_4일 때 $\dfrac{H_2O(g)의\ 응축\ 속도}{H_2O(l)의\ 증발\ 속도}$ 는 (가)에서가 (나)에서보다 크다.

① ㄱ   ② ㄷ   ③ ㄱ, ㄴ
④ ㄴ, ㄷ   ⑤ ㄱ, ㄴ, ㄷ

261

표는 25 °C의 수용액 (가)~(다)에 대한 자료이다.

수용액	$\dfrac{[H_3O^+]}{[OH^-]}$	$|pH-pOH|$	부피(L)
(가)	$10a$	b	$5V$
(나)	$1000a$		V
(다)	$\dfrac{a}{1000}$	b	

이에 대한 설명으로 옳은 것만을 〈보기〉에서 있는 대로 고른 것은? (단, 온도는 25 °C로 일정하고, 25 °C에서 물의 이온화 상수(K_w)는 1×10^{-14}이다.)

| 보기 |

ㄱ. $a \times b = 20$이다.
ㄴ. (나)의 pH$=4$이다.
ㄷ. $\dfrac{\text{(나)에서 } H_3O^+\text{의 양(mol)}}{\text{(가)에서 } H_3O^+\text{의 양(mol)}} = 2$이다.

① ㄱ   ② ㄴ   ③ ㄱ, ㄷ
④ ㄴ, ㄷ   ⑤ ㄱ, ㄴ, ㄷ

262

표는 25 °C의 수용액 (가)와 (나)에 대한 자료이다.

수용액	(가)	(나)
$|pH-pOH|$	4	6
$\dfrac{[OH^-]}{[H_3O^+]}$(상댓값)	1	10^{10}

$\dfrac{\text{(나)의 pH}}{\text{(가)의 pOH}}$는? (단, 온도는 25 °C로 일정하고, 25 °C에서 물의 이온화 상수(K_w)는 1×10^{-14}이다.)

① $\dfrac{4}{9}$ ② $\dfrac{4}{5}$ ③ $\dfrac{10}{9}$
④ 2   ⑤ $\dfrac{5}{2}$

263

표는 25 °C의 수용액 (가)~(다)에 대한 자료이다.

수용액	pH	pOH	H_3O^+의 양(mol)	부피(L)
(가)			$500n$	V
(나)	a		$25n$	$5V$
(다)		a	n	$20V$

이에 대한 설명으로 옳은 것만을 〈보기〉에서 있는 대로 고른 것은? (단, 온도는 25 °C로 일정하고, 25 °C에서 물의 이온화 상수(K_w)는 1×10^{-14}이다.)

| 보기 |

ㄱ. $[H_3O^+]$는 (가)가 (나)의 100배이다.
ㄴ. $a=8$이다.
ㄷ. $\dfrac{\text{(다)에서 } OH^-\text{의 양(mol)}}{\text{(가)에서 } H_3O^+\text{의 양(mol)}} = \dfrac{1}{5}$이다.

① ㄱ   ② ㄴ   ③ ㄱ, ㄷ
④ ㄴ, ㄷ   ⑤ ㄱ, ㄴ, ㄷ

264

표는 25 °C 수용액 (가)~(다)에 대한 자료이다. X~Z는 각각 HCl과 NaOH 중의 하나이고, $a>0$이다.

수용액	용질	부피(mL)	몰 농도(M)	pH	$\dfrac{[H_3O^+]}{[OH^-]}$(상댓값)
(가)	X	50	m	a	100
(나)	Y	10	0.2		1
(다)	Z	40	$10m$	$13-a$	

이에 대한 설명으로 옳은 것만을 〈보기〉에서 있는 대로 고른 것은? (단, 온도는 25 °C로 일정하고, 25 °C에서 물의 이온화 상수(K_w)는 1×10^{-14}이며, 혼합 용액의 부피는 혼합 전 각 용액의 부피의 합과 같다.)

| 보기 |

ㄱ. X는 HCl이다.
ㄴ. $m>0.01$이다.
ㄷ. (가)~(다)를 모두 혼합하여 만든 용액의 pH는 2보다 크다.

① ㄱ   ② ㄴ   ③ ㄱ, ㄷ
④ ㄴ, ㄷ   ⑤ ㄱ, ㄴ, ㄷ

265 | 신유형 | 　　　　　상 중 하

다음은 25 ℃에서 식초 A, B 각 1 g에 들어 있는 아세트산(CH_3COOH)의 질량을 알아보기 위한 중화 적정 실험이다.

| 실험 과정

(가) 식초 A, B를 준비한다.

(나) A 5 g에 물을 x g 넣어 수용액 Ⅰ을 만든다.

(다) 15 g의 Ⅰ에 페놀프탈레인 용액을 2~3방울 넣고 0.1 M $NaOH(aq)$으로 적정하였을 때, 수용액 전체가 붉게 변하는 순간까지 넣어 준 $NaOH(aq)$의 부피 (V)를 측정한다.

(라) B 20 g에 물을 y g 넣어 수용액 Ⅱ를 만든다.

(마) 15 g의 Ⅰ 대신 30 g의 Ⅱ를 이용하여 (다)를 반복한다.

| 실험 결과 및 자료

• 적정에 넣어 준 $NaOH(aq)$의 부피

과정	(다)	(마)
부피(mL)	50	30

• 식초 A, B 각 1 g에 들어 있는 CH_3COOH의 질량

식초	A	B
CH_3COOH의 질량(g)	0.2	0.03

• CH_3COOH의 분자량은 60이다.

$\dfrac{y}{x}$는? (단, 온도는 25 ℃로 일정하고, 중화 적정 과정에서 식초 A, B에 포함된 물질 중 CH_3COOH만 $NaOH$과 반응한다.)

① $\dfrac{16}{9}$ 　　　② $\dfrac{11}{6}$ 　　　③ $\dfrac{20}{9}$

④ $\dfrac{8}{3}$ 　　　⑤ $\dfrac{10}{3}$

266 　　　　　상 중 하

다음은 25 ℃에서 a M $CH_3COOH(aq)$을 0.1 M $NaOH(aq)$으로 중화 적정하였을 때 실험에 대한 자료이다.

• a M $CH_3COOH(aq)$ 20 mL를 적정할 때 넣어 준 0.1 M $NaOH(aq)$의 부피는 V mL이다.

• a M $CH_3COOH(aq)$ w g을 적정할 때 넣어 준 0.1 M $NaOH(aq)$의 부피는 30 mL이다.

a M $CH_3COOH(aq)$의 밀도(g/mL)는? (단, 온도는 일정하다.)

① $\dfrac{wV}{600}$ 　　　② $\dfrac{wV}{300}$ 　　　③ $\dfrac{wV}{150}$

④ $\dfrac{w}{600V}$ 　　　⑤ $\dfrac{w}{300V}$

267 　　　　　상 중 하

표는 0.15 M $NaOH(aq)$과 $HCl(aq)$, $HBr(aq)$을 혼합한 용액 (가)~(다)에 대한 자료이다. ㉠, ㉡은 각각 $HCl(aq)$, $HBr(aq)$ 중 하나이며, 혼합 용액 (다)에서 $\dfrac{Cl^-의 양(mol)}{H^+ \text{ 또는 } OH^-의 양(mol)} = \dfrac{2}{3}$이다.

혼합 용액	혼합 전 용액의 부피(mL)			혼합 용액 속 전체 이온의 양 (mol)
	0.15 M $NaOH(aq)$	㉠	㉡	
(가)	15	0	5	$9N$
(나)	10	10	0	$8N$
(다)	10	10	10	$12N$

이에 대한 설명으로 옳은 것만을 〈보기〉에서 있는 대로 고른 것은? (단, 물의 자동 이온화는 무시한다.)

| 보기 |

ㄱ. $HCl(aq)$의 몰 농도는 0.1 M이다.

ㄴ. 중화 반응에서 생성된 물 분자의 양(mol)은 (다)가 (가)의 3배이다.

ㄷ. $NaOH(aq)$ 10 mL, $HCl(aq)$ 10 mL, $HBr(aq)$ 2.5 mL를 혼합한 용액은 중성이다.

① ㄱ 　　　② ㄴ 　　　③ ㄱ, ㄷ

④ ㄴ, ㄷ 　　　⑤ ㄱ, ㄴ, ㄷ

268

상 중 하

표는 a M $H_2A(aq)$, b M $HB(aq)$, c M $NaOH(aq)$의 부피를 달리하여 혼합한 용액 (가)~(다)에 대한 자료이다. 수용액에서 H_2A는 H^+과 A^{2-}으로, HB는 H^+과 B^-으로 모두 이온화된다.

혼합 용액		(가)	(나)	(다)
혼합 전 용액의 부피(mL)	a M $H_2A(aq)$	10	0	V
	b M $HB(aq)$	0	10	V
	c M $NaOH(aq)$	10	10	50
모든 양이온의 몰비		1:1	1:2	2:5
모든 음이온의 양(mol)의 합		$2n$	$3n$	$10n$

$\dfrac{b}{a+c} \times V$는? (단, 물의 자동 이온화는 무시한다.)

① 8   ② 9   ③ 10

④ 12   ⑤ 15

269 | 신유형 | 개념 통합 |

상 중 하

그림은 $H_2SO_4(aq)$ 50 mL를 0.02 M $NaOH(aq)$으로 적정했을 때, 넣어 준 $NaOH(aq)$의 부피에 따른 혼합 용액 속 전체 이온의 몰 농도를 나타낸 것이다.

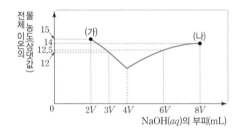

이에 대한 설명으로 옳은 것만을 〈보기〉에서 있는 대로 고른 것은? (단, 모든 수용액의 온도는 25 °C이고, 혼합 용액의 부피는 혼합 전 각 용액의 부피의 합과 같다.)

| 보기 |

ㄱ. $V = 25$이다.

ㄴ. (가)에서 혼합 용액의 pH는 3이다.

ㄷ. (나)에 $H_2SO_4(aq)$ 50 mL를 넣었을 때 혼합 용액 속 전체 이온의 몰 농도(상댓값)는 $\dfrac{20}{3}$이다.

① ㄱ   ② ㄴ   ③ ㄱ, ㄴ

④ ㄱ, ㄷ   ⑤ ㄴ, ㄷ

270

상 중 하

다음은 x M $H_2A(aq)$, y M $B(OH)_2(aq)$의 부피를 달리하여 혼합한 용액 Ⅰ~Ⅲ에 대한 자료이다.

- 수용액에서 H_2A는 H^+과 A^{2-}으로, $B(OH)_2$는 B^{2+}과 OH^-으로 모두 이온화된다.

혼합 용액	혼합 전 수용액의 부피(mL)		혼합 후 모든 양이온의 몰 농도(M) 합과 모든 음이온의 몰 농도(M) 합 중 더 큰 값
	x M $H_2A(aq)$	y M $B(OH)_2(aq)$	
Ⅰ	$2V$	30	1.4
Ⅱ	V	10	㉠
Ⅲ	$3V$	15	2.1

- Ⅰ과 Ⅱ를 혼합한 용액은 중성이다.

㉠ $\times \dfrac{y}{x}$는? (단, 혼합 용액의 부피는 혼합 전 각 용액의 부피의 합과 같고, 물의 자동 이온화는 무시한다.)

① $\dfrac{27}{4}$ ② 8   ③ $\dfrac{15}{2}$

④ $\dfrac{33}{4}$ ⑤ 9

271 | 개념 통합 | (상 중 하)

다음은 H_2O_2와 관련된 2가지 산화 환원 반응식 (가), (나)와 이 두 반응에서 산화제와 환원제의 양적 관계를 나타낸 것이다. $a \sim f$는 반응 계수이고, ㉠, ㉡은 각각 (가), (나) 중 하나이다.

(가) $a\mathrm{Fe}^{2+}(aq) + \mathrm{H_2O_2}(aq) + b\mathrm{H}^+(aq) \longrightarrow$
$$a\mathrm{Fe}^{3+}(aq) + c\mathrm{H_2O}(l)$$
(나) $2\mathrm{MnO_4}^-(aq) + d\mathrm{H_2O_2}(aq) + e\mathrm{H}^+(aq) \longrightarrow$
$$d\mathrm{O_2}(g) + 2\mathrm{Mn}^{2+}(aq) + f\mathrm{H_2O}(l)$$

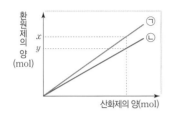

이에 대한 설명으로 옳은 것만을 〈보기〉에서 있는 대로 고른 것은?

| 보기 |

ㄱ. ㉡에서 산화제는 H_2O_2이다.

ㄴ. $\dfrac{x}{y} = \dfrac{d}{2a}$이다.

ㄷ. H_2O 1 mol이 생성될 때 반응한 산화제의 양(mol)은 ㉡이 ㉠의 2배이다.

① ㄱ   ② ㄴ   ③ ㄱ, ㄷ
④ ㄴ, ㄷ   ⑤ ㄱ, ㄴ, ㄷ

272 (상 중 하)

다음은 금속 M과 관련된 산화 환원 반응에 대한 자료이다. M의 산화물에서 산소(O)의 산화수는 -2이다.

- 화학 반응식: $a\mathrm{MO_4}^- + b\mathrm{H}^+ + c\mathrm{C}_m\mathrm{O_4}^{2-} \longrightarrow$
$$a\mathrm{M}^{m+} + d\mathrm{CO_2} + e\mathrm{H_2O} \ (a \sim e$는 반응 계수)$
- |반응물에서 C의 산화수 $-$ 생성물에서 M의 산화수| $= 1$ 이다.
- $\mathrm{MO_4}^-$ 1 mol이 반응할 때 생성되는 H_2O의 양은 4 mol 이다.

이에 대한 설명으로 옳은 것만을 〈보기〉에서 있는 대로 고른 것은? (단, M은 임의의 원소 기호이다.)

| 보기 |

ㄱ. $m = 3$이다.

ㄴ. 산화제와 환원제는 2 : 5의 몰비로 반응한다.

ㄷ. $\mathrm{C}_m\mathrm{O_4}^{2-}$ 1 mol이 반응할 때 이동한 전자의 양은 2 mol 이다.

① ㄱ   ② ㄴ   ③ ㄱ, ㄷ
④ ㄴ, ㄷ   ⑤ ㄱ, ㄴ, ㄷ

1등급 도전 문제

273 [상 중 하]

다음은 금속 A~C의 산화 환원 반응 실험이다.

| 실험 과정
(가) A^{a+} $10N$ mol이 들어 있는 수용액에 B(s) xN mol 을 넣고 반응을 완결시킨다.
(나) A^{a+} $10N$ mol이 들어 있는 수용액에 C(s) yN mol 을 넣고 반응을 완결시킨다.

| 실험 결과 및 자료
• a~c는 각각 1, 2, 3 중 하나이다.
• 각 과정 후 수용액에 들어 있는 금속 이온에 대한 자료

과정	(가)	(나)
금속 이온의 종류	A^{a+}, B^{b+}	A^{a+}, C^{c+}
금속 이온의 양(mol)	$8N$	$14N$

이에 대한 설명으로 옳은 것만을 〈보기〉에서 있는 대로 고른 것은? (단, A~C는 임의의 원소 기호이고 물과 반응하지 않으며, 음이온은 반응에 참여하지 않는다.)

| 보기 |
ㄱ. (가)와 (나)에서 A^{a+}은 환원된다.
ㄴ. $a+b=3$이다.
ㄷ. $y=2x$이다.

① ㄱ   ② ㄴ   ③ ㄱ, ㄷ
④ ㄴ, ㄷ   ⑤ ㄱ, ㄴ, ㄷ

274 | 신유형 | [상 중 하]

그림은 금속 이온 A^+이 들어 있는 수용액에 금속 B(s)와 C(s)를 차례 대로 넣고 각각 반응을 완결시켰을 때 수용액에 들어 있는 금속 양이온을 나타낸 것이다.

(가) A⁺ 15N mol
B(s) aN mol 반응 완결
(나) B^{b+} 5N mol
C(s) aN mol 반응 완결
(다) B^{b+} N mol, C^{c+} 6N mol

이에 대한 설명으로 옳은 것만을 〈보기〉에서 있는 대로 고른 것은? (단, A~C는 임의의 원소 기호이고 물과 반응하지 않으며, 음이온은 반응에 참여하지 않는다.)

| 보기 |
ㄱ. (가) → (나)에서 B(s)는 산화제이다.
ㄴ. (나)에서 비커에 들어 있는 금속의 종류는 2가지이다.
ㄷ. $a \times \dfrac{c}{b} = 4$이다.

① ㄱ   ② ㄴ   ③ ㄱ, ㄷ
④ ㄴ, ㄷ   ⑤ ㄱ, ㄴ, ㄷ

메가스터디 N제

I 화학의 첫걸음

01 화학과 우리 생활 007~009쪽
대표 기출 문제	001 ④	002 ③			
적중 예상 문제	003 ⑤	004 ①	005 ④	006 ③	007 ⑤
	008 ①	009 ③	010 ②		

02 화학식량과 몰 011~015쪽
대표 기출 문제	011 ⑤	012 ③			
적중 예상 문제	013 ①	014 ④	015 ⑤	016 ②	017 ③
	018 ①	019 ④	020 ①	021 ②	022 ③
	023 ④	024 ④	025 ④	026 ②	

03 화학 반응식 017~021쪽
대표 기출 문제	027 ②	028 ④			
적중 예상 문제	029 ②	030 ②	031 ③	032 ②	033 ④
	034 ⑤	035 ④	036 ④	037 ③	038 ⑤
	039 ④	040 ④	041 ④	042 ④	

04 용액의 농도 023~025쪽
대표 기출 문제	043 ④	044 ④			
적중 예상 문제	045 ⑤	046 ①	047 ②	048 ④	049 ②
	050 ③	051 ④	052 ③		

I단원 1등급 도전 문제 026~029쪽
053 ⑤	054 ④	055 ③	056 ④	057 ①	058 ⑤
059 ④	060 ③	061 ③	062 ②	063 ①	064 ⑤
065 ④	066 ①				

II 원자의 세계

05 원자의 구조 033~037쪽
대표 기출 문제	067 ④	068 ⑤			
적중 예상 문제	069 ③	070 ⑤	071 ③	072 ⑤	073 ①
	074 ③	075 ④	076 ③	077 ①	078 ⑤
	079 ⑤	080 ③	081 ②	082 ④	

06 원자 모형과 전자 배치 039~045쪽
대표 기출 문제	083 ⑤	084 ①			
적중 예상 문제	085 ②	086 ②	087 ④	088 ①	089 ⑤
	090 ④	091 ③	092 ④	093 ③	094 ④
	095 ②	096 ③	097 ④	098 ③	099 ④
	100 ②	101 ⑤	102 ①	103 ③	104 ③

07 주기율표와 원소의 주기적 성질 047~051쪽
대표 기출 문제	105 ①	106 ④			
적중 예상 문제	107 ⑤	108 ④	109 ⑤	110 ③	111 ②
	112 ⑤	113 ③	114 ⑤	115 ⑤	116 ③
	117 ①	118 ④	119 ③	120 ①	

II단원 1등급 도전 문제 052~055쪽
121 ③	122 ②	123 ①	124 ⑤	125 ⑤	126 ③
127 ⑤	128 ⑤	129 ②	130 ③	131 ③	132 ③
133 ⑤	134 ④				

III 화학 결합과 분자의 세계

08 화학 결합의 전기적 성질과 이온 결합 059~061쪽
대표 기출 문제	135 ⑤	136 ②			
적중 예상 문제	137 ④	138 ①	139 ③	140 ③	141 ⑤
	142 ④	143 ①	144 ②		

09 공유 결합과 금속 결합 063~065쪽
대표 기출 문제	145 ⑤	146 ⑤			
적중 예상 문제	147 ③	148 ③	149 ②	150 ⑤	151 ⑤
	152 ②	153 ③	154 ③		

10 결합의 극성과 루이스 전자점식 067~071쪽
대표 기출 문제	155 ④	156 ⑤			
적중 예상 문제	157 ①	158 ①	159 ①	160 ③	161 ③
	162 ②	163 ③	164 ①	165 ①	166 ④
	167 ①	168 ①	169 ⑤	170 ⑤	

11 분자의 구조와 성질 073~077쪽
대표 기출 문제	171 ①	172 ①			
적중 예상 문제	173 ①	174 ①	175 ④	176 ③	177 ⑤
	178 ④	179 ②	180 ③	181 ③	182 ⑤
	183 ②	184 ④	185 ②	186 ⑤	

III단원 1등급 도전 문제 078~081쪽
187 ①	188 ④	189 ③	190 ⑤	191 ①	192 ④
193 ③	194 ④	195 ③	196 ①	197 ③	198 ②
199 ③	200 ①				

IV 역동적인 화학 반응

12 동적 평형 085~087쪽
대표 기출 문제	201 ①	202 ②			
적중 예상 문제	203 ④	204 ①	205 ③	206 ④	207 ⑤
	208 ③	209 ②	210 ④		

13 물의 자동 이온화와 pH 089~091쪽
대표 기출 문제	211 ⑤	212 ④			
적중 예상 문제	213 ④	214 ①	215 ②	216 ⑤	217 ③
	218 ④	219 ①	220 ③		

14 산 염기 중화 반응 093~097쪽
대표 기출 문제	221 ①	222 ②			
적중 예상 문제	223 ②	224 ④	225 ③	226 ①	227 ③
	228 ②	229 ④	230 ③	231 ②	232 ⑤
	233 ②	234 ④	235 ⑤		

15 산화 환원 반응 099~103쪽
대표 기출 문제	236 ②	237 ①			
적중 예상 문제	238 ⑤	239 ②	240 ①	241 ②	242 ④
	243 ①	244 ①	245 ②	246 ①	247 ③
	248 ⑤	249 ②	250 ③	251 ①	

16 화학 반응에서 열의 출입 105~106쪽
대표 기출 문제	252 ④	253 ①			
적중 예상 문제	254 ④	255 ①	256 ⑤	257 ②	

IV단원 1등급 도전 문제 107~112쪽
258 ②	259 ①	260 ③	261 ①	262 ③	263 ③
264 ②	265 ①	266 ①	267 ③	268 ②	269 ①
270 ①	271 ⑤	272 ④	273 ③	274 ④	

메가스터디 N제

과학탐구영역 화학 I

수능 완벽 대비 예상 문제집

정답 및 해설

274제

메가스터디BOOKS

메가스터디 N제

과학탐구영역 화학 I

274제

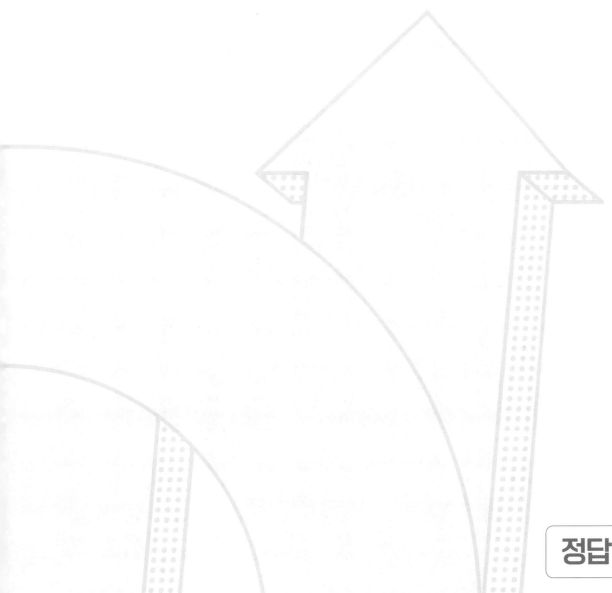

정답 및 해설

Ⅰ 화학의 첫걸음

01 화학과 우리 생활 007~009쪽
대표 기출 문제 001 ④ 002 ③
적중 예상 문제 003 ⑤ 004 ① 005 ④ 006 ③ 007 ⑤
008 ① 009 ③ 010 ②

02 화학식량과 몰 011~015쪽
대표 기출 문제 011 ⑤ 012 ④
적중 예상 문제 013 ① 014 ④ 015 ⑤ 016 ② 017 ③
018 ① 019 ④ 020 ① 021 ③ 022 ③
023 ④ 024 ④ 025 ③ 026 ②

03 화학 반응식 017~021쪽
대표 기출 문제 027 ② 028 ④
적중 예상 문제 029 ② 030 ③ 031 ③ 032 ② 033 ④
034 ⑤ 035 ③ 036 ④ 037 ③ 038 ⑤
039 ④ 040 ⑤ 041 ④ 042 ④

04 용액의 농도 023~025쪽
대표 기출 문제 043 ④ 044 ④
적중 예상 문제 045 ⑤ 046 ① 047 ② 048 ④ 049 ②
050 ③ 051 ④ 052 ③

Ⅰ단원 1등급 도전 문제 026~029쪽
053 ⑤ 054 ④ 055 ③ 056 ④ 057 ① 058 ⑤
059 ④ 060 ③ 061 ③ 062 ② 063 ① 064 ⑤
065 ④ 066 ①

Ⅱ 원자의 세계

05 원자의 구조 033~037쪽
대표 기출 문제 067 ④ 068 ⑤
적중 예상 문제 069 ③ 070 ⑤ 071 ③ 072 ⑤ 073 ①
074 ③ 075 ④ 076 ③ 077 ① 078 ⑤
079 ⑤ 080 ③ 081 ② 082 ④

06 원자 모형과 전자 배치 039~045쪽
대표 기출 문제 083 ⑤ 084 ①
적중 예상 문제 085 ② 086 ② 087 ② 088 ① 089 ⑤
090 ④ 091 ③ 092 ④ 093 ③ 094 ④
095 ② 096 ② 097 ③ 098 ② 099 ④
100 ② 101 ⑤ 102 ① 103 ③ 104 ③

07 주기율표와 원소의 주기적 성질 047~051쪽
대표 기출 문제 105 ① 106 ④
적중 예상 문제 107 ⑤ 108 ⑤ 109 ④ 110 ③ 111 ②
112 ③ 113 ④ 114 ⑤ 115 ③ 116 ③
117 ① 118 ④ 119 ⑤ 120 ①

Ⅱ단원 1등급 도전 문제 052~055쪽
121 ③ 122 ② 123 ① 124 ⑤ 125 ⑤ 126 ③
127 ⑤ 128 ⑤ 129 ② 130 ③ 131 ③ 132 ③
133 ⑤ 134 ④

Ⅲ 화학 결합과 분자의 세계

08 화학 결합의 전기적 성질과 이온 결합 059~061쪽
대표 기출 문제 135 ⑤ 136 ②
적중 예상 문제 137 ④ 138 ① 139 ③ 140 ③ 141 ⑤
142 ④ 143 ① 144 ②

09 공유 결합과 금속 결합 063~065쪽
대표 기출 문제 145 ⑤ 146 ⑤
적중 예상 문제 147 ③ 148 ④ 149 ② 150 ⑤ 151 ⑤
152 ② 153 ① 154 ③

10 결합의 극성과 루이스 전자점식 067~071쪽
대표 기출 문제 155 ④ 156 ⑤
적중 예상 문제 157 ⑤ 158 ① 159 ① 160 ③ 161 ③
162 ⑤ 163 ④ 164 ① 165 ① 166 ④
167 ④ 168 ① 169 ⑤ 170 ⑤

11 분자의 구조와 성질 073~077쪽
대표 기출 문제 171 ③ 172 ①
적중 예상 문제 173 ④ 174 ① 175 ④ 176 ② 177 ⑤
178 ④ 179 ③ 180 ③ 181 ① 182 ⑤
183 ⑤ 184 ④ 185 ② 186 ⑤

Ⅲ단원 1등급 도전 문제 078~081쪽
187 ① 188 ④ 189 ③ 190 ⑤ 191 ① 192 ④
193 ③ 194 ④ 195 ④ 196 ① 197 ③ 198 ②
199 ③ 200 ①

Ⅳ 역동적인 화학 반응

12 동적 평형 085~087쪽
대표 기출 문제 201 ① 202 ②
적중 예상 문제 203 ④ 204 ① 205 ③ 206 ④ 207 ⑤
208 ③ 209 ② 210 ④

13 물의 자동 이온화와 pH 089~091쪽
대표 기출 문제 211 ⑤ 212 ④
적중 예상 문제 213 ④ 214 ① 215 ② 216 ⑤ 217 ③
218 ④ 219 ① 220 ③

14 산 염기 중화 반응 093~097쪽
대표 기출 문제 221 ① 222 ②
적중 예상 문제 223 ③ 224 ④ 225 ③ 226 ① 227 ③
228 ⑤ 229 ④ 230 ③ 231 ② 232 ⑤
233 ③ 234 ④ 235 ⑤

15 산화 환원 반응 099~103쪽
대표 기출 문제 236 ① 237 ⑤
적중 예상 문제 238 ③ 239 ④ 240 ① 241 ② 242 ④
243 ① 244 ④ 245 ③ 246 ① 247 ③
248 ⑤ 249 ② 250 ③ 251 ④

16 화학 반응에서 열의 출입 105~106쪽
대표 기출 문제 252 ① 253 ②
적중 예상 문제 254 ④ 255 ⑤ 256 ⑤ 257 ④

Ⅳ단원 1등급 도전 문제 107~112쪽
258 ② 259 ① 260 ③ 261 ③ 262 ② 263 ③
264 ② 265 ① 266 ① 267 ⑤ 268 ⑤ 269 ①
270 ① 271 ⑤ 272 ④ 273 ③ 274 ④

정답과 해설

I. 화학의 첫걸음

01 화학과 우리 생활　007~009쪽

대표 기출 문제 001 ④　002 ③

적중 예상 문제 003 ⑤　004 ①　005 ④　006 ③　007 ⑤
　　　　　　　　　008 ①　009 ③　010 ②

001 화학의 유용성　답 ④

알짜 풀이

암모니아를 원료로 만든 질소 비료로 농산물의 생산량이 늘어나 식량 문제 해결에 기여하였고, 석회석을 원료로 만든 시멘트는 건축 재료로 사용되어 주거 문제 해결에 기여하였다.

002 탄소 화합물의 유용성과 열 출입　답 ③

알짜 풀이

ㄱ. 에텐은 탄소(C)와 수소(H)로만 이루어진 탄화수소로 탄소 원자를 포함하고 있으므로 탄소 화합물이다.

ㄷ. 에탄올이 액체에서 기체로 기화되는 과정에서 기화열을 흡수하므로 기화되는 반응은 흡열 반응이다.

바로 알기

ㄴ. 아세트산을 물에 녹이면 아세트산 이온(CH_3COO^-)과 수소 이온(H^+)으로 나누어져 수소 이온(H^+)이 생성되므로 산성 수용액이 된다.

003 화학의 유용성과 열 출입　답 ⑤

알짜 풀이

ㄱ. 뷰테인은 탄소와 수소로 이루어져 있으므로 탄소 화합물이다.

ㄴ. 뷰테인의 연소 반응과 철의 산화 반응에서는 모두 열이 방출되므로 발열 반응이다.

ㄷ. 식초 속에는 아세트산이 들어 있다.

004 탄소 화합물의 유용성　답 ①

자료 분석

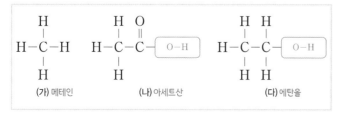
(가) 메테인　(나) 아세트산　(다) 에탄올

ㄱ. (가)~(다)의 $\dfrac{\text{H 원자 수}}{\text{C 원자 수}}$는 각각 $\dfrac{4}{1}$, $\dfrac{4}{2}$, $\dfrac{6}{2}$으로 4, 2, 3이므로,

$\dfrac{\text{H 원자 수}}{\text{C 원자 수}}$는 (가)>(다)>(나)이다.

바로 알기

ㄴ. (나)는 CH_3COOH의 화학식을 갖는 아세트산이다.

ㄷ. (다)는 C_2H_5OH의 화학식을 갖는 에탄올이다. 에탄올 수용액은 중성이다.

005 암모니아의 합성　답 ④

자료 분석

$$\underset{N_2}{A_2}(g) + 3H_2(g) \longrightarrow aNH_3(g) \ (a는 반응 계수)$$

· 질소(N_2)와 수소(H_2)가 반응하여 암모니아(NH_3)를 생성

알짜 풀이

ㄴ. 생성물의 화학식이 NH_3이므로 질량 보존 법칙에 따라 $a=2$이다.

ㄷ. 대량으로 생산된 암모니아는 질소 비료의 원료로 사용되어 인류의 식량 문제 해결에 기여하였다.

바로 알기

ㄱ. $A_2(N_2)$는 공기 중 가장 큰 부피를 차지한다. 두 번째로 큰 부피를 차지하는 것은 산소(O_2)이다.

006 탄소 화합물의 유용성과 열 출입　답 ③

알짜 풀이

ㄱ. ㉠은 에탄올(C_2H_5OH)이고, 탄소 원자를 포함하므로 탄소 화합물이다.

ㄴ. 메테인을 완전 연소시켰을 때 생성되는 생성물은 이산화 탄소(CO_2)와 물(H_2O)이다.

바로 알기

ㄷ. 냉찜질 주머니에서는 질산 암모늄이 물과 반응하면 흡열 반응이 일어나 주위의 온도가 낮아지는 것을 이용한다.

007 탄소 화합물의 유용성　답 ⑤

알짜 풀이

ㄴ. 최초의 합성 섬유는 나일론이다. 나일론은 석유로부터 얻게 되므로 탄소 화합물이다.

ㄷ. 에탄올이 산화되어 생성되는 아세트산(CH_3COOH)은 의약품 제조에 이용된다.

바로 알기

ㄱ. 프로페인과 뷰테인은 액화 석유 가스(LPG)의 주성분이다.

008 화학의 유용성　답 ①

알짜 풀이

ㄱ. 하버는 공기 중의 질소 기체를 수소 기체와 반응시켜 암모니아를 대량 생산하는 방법을 개발하였고, 이는 질소 비료의 대량 생산으로 이어져 인류의 식량 문제 해결에 기여하였다.

ㄴ. 암모니아의 화학식은 NH_3이므로 탄소 원자를 갖지 않는다.

ㄷ. 합성 섬유인 나일론은 내구성이 강해서 오랫동안 사용할 수 있는 장점이 있다.

009 탄소 화합물의 유용성과 열 출입   답 ③

알짜 풀이

ㄱ. 에탄올이 산화되면 아세트산이 되고, 이 반응을 이용하여 식초를 만들 수 있다. 따라서 ⊙은 에탄올이고, ⓒ은 아세트산이다. ⊙과 ⓒ의 분자식은 각각 C_2H_5OH, CH_3COOH이므로 분자당 H 원자 수는 ⊙>ⓒ이다.

ㄷ. 손난로에서는 철이 산화되어 열이 방출되는 반응을 이용하므로 '열이 방출된다'는 ⓒ으로 적절하다.

바로 알기

ㄴ. ⊙의 수용액은 중성이고, ⓒ의 수용액은 산성이다. 따라서 수용액의 pH는 ⊙>ⓒ이다.

010 탄소 화합물의 유용성   답 ②

자료 분석

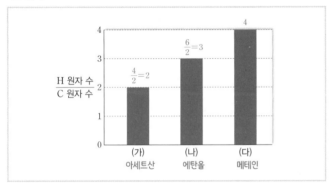

알짜 풀이

$\dfrac{H \text{ 원자 수}}{C \text{ 원자 수}}$는 (가)~(다)가 각각 2, 3, 4이므로 (가)~(다)는 각각 아세트산(CH_3COOH), 에탄올(C_2H_5OH), 메테인(CH_4)이다.

ㄴ. 에탄올(나)을 발효시켜 아세트산(가)을 얻을 수 있다.

바로 알기

ㄱ. 액화 천연 가스(LNG)의 주성분은 (다)인 메테인(CH_4)이다.

ㄷ. 분자당 구성 원자 수는 (가)와 (다)가 각각 8, 5이므로 (가)가 (다)의 $\dfrac{8}{5}$배이다.

02 화학식량과 몰   011~015쪽

대표 기출 문제   011 ⑤   012 ③

적중 예상 문제   013 ①   014 ④   015 ⑤   016 ②   017 ③
                018 ①   019 ④   020 ①   021 ②   022 ③
                023 ④   024 ④   025 ③   026 ②

011 혼합 기체의 부피와 몰   답 ⑤

알짜 풀이

실린더 속에 들어 있는 기체의 부피비가 (가) : (나)=5 : 4이므로 (가)의 $XY_4(g)$와 $Y_2Z(g)$의 양(mol)을 각각 a, $(5-a)$, (나)의 $XY_4(g)$와 $XY_4Z(g)$의 양(mol)을 각각 b, $(4-b)$로 둔다.

Y 원자 수비는 (가) : (나)=$4a+2(5-a)$: $4b+4(4-b)$=7 : 8이므로 이를 계산하면 $a=2$이다.

$\dfrac{Z \text{ 원자 수}}{X \text{ 원자 수}}$의 비는 (가) : (나)=$\dfrac{3}{2}$: $\dfrac{4-b}{4}$=6 : 1이므로 $b=3$이다. 따라서 분자 수비는 (가)의 XY_4 : (가)의 Y_2Z : (나)의 XY_4 : (나)의 XY_4Z=2 : 3 : 3 : 1이다.

(가)의 XY_4, (가)의 Y_2Z, (나)의 XY_4, (나)의 XY_4Z의 양(mol)을 각각 $2n$, $3n$, $3n$, n이라고 두자.

(가)에서 Z $3n$ mol의 질량이 4.8 g인데 (나)에서 Z는 n mol 있으므로 질량은 1.6 g이다. X~Z의 원자량을 각각 x~z라고 두면, $nz=1.6$이다.

(가)에서 X와 Y의 질량의 합은 8.6 g−4.8 g=3.8 g이고, (나)에서 X와 Y의 질량의 합은 8.0 g−1.6 g=6.4 g이다. Z를 제외한 실린더 속 기체의 질량은 (가)가 $2nx+14ny=3.8$ g, (나)가 $4nx+16ny=6.4$ g이므로 $nx=1.2$, $ny=0.1$이다.

따라서 $w=3nx+3n\times4y=3(1.2+0.4)=4.8$이므로

$w\times\dfrac{Z \text{의 원자량}}{X \text{의 원자량}}=4.8\times\dfrac{1.2}{1.6}=3.6$이다.

012 혼합 기체의 부피와 몰   답 ③

자료 분석

실린더		(가)	(나)	(다)
기체의 질량(g)	$X_aY_b(g)$	$\underset{2m \text{ mol}}{15w}$	$\underset{3m \text{ mol}}{22.5w}$	
	$X_aY_c(g)$	$\underset{2n \text{ mol}}{16w}$	$\underset{n \text{ mol}}{8w}$	
Y 원자 수(상댓값)		6	5	9
전체 원자 수		$10N$	$9N$	xN
기체의 부피(L)		$4V$	$4V$	$5V$

기체의 부피비=몰비
$2m+2n=3m+n$
$m=n$

알짜 풀이

X_aY_b의 질량비가 (가) : (나)=2 : 3이므로 X_aY_b의 양(mol)을 각각 $2m$, $3m$이라 두고, X_aY_c의 질량비가 (가) : (나)=2 : 1이므로 X_aY_c의 양(mol)을 각각 $2n$, n이라 둔다.

실린더 속 기체의 부피비가 (가) : (나)=4 : 4로 동일하므로 $2m+2n=3m+n$이다. $m=n$이므로 분자 수비는 (가)의 X_aY_b : (가)의 X_aY_c : (나)의 X_aY_b : (나)의 X_aY_c=2 : 2 : 3 : 1이다.

ㄱ. (가)와 (나)의 Y 원자 수비는 $2b+2c$: $3b+c$=6 : 5이므로 $2b=c$이다. (가)와 (나)의 전체 원자 수비는 $4a+6b$: $4a+5b$=10 : 9이므로 $a=b$이다.

ㄷ. (다)의 전체 기체의 부피가 $5V$이므로 (다)의 X_aY_b와 X_aY_c의 양(mol)을 각각 k, $(5-k)$로 둔다. (다)의 Y 원자 수는 $k+2(5-k)=9$이므로 $k=1$이다. (다)의 X_aY_b와 X_aY_c의 양이 각각 1 mol, 4 mol인데 전체 원자 수비는 (가)와 (다)에서 10 : x이므로 $10a : 10=14a : x$로 $x=14$이다.

바로 알기

ㄴ. (가)에서 X_aY_b와 $X_aY_c(X_aY_{2b})$의 분자량비가 $15:16$이므로 X와 Y의 원자량비는 $14:1$로 $\dfrac{\text{X의 원자량}}{\text{Y의 원자량}}=14$이다.

013 원자량   답 ①

자료 분석

원자량비 X : Y = 1 : 4

원자량비 Y : Z = 1 : 2

원자량비 X : Y : Z = 1 : 4 : 8

알짜 풀이

ㄱ. 원자량비는 $X:Y=1:4$이고, $Y:Z=1:2$이므로 $X:Z=1:8$이다.

바로 알기

ㄴ. 원자량비는 $Y:Z=1:2$이므로 1 mol의 질량은 Y_2와 Z가 같다.

ㄷ. 원자량비는 $Y:Z=1:2$이고, ZY_2에서 원자 수비는 $Y:Z=2:1$이므로 질량비는 Y와 Z가 같다.

014 기체의 양(mol)   답 ③

자료 분석

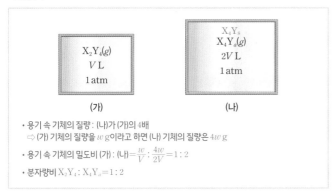

$X_2Y_4(g)$ V L 1 atm (가)

X_4Y_8 $X_4Y_a(g)$ $2V$ L 1 atm (나)

- 용기 속 기체의 질량: (나)가 (가)의 4배
  ⇨ (가) 기체의 질량을 w g이라고 하면 (나) 기체의 질량은 $4w$ g
- 용기 속 기체의 밀도비 (가) : (나) $=\dfrac{w}{V}:\dfrac{4w}{2V}=1:2$
- 분자량비 $X_2Y_4 : X_4Y_a=1:2$

알짜 풀이

ㄱ. 같은 온도와 압력에서 기체의 양(mol)은 부피에 비례하므로 몰비는 (가) : (나) $=1:2$이다.

ㄴ. 분자량비는 $X_2Y_4 : X_4Y_a=1:2$이므로 X의 원자량을 x, Y의 원자량을 y라고 할 때 $(2x+4y):(4x+ay)=1:2$로 $a=8$이다.

바로 알기

ㄷ. 1 g에 들어 있는 전체 원자 수비는 $\dfrac{6}{w}:\dfrac{12\times 2}{4w}=1:1$이다.

015 기체의 부피와 양(mol)   답 ⑤

알짜 풀이

(가)에 들어 있는 X_2Y의 양을 a mol, (나)에 들어 있는 ZX_2Y와 Y_2의 양을 각각 b mol, c mol이라고 하면, 각 용기의 전체 기체의 부피로부터 $a:b+c=1:2$이고, Y의 원자 수비는 (가) : (나) $=a:b+2c=1:3$이므로 $a:b:c=1:1:1$이다.

ㄴ. X~Z의 원자량을 각각 x, y, z라고 하면 기체의 질량비는 (가) : (나) $=2x+y:2x+y+z+2y=9:31$이다. 원자량비는 $Y:Z=4:3$이므로 $y=4k$, $z=3k$라고 하면, $x=\dfrac{1}{4}k$이다. 따라서 원자량비는 $X:Z=1:12$이다.

ㄷ. X_2Y, ZX_2Y, Y_2의 양(mol)이 같으므로 분자 수비도 같다. 따라서 전체 원자 수비는 (가) : (나) $=3:4+2=1:2$이다.

바로 알기

ㄱ. X 원자 수비는 (가) : (나) $=1:1$이다.

016 화학식량과 몰   답 ②

알짜 풀이

ㄴ. 같은 온도와 압력에서 기체의 분자량은 밀도에 비례한다. 밀도비는 $A_2B_4(g):B_2C(g)=\dfrac{8w}{3}:\dfrac{3w}{2}=16:9$이다.

바로 알기

ㄱ. 같은 온도와 압력에서 기체의 부피는 기체의 양(mol)에 비례한다. (가)에 들어 있는 $A_2B_4(g)$는 3 L이므로 $3n$ mol이 들어 있다고 할 수 있으므로 1분자당 원자 수가 6인 $A_2B_4(g)$는 총 $18n$ mol의 원자가 들어 있다고 할 수 있다. (나)에서 $B_2C(g)$의 1분자당 원자 수가 3이고 2 L의 부피는 $2n$ mol이라고 할 수 있으므로 총 $6n$ mol의 원자가 들어 있다고 할 수 있다. 따라서 실린더에 들어 있는 총 원자 수비는 (가) : (나) $=18n:6n=3:1$이다.

ㄷ. A~C의 원자량을 각각 a~c라고 하면 분자량비는 $A_2B_4 : B_2C=16:9$이므로 $(2a+4b):(2b+c)=16:9$이고, $9a+2b=8c$이다. 원자량비는 $A:C=7:8$이므로 $a=7k$, $c=8k$라고 하면 $63k+2b=64k$이므로 $b=\dfrac{1}{2}k$이다. 따라서 $a:b:c=7:\dfrac{1}{2}:8=14:1:16$이다. t ℃, 1 atm에서 $A_2C(g)$ $7w$ g의 부피를 x라고 하자. B_2C의 분자량을 18이라고 하면 A_2C의 분자량은 44이므로 밀도비가 분자량비임을 이용하면 B_2C의 분자량 : A_2C의 분자량 $=\dfrac{3w}{2}:\dfrac{7w}{x}=18:44$이므로 $x=\dfrac{21}{11}$이다.

017 기체의 부피와 질량   답 ③

자료 분석

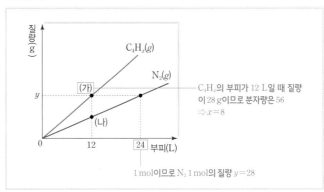

질량(g)

$C_4H_x(g)$

$N_2(g)$

y

(가)

(나)

0   12   24 부피(L)

C_4H_x의 부피가 12 L일 때 질량이 28 g이므로 분자량은 56 ⇨ $x=8$

1 mol이므로 N_2 1 mol의 질량 $y=28$

알짜 풀이

ㄱ. $\dfrac{y}{x}=\dfrac{28}{8}=\dfrac{7}{2}$이다.

ㄴ. 기체의 밀도는 분자량에 비례하는데 분자량비가 (가) : (나)=56 : 28= 2 : 1이므로 밀도는 (가)에서가 (나)에서의 2배이다.

바로 알기

ㄷ. (가)에서 C_4H_x의 양은 0.5 mol, 질량은 28 g이고, (나)에서 N_2의 양은 0.5 mol, 질량은 14 g이므로 1 g에 들어 있는 전체 원자 수비는 (가) : (나)=$\dfrac{0.5 \times 12}{28}$: $\dfrac{0.5 \times 2}{14}$=3 : 1이다.

---

018 분자량과 밀도   답 ①

알짜 풀이

ㄱ. 같은 온도와 압력에서 밀도비는 분자량비와 같으므로 66 : a=3d : 4d이 다. 따라서 a=88이다.

바로 알기

ㄴ. 1 g에 들어 있는 전체 원자 수비는 (가) : (나)=$\dfrac{2m+n}{66}$: $\dfrac{n+1}{88}$=32 : 15 이고, m과 n은 5 이하의 자연수이므로 계산하면 m=2, n=4이다. 따 라서 $m+n$=6이다.

ㄷ. 분자량은 $X_2Y_2H_4$와 XY_4가 각각 66, 88로 X와 Y의 원자량을 각각 x, y라고 하면 $2x+2y+4$=66, $x+4y$=88이므로 x=12, y=19이다. 따라서 X_2Y_2의 분자량은 62이다.

---

019 몰과 부피   답 ④

알짜 풀이

CH_4의 분자량은 16이므로 (가) CH_4의 양은 $\dfrac{1}{8}$ mol이다. t ℃, 1 atm에서 기체 1 mol의 부피는 24 L이므로 (나) He의 양은 $\dfrac{1}{8}$ mol이다.

ㄱ. (나)에서 He의 양은 $\dfrac{1}{8}$ mol이므로 질량은 0.5 g이다. 따라서 질량은 (가) 가 (나)보다 크다.

ㄷ. 두 기체의 양(mol)이 같으므로 1 g당 전체 원자 수는 (가) : (나)=$\dfrac{5}{2}$: $\dfrac{1}{0.5}$ =5 : 4이다.

바로 알기

ㄴ. 두 기체의 양이 $\dfrac{1}{8}$ mol로 같으므로 분자 수는 같다.

---

020 몰과 질량과 부피   답 ①

자료 분석

분자	분자식	밀도	질량	부피
(가)	AB_4	0.64 g/L($=\dfrac{x\,g}{12.5\,L}$)	x g 8	12.5 L ($=0.5\,mol$)
(나)	B_2C	1 g/mL($=\dfrac{y\,g}{18\,mL}$)	y g 18	18 mL

알짜 풀이

전체 원자 수비가 (가) : (나)=5 : 6이므로 (나)의 양은 1 mol이다. (나)에서 B_2C 1 mol의 질량이 18 g이므로 A~C의 원자량을 각각 a~c라고 하면 $a+4b$=16, $2b+c$=18이다. 원자량비는 A : C=3 : 4이므로 A~C의 원 자량은 각각 12, 1, 16이다.

ㄱ. 밀도와 부피를 곱하면 질량을 구할 수 있으므로 x=0.64×12.5=8이고, y=18이다. 따라서 $x+y$=26이다.

바로 알기

ㄴ. A의 원자량은 12, C의 원자량은 16이므로 AC_2의 분자량은 44이다.

ㄷ. 1 g의 전체 원자 수비는 (가) : (나)=$\dfrac{0.5 \times 5}{8}$: $\dfrac{1 \times 3}{18}$=15 : 8이다.

---

021 몰과 질량과 부피   답 ②

자료 분석

실린더		(가)	(나)	(다)
기체의 질량(g)	A(g)	w m mol	$2w$ $2m$ mol	$aw \Rightarrow \dfrac{3}{2}$ mol
	B(g)	$2w$ $2n$ mol	w n mol	$\dfrac{3}{4}w \Rightarrow n$=2이므로 $\dfrac{3}{2}$ mol
기체의 부피(L)		5V	4V	3V

기체의 부피비는 (가) : (나)=$m+2n$: $2m+n$=5 : 4
$\Rightarrow m$=1, n=2

알짜 풀이

ㄴ. $\dfrac{\text{B의 양(mol)}}{\text{A의 양(mol)}}$ 은 (가)~(다)에서 각각 $\dfrac{4}{1}$, $\dfrac{2}{2}$, $\dfrac{1.5}{1.5}$로 4, 1, 1이므로 (가) 가 가장 크다.

바로 알기

ㄱ. (다)에서 B $\dfrac{3}{4}w$ g은 $\dfrac{3}{2}$ mol과 같고 (나)에서 기체 4 mol일 때 부피가 4V L이므로 3V일 때 3 mol이다. 그러므로 A aw g은 $\dfrac{3}{2}$ mol이어야 한다. 따라서 a=$\dfrac{3}{2}$이다.

ㄷ. w g의 양(mol)은 A와 B가 각각 1 mol, 2 mol이므로 $\dfrac{\text{B의 분자량}}{\text{A의 분자량}}$= $\dfrac{1}{2}$이다.

---

022 몰과 질량   답 ③

알짜 풀이

(나)의 Y 원자 수를 a라고 하자. (가)가 XY_2라면 1 g에 들어 있는 Y 원자 수비는 (가) : (나)=$\dfrac{2}{9}$: $\dfrac{a}{17}$=17 : 18에서 a=4이다. (나)에서 분자당 구성 원자 수가 4이므로 a=4가 될 수 없다. 따라서 (가)는 X_2Y이다. 1 g에 들어 있는 Y 원자 수는 (가) : (나)=$\dfrac{1}{9}$: $\dfrac{a}{17}$=17 : 18이므로 a=2이고, (나)의 분 자식은 X_2Y_2이다.

ㄱ. (가)는 X_2Y이다.

ㄷ. (가)와 (나)는 각각 X_2Y, X_2Y_2이므로 1 g에 들어 있는 X 원자 수비는 (가) : (나)=$\dfrac{2}{9}$: $\dfrac{2}{17}$=17 : 9이다.

바로 알기

ㄴ. X와 Y의 원자량을 각각 x, y라고 하면 $2x+y$=9, $2x+2y$=17이므로 x : y=1 : 16이다.

023 기체의 질량과 부피 답 ④

자료 분석

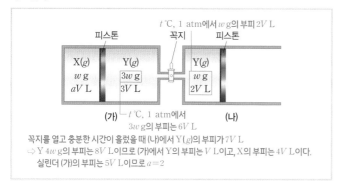

꼭지를 열고 충분한 시간이 흘렀을 때 (나)에서 Y(g)의 부피가 7V L
➡ Y $4w$ g의 부피는 $8V$ L이므로 (가)에서 Y의 부피는 V L이고, X의 부피는 $4V$ L이다.
실린더 (가)의 부피는 $5V$ L이므로 $a=2$

알짜 풀이

꼭지를 열고 충분한 시간이 흘렀을 때, X w g의 부피는 $4V$ L이고, Y w g의 부피는 $2V$ L이므로 $a \times \dfrac{\text{Y의 분자량}}{\text{X의 분자량}} = 4$이다.

024 기체에 들어 있는 원자 수 답 ④

알짜 풀이

X~Z의 원자량을 각각 x~z라고 하면 1 g에 들어 있는 Y 원자 수는 (가):(나):(다)$= \dfrac{1}{2x+y} : \dfrac{2}{x+2y} : \dfrac{2}{z+2y} = 23:44:46$이다. 따라서 $x:y:z = 7:8:6$이다.

ㄱ. (가)와 (다)의 분자를 구성하는 원자 수는 3으로 같고 1 g에 들어 있는 전체 원자 수가 같으므로 (가)와 (다)의 분자량은 같다.

ㄷ. $\dfrac{\text{Z의 원자량}}{\text{Y의 원자량}} = \dfrac{6}{8} = \dfrac{3}{4}$이다.

바로 알기

ㄴ. X와 Y의 원자량을 각각 $7k$, $8k$라 하면 1 g에 들어 있는 전체 원자 수비는 (가):(나)$= \dfrac{3}{22k} : \dfrac{3}{23k} = 1:a$이므로 $a = \dfrac{22}{23}$이다.

025 혼합 기체의 질량과 부피 답 ③

자료 분석

용기	질량(g)		밀도	Y 원자 수 / X 원자 수 (상댓값)
	$X_aY_{2b}(g)$	$X_bY_{2a}(g)$		
(가)	$3w$ m mol	$4w$ n mol	$21d$	20
(나)	$6w$ $2m$ mol	$4w$ n mol	$20d$	y
(다)	$3w$ m mol	$8w$ $2n$ mol	xd	25

X_aY_{2b} $3w$ g을 m mol, X_bY_{2a} $4w$ g을 n mol이라고 하면

알짜 풀이

밀도비는 (가):(나)$= \dfrac{7w}{m+n} : \dfrac{10w}{2m+n} = 21:20$이므로 $m=n$이다. (다)의 밀도는 $\dfrac{11w}{m+2n} = \dfrac{11w}{3m}$이다. 밀도비는 (가):(다)$= \dfrac{7w}{2m} : \dfrac{11w}{3m} = 21:x$이므로 $x=22$이다.

$m=n=1$이라고 하면 $\dfrac{\text{Y 원자 수}}{\text{X 원자 수}}$는 (가):(다)$= \dfrac{2b+2a}{a+b} : \dfrac{2b+4a}{a+2b} = 20:$

$25 = 4:5$이므로 $a = 2b$이다. (나)에서 $\dfrac{\text{Y 원자 수}}{\text{X 원자 수}} = \dfrac{4b+2a}{2a+b}$이므로 (가)와 (나)에서 $\dfrac{\text{Y 원자 수}}{\text{X 원자 수}}$는 $2:\dfrac{8}{5} = 20:y$로 $y=16$이다. 따라서 $\dfrac{y}{x} = \dfrac{16}{22} = \dfrac{8}{11}$이다.

026 혼합 기체의 질량과 부피 답 ②

알짜 풀이

(가)에서 C_2H_6은 V L가 $3w$ g이고, 첨가한 C_3H_x는 $2V$ L가 $8w$ g이므로 분자량은 $C_2H_6 : C_3H_x = 3:4$이다. C_2H_6의 분자량은 30이므로 C_3H_x의 분자량은 40이고, $x=4$이다. $\dfrac{\text{H 원자 수}}{\text{C 원자 수}}$는 (가):(나)$= \dfrac{6}{2} : \dfrac{6+8}{2+6} = 12:7$이므로 $y=7$이다. 따라서 $\dfrac{y}{x} = \dfrac{7}{4}$이다.

03 화학 반응식 017~021쪽

대표 기출 문제	027 ②	028 ④			
적중 예상 문제	029 ②	030 ③	031 ③	032 ②	033 ④
	034 ⑤	035 ③	036 ④	037 ③	038 ⑤
	039 ④	040 ⑤	041 ④	042 ④	

027 화학 반응식 답 ②

알짜 풀이

질량 보존 법칙에 의해 생성된 YZ_2의 질량은 w g $- 0.56w$ g $= 0.44w$ g이고, 생성된 YZ_2의 양은 $\dfrac{120 \text{ mL}}{24 \text{ L/mol}} = \dfrac{1}{200}$ mol이다.

화학 반응식에서 계수비가 $XYZ_3 : XZ : YZ_2 = 1:1:1$이므로 반응한 XYZ_3과 생성된 XZ의 양도 각각 $\dfrac{1}{200}$ mol이 된다. 따라서 XYZ_3, XZ, YZ_2의 화학식량은 각각 $200w$, $112w$, $88w$이다. XZ의 화학식량은 $112w$이고, 원자량의 비가 $X : Z = 5:2$이므로 X, Z의 원자량은 각각 $80w$, $32w$가 된다. YZ_2의 화학식량이 $88w$이므로 Y의 원자량 $a=24w$이다.

028 화학 반응과 양적 관계 답 ④

자료 분석

		2A(g) + 3B(g) $\longrightarrow$ 2C(g) + 2D(g)		
실험	반응 전		반응 후	
	A(g)의 부피(L)	B(g)의 부피(g)	A(g) 또는 B(g)의 질량(g)	전체 기체의 양(mol) / C(g)의 양(mol)
I	$4V$	6	한계반응물 $17w$	3
II	$5V$	25	$40w$	x

한계 반응물

• 실험 I을 $\dfrac{5}{4}$배하여 실험 II와 비교해 보면 실험 I에서는 B(g)가, 실험 II에서는 A(g)가 한계 반응물

알짜 풀이

실험 Ⅰ에서 반응 후 $\dfrac{\text{전체 기체의 양(mol)}}{\text{C}(g)\text{의 양(mol)}}=3$이므로 반응 후 C$(g)$의 양을 $2n$ mol로 두면, 실험 Ⅰ에서의 양적 관계는 다음과 같다.

$$
\begin{array}{ccccc}
2\text{A}(g) & + & 3\text{B}(g) & \longrightarrow & 2\text{C}(g) & + & 2\text{D}(g) \\
4V\ \text{L} & & 6\ \text{g} & & 0 & & 0 \\
-2n\ \text{mol} & & -6\ \text{g} & & +2n\ \text{mol} & & +2n\ \text{mol} \\
\hline
2n\ \text{mol} & & 0 & & 2n\ \text{mol} & & 2n\ \text{mol}
\end{array}
$$

A의 반응 전 $4V$ L는 $4n$ mol이고, B(g) 6 g이 $3n$ mol임을 알 수 있다. 실험 Ⅰ에서 남은 반응물의 질량이 $17w$ g이므로 A(g) V L는 $8.5w$ g이다. 실험 Ⅱ에서의 양적 관계는 다음과 같다.

$$
\begin{array}{ccccc}
2\text{A}(g) & + & 3\text{B}(g) & \longrightarrow & 2\text{C}(g) & + & 2\text{D}(g) \\
5n\ \text{mol} & & 12.5n\ \text{mol} & & 0 & & 0 \\
-5n\ \text{mol} & & -7.5n\ \text{mol} & & +5n\ \text{mol} & & +5n\ \text{mol} \\
\hline
0 & & 5n\ \text{mol} & & 5n\ \text{mol} & & 5n\ \text{mol}
\end{array}
$$

$x=3$이다.

반응 후 남은 B(g)의 질량은 25 g$-$15 g$=$10 g이므로 $10=40w$, $w=\dfrac{1}{4}$이고, B n mol의 질량은 2 g이다.

실험 Ⅱ는 실험 Ⅰ의 2.5배 반응이므로 실험 Ⅱ에서 반응한 A의 질량은 $17w\times2.5=\dfrac{17}{4}\times2.5=\dfrac{85}{8}$(g)이고, 반응 후 생성된 D$(g)$의 질량이 $\dfrac{45}{8}$ g이다. 반응한 B(g)의 질량이 15 g이므로 질량 보존 법칙에 의해 반응한 C(g)의 질량은 $\dfrac{85}{8}+15=\text{C}(g)+\dfrac{45}{8}$에서 20 g으로 C$(g)$ n mol의 질량은 4 g이다. 따라서 $x\times\dfrac{\text{C의 분자량}}{\text{B의 분자량}}=3\times\dfrac{4}{2}=6$이다.

029 기체 반응의 양적 관계 답 ②

알짜 풀이

반응한 A의 질량은 8 g, B의 질량은 2 g이고 생성된 C의 질량은 10 g이다. 화학 반응의 양적 관계는 다음과 같다.

	A(g)	$+$	B(g)	$\longrightarrow$	2C(g)
반응 전 질량(g)	10		2		
반응 질량(g)	-8		-2		$+10$
반응 후 질량(g)	2		0		10

반응 계수비는 B : C$=1:2$이므로 분자량비는 B : C$=2:5$이다. B의 분자량을 2, C의 분자량을 5라고 할 때 C의 양은 2 mol$\left(\dfrac{10}{5}\right)$이고, A의 분자량을 M_A라고 하면 반응 후 $\dfrac{\text{C의 양(mol)}}{\text{A의 양(mol)}}=\dfrac{2}{\dfrac{2}{M_\text{A}}}=M_\text{A}=8$이므로, $a=1$이다. 따라서 $a\times\dfrac{\text{A의 분자량}}{\text{B의 분자량}}=1\times\dfrac{8}{2}=4$이다.

030 화학 반응식과 분자량 답 ③

알짜 풀이

반응 계수비는 $\text{MCO}_3 : \text{CO}_2=1:1$이다. w g의 MCO_3이 모두 반응하여 $\text{CO}_2\ \dfrac{V}{24}$ mol이 생성된 것이므로 M의 원자량을 m이라고 하면 $\dfrac{w}{m+60}=\dfrac{V}{24}$이다. 따라서 $m=\dfrac{24w}{V}-60$이다.

031 화학 반응의 양적 관계 답 ③

알짜 풀이

이 반응의 화학 반응식은 $\text{Al}_2\text{O}_3(s)+6\text{HF}(g)\longrightarrow 2\text{AlF}_3(s)+3\text{H}_2\text{O}(g)$이다. Al_2O_3의 화학식량은 102, H_2O의 분자량은 18이고, 반응 계수비는 $\text{Al}_2\text{O}_3 : \text{H}_2\text{O}=\dfrac{x}{102}:\dfrac{y}{18}=1:3$이므로 $\dfrac{y}{x}=\dfrac{9}{17}$이다. $\text{Al}_2\text{O}_3(s)$과 HF(g)가 모두 반응하였으므로 HF와 H_2O의 부피비는 계수비와 같고 HF : $\text{H}_2\text{O}=2:1$이다. 따라서 $\dfrac{V_1}{V_2}=2$이고, $\dfrac{y}{x}\times\dfrac{V_1}{V_2}=\dfrac{18}{17}$이다.

032 반응물과 생성물 답 ②

자료 분석

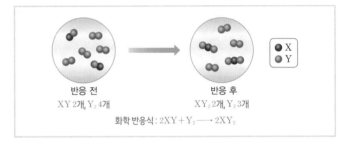

반응 전 · XY 2개, Y$_2$ 4개 → 반응 후 · XY$_2$ 2개, Y$_2$ 3개

X Y

화학 반응식: $2\text{XY}+\text{Y}_2\longrightarrow 2\text{XY}_2$

알짜 풀이

ㄷ. 반응 후 용기 안에 들어 있는 남은 반응물은 Y$_2$ 3개, 생성물은 XY$_2$ 2개이므로 $\dfrac{\text{생성물의 양(mol)}}{\text{남은 반응물의 양(mol)}}=\dfrac{2}{3}$이다.

바로 알기

ㄱ. 생성물의 종류는 XY$_2$ 1가지이다.

ㄴ. 강철 용기 속 전체 기체의 질량은 변하지 않고, 용기의 부피도 변하지 않으므로 전체 기체의 밀도는 일정하다.

033 기체 반응의 양적 관계 답 ④

알짜 풀이

Ⅰ에서 반응 후 생성물의 전체 질량이 $21w$ g으로 반응한 B의 질량은 $16w$ g이고, A(g)가 모두 반응하였으므로 Ⅰ에서 양적 관계는 다음과 같다.

	A(g)	$+$	4B(g)	$\longrightarrow$	3C(g)	$+$	2D(g)
반응 전(g)	$5w$		$20w$				
반응(g)	$-5w$		$-16w$		$+21w$		
반응 후(g)	0		$4w$		$21w$		

반응한 B $16w$ g을 $4n$ mol이라고 하면 남은 $4w$ g은 n mol이고 반응 후 생성물의 전체 양은 $5n$ mol이다. 따라서 $\dfrac{\text{생성물의 전체 양(mol)}}{\text{남은 반응물의 양(mol)}}=5$이다.

Ⅱ에서 반응 후 $\dfrac{\text{생성물의 전체 양(mol)}}{\text{남은 반응물의 양(mol)}}=y$라고 하면 $5:y=3:2$이므로 $y=\dfrac{10}{3}$이다. 만약 Ⅱ에서 A가 모두 반응한다면 $x>80$이어야 하므로 조건에 맞지 않아 Ⅱ에서는 B가 모두 반응한 것이다. Ⅱ에서 반응 전 A의 양은 $5n$ mol이므로 반응한 A의 양을 an mol, 반응한 B의 양을 bn mol이라고 하면 양적 관계는 다음과 같다.

	A(g)	$+$	4B(g)	$\longrightarrow$	3C(g)	$+$	2D(g)
반응 전(mol)	$5n$		bn				
반응(mol)	$-an$		$-bn$		$+5an$		
반응 후(mol)	$(5-a)n$		0		$5an$		

$\dfrac{5a}{5-a}=\dfrac{10}{3}$으로 $a=2$이므로 $b=8$이다. B n mol은 $4w$ g이므로 $8n$ mol 은 $32w$ g이다. 따라서 $x=32$이다.

034 화학 반응식과 계수비 답 ⑤

자료 분석

(가) $4NO + 4NH_3 + O_2 \longrightarrow 4N_2 + 6\ \boxed{\ \ㄱ\ \ }$ H_2O

(나) $aNO_2 + 8NH_3 \longrightarrow 7N_2 + b\ \boxed{\ \ㄱ\ \ }$ (a, b는 반응 계수)
$\qquad\quad\ _6 \qquad\qquad\qquad\qquad\quad\ _{12}\ H_2O$

알짜 풀이

ㄱ. (가)에서 반응 전 H의 수는 12, O의 수는 6이므로 ㉠은 H_2O이다.

ㄴ. $a=6$, $b=12$이므로 $a+b=18$이다.

ㄷ. N_2 1 mol이 생성되었을 때 반응한 NH_3의 양은 (가)에서가 1 mol, (나) 에서가 $\dfrac{8}{7}$ mol이다. 따라서 (가)에서가 (나)에서의 $\dfrac{7}{8}$배이다.

035 화학 반응의 양적 관계 답 ③

알짜 풀이

Ⅰ에서 A_2와 B_2가 모두 반응하였으므로 삼원자 분자인 X가 되기 위해서는 $b=2$이고, X는 AB_2이며, $c=2$여야 한다.

화학 반응식을 완성하면 다음과 같다.

$$A_2(g) + 2B_2(g) \longrightarrow 2AB_2(g)$$

따라서 $x=2$이다.

Ⅱ에서 A_2는 $2V$ L가 반응하고, B_2는 모두 반응하므로 남은 A_2의 부피는 V L이고, 생성된 X의 부피는 $4V$ L가 되어 전체 기체의 부피는 $5V$ L이다. 따라서 $y=5$이다.

ㄱ. X는 삼원자 분자여야 하므로 A_2B 또는 AB_2여야 한다. 화학 반응식에서 A_2의 계수가 1이므로 X는 AB_2이다.

ㄷ. $x=2$, $y=5$이므로 $x \times y = 10$이다.

바로 알기

ㄴ. X가 AB_2이므로 $b=c=2$이다.

036 화학 반응식과 밀도 답 ④

자료 분석

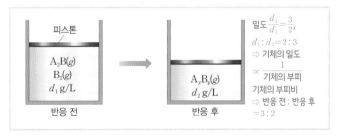

밀도 $\dfrac{d_2}{d_1}=\dfrac{3}{2}$,
$d_1 : d_2 = 2 : 3$
⇒ 기체의 밀도 $\propto \dfrac{1}{\text{기체의 부피}}$
기체의 부피비
⇒ 반응 전 : 반응 후
$= 3 : 2$

알짜 풀이

기체의 부피비는 반응 전 : 반응 후 $= 3 : 2$이다. 만약 B_2의 양이 2 mol, A_2B 의 양이 1 mol이라면 화학 반응식은 $A_2B + 2B_2 \longrightarrow 2A_xB_y$가 되고, $x=1$, $y=\dfrac{5}{2}$가 되어 성립하지 않는다. 따라서 A_2B의 양이 2 mol, B_2의 양이 1 mol 이고 화학 반응식은 $2A_2B + B_2 \longrightarrow 2A_xB_y$가 되어 $x=y=2$이므로 $\dfrac{y}{x}=1$ 이다.

I

037 화학 반응의 양적 관계 답 ③

알짜 풀이

실험 Ⅰ에서 A가 모두 소모되었다면, 반응 전 A의 질량은 Ⅰ > Ⅱ이고, B의 질량은 Ⅱ > Ⅰ이므로 실험 Ⅱ에서도 A가 모두 소모된다. 이때, 반응 후 C의 몰비는 Ⅰ : Ⅱ = 5 : 3이고, 반응 후 남아 있는 B의 양(mol)은 Ⅱ > Ⅰ이다. Ⅰ에서 반응 후 B와 C의 양을 모두 n mol이라 하면, Ⅱ에서 반응 후 분자 수비가 B : C = 1 : 2일 때 B와 C의 양은 각각 $\dfrac{3}{10}n$ mol, $\dfrac{3}{5}n$ mol이고, 반 응 후 남아 있는 B의 양(mol)이 Ⅰ > Ⅱ이므로 모순이다. 한편, Ⅱ에서 반응 후 분자 수비가 B : C = 2 : 1일 때 B와 C의 양은 각각 $\dfrac{6}{5}n$ mol, $\dfrac{3}{5}n$ mol이 다. 실험 Ⅰ과 Ⅱ에서 반응 전과 후의 양적 관계는 다음과 같다.

〈실험 Ⅰ〉 $aA(g)$	+ B	$\longrightarrow$ 2C	〈실험 Ⅱ〉 $aA(g)$	+ B	$\longrightarrow$ 2C
반응 전(mol) $\dfrac{a}{2}n$	$\dfrac{3}{2}n$		$\dfrac{3a}{10}n$	$\dfrac{3}{2}n$	
반응(mol) $-\dfrac{a}{2}n$	$-\dfrac{1}{2}n$	n	$-\dfrac{3a}{10}n$	$-\dfrac{3}{10}n$	$+\dfrac{3}{5}n$
반응 후(mol) 0	n	n	0	$\dfrac{6}{5}n$	$\dfrac{3}{5}n$

반응 전 B의 양이 Ⅰ과 Ⅱ에서 같으므로 모순이다. 따라서 실험 Ⅰ에서 B가 모두 소모되었고, 실험 Ⅱ에서 A가 모두 소모되었다.

실험 Ⅰ에서 $\dfrac{\text{C의 질량}}{\text{전체 기체의 질량}}=\dfrac{17}{19}$이므로 실험 Ⅰ에서 반응 전과 후의 양적 관계는 다음과 같다.

〈실험 Ⅰ〉 aA	+ B	$\longrightarrow$ 2C
반응 전(mol) $5w$	$14w$	
반응(mol) $-3w$	$-14w$	$+17w$
반응 후(mol) $2w$	0	$17w$

반응 후 기체 분자 수비는 A : C = 1 : 1이므로 분자량비는 A : C = 2 : 17이 고, B $14w$ g이 반응하여 C $17w$ g이 생성되었으므로 분자량비는 B : C $= \dfrac{14w}{1} : \dfrac{17w}{2} = 28 : 17$이다. 따라서 분자량비는 A : B : C = 2 : 28 : 17이므 로 $a \times 2 + 28 = 2 \times 17$에서 $a=3$이다.

반응이 일어날 때 소모되는 반응물의 질량비는 A : B = 3 : 14이다. 그러므로 실험 Ⅱ에서 반응 전과 후의 양적 관계는 다음과 같고, $x=\dfrac{17}{31}$이다.

〈실험 Ⅱ〉 3A	+ B	$\longrightarrow$ 2C
반응 전(mol) $3w$	$28w$	
반응(mol) $-3w$	$-14w$	$+17w$
반응 후(mol) 0	$14w$	$17w$

따라서 $a \times x = 3 \times \dfrac{17}{31} = \dfrac{51}{31}$이다.

038 화학 반응과 아보가드로 법칙 답 ⑤

알짜 풀이

A_2와 B_2가 반응하여 AB_2가 생성되었으므로 이 반응의 화학 반응식은 다음 과 같다.

$$A_2 + 2B_2 \longrightarrow 2AB_2$$

모형에서 반응 후 AB_2가 4개 생성되고, A_2가 2개 남아 있으므로 반응 전 A_2는 4개, B_2도 4개가 있었음을 알 수 있다. 따라서 반응 전 분자 수비가 $A_2 : B_2 = 1 : 1$이고, 총 분자 수가 6인 상태가 반응 전 실린더 속 기체 V mL 에 들어 있는 모형이 된다.

알짜 풀이

(다) 이후 실린더에 들어 있는 기체는 1가지이므로 반응이 완결되었을 때 X와 Y는 모두 소모된다. (가)와 (다)에서 넣어 준 X의 양은 $2n+n=3n$ mol이고, (나)와 (다)에서 넣어 준 Y의 질량은 $w+2w=3w$ g이다. 따라서 X $3n$ mol과 반응하는 Y의 질량은 $3w$ g이다.

X $2n$ mol과 Y w g을 반응시키면 Y가 모두 소모되므로 (나)에서 반응 전과 후의 양적 관계는 다음과 같다.

	xX(g)	+	Y(g)	$\longrightarrow$	zZ(g)
반응 전	$2n$ mol		w g		
반응	$-n$ mol		$-w$ g		$+\frac{z}{x}n$ mol
반응 후	n mol		0		$\frac{z}{x}n$ mol

$2n : \left(n+\frac{z}{x}n\right) = 4 : 3$에서 $\frac{z}{x}=0.5$이다. 그러므로 (다)에서 반응 전과 후의 양적 관계는 다음과 같다.

	xX(g)	+	Y(g)	$\longrightarrow$	zZ(g)
반응 전	$2n$ mol		$2w$ g		$0.5n$ mol
반응	$-2n$ mol		$-2w$ g		$+n$ mol
반응 후	0		0		$1.5n$ mol

Z $1.5n$ mol의 질량은 $\frac{42}{13}w$ g이므로 Z n mol의 질량은 $\frac{42}{13}w \times \frac{2}{3} = \frac{28}{13}w$ g이다. (다)에서 Y와 Z의 반응 계수비는 $1 : z$이고, 반응 질량비는 $2w : \frac{28}{13}w$이다. 그러므로 $\frac{2w}{1} : \frac{\frac{28}{13}w}{z} = 13 : 7$에서 $z=2$이고, $x=4$이다.

Z(g)의 단위 부피당 질량은 Z의 질량을 전체 기체의 부피로 나누어 구한다. Z의 질량은 Z의 양(mol)과 비례하고 기체의 온도와 압력이 일정하므로 전체 기체의 부피는 전체 기체의 양(mol)에 비례한다. 그러므로 (나)와 (다) 이후 Z(g)의 단위 부피당 질량비는 $\frac{a}{b} = \frac{\frac{0.5n}{n+0.5n}}{\frac{1.5n}{1.5n}} = \frac{1}{3}$이다.

따라서 $(x+z) \times \frac{a}{b} = 6 \times \frac{1}{3} = 2$이다.

자료 분석

$$\underset{2}{a\text{A}(g)} + \underset{1}{b\text{B}(g)} \longrightarrow \underset{2}{a\text{C}(g)}\ (a,\ b\text{는 반응 계수})$$

실험	반응 전		반응 후	
I	질량비	A : B = 1 : 1	질량비	B : C = 3 : 11
II	부피비	A : B = 1 : 1	부피비	B : C = 1 : 2

II에서 반응 전 부피비가 A : B = 1 : 1이고, 반응 후 C가 2 mol 생겼다고 가정하면 반응한 A의 양은 2 mol, B의 양은 1 mol임

	aA(g) +	bB(g)	$\longrightarrow$ aC(g)
반응 전(mol)	2	2	
반응(mol)	-2	-1	$+2$
반응 후(mol)	0	1	2

$\Rightarrow a=2,\ b=1$

알짜 풀이

I에서 반응 후 B와 C의 질량의 합을 14 g이라고 하면 반응 전 A와 B의 질량의 합도 14 g이 되므로 A와 B를 각각 7 g으로 나타낼 수 있다. 따라서 반응의 양적 관계는 다음과 같다.

	2A(g)	+	B(g)	$\longrightarrow$	2C(g)
반응 전(g)	7		7		
반응(g)	-7		-4		$+11$
반응 후(g)	0		3		11

따라서 $\frac{\text{B의 분자량}}{\text{A의 분자량}} = \frac{8}{7}$이므로 $\frac{a}{b} \times \frac{\text{B의 분자량}}{\text{A의 분자량}} = \frac{16}{7}$이다.

알짜 풀이

A와 B의 분자량을 각각 $7M$, $8M$이라고 하면 II에서 반응 질량비는 A : B $=14 : 8 = 7 : 4$이다. 따라서 $w=7$이고, 반응의 양적 관계는 다음과 같다.

	2A(g)	+	B(g)	$\longrightarrow$	cC(g)
반응 전(mol)	n		$0.5n$		
반응(mol)	$-n$		$-0.5n$		$+0.5cn$
반응 후(mol)	0		0		$0.5cn$

$\frac{\text{반응 후 전체 기체의 부피}}{\text{반응 전 전체 기체의 부피}} = \frac{0.5cn}{1.5n} = \frac{2}{3}$이므로 $c=2$이다.

I에서 양적 관계는 다음과 같다.

	2A(g)	+	B(g)	$\longrightarrow$	2C(g)
반응 전(mol)	n		$0.25n$		
반응(mol)	$-0.5n$		$-0.25n$		$+0.5n$
반응 후(mol)	$0.5n$		0		$0.5n$

따라서 ㉠ $=\frac{4}{5}$이다.

III에서는 A가 모두 반응하게 되고, 양적 관계는 다음과 같다.

	2A(g)	+	B(g)	$\longrightarrow$	2C(g)
반응 전(mol)	n		$0.75n$		
반응(mol)	$-n$		$-0.5n$		$+n$
반응 후(mol)	0		$0.25n$		n

따라서 ㉡ $=\frac{5}{7}$이다.

반응 질량비는 A : B : C $=7 : 4 : 11$이므로 $\frac{\text{C의 분자량}}{\text{A의 분자량}} = \frac{11}{7}$이다.

따라서 $\frac{㉠}{㉡} \times \frac{\text{C의 분자량}}{\text{A의 분자량}} = \frac{44}{25}$이다.

알짜 풀이

B를 넣어 주었을 때 전체 기체의 밀도는 일정하다가 감소하므로 B N mol 반응하였을 때의 양적 관계는 다음과 같다.

	A(g)	+	bB(g)	$\longrightarrow$	2C(g)
반응 전(mol)	N		N		
반응(mol)	$-\frac{1}{b}N$		$-N$		$+\frac{2}{b}N$
반응 후(mol)	$(1-\frac{1}{b})N$		0		$\frac{2}{b}N$

A~C의 분자량을 $2k$, k, ck라고 하면 반응 전 기체의 밀도와 B N mol이

반응하였을 때 밀도가 같으므로 $\dfrac{N \times 2k}{N} = \dfrac{\left\{\left(1-\dfrac{1}{b}\right)N \times 2k\right\} + \dfrac{2}{b}N \times ck}{\left(1+\dfrac{1}{b}\right)N}$

이다. 이를 풀면 $c=2$이고, 화학 반응식의 반응 전과 후의 질량의 합은 같아야 하므로 $2k+bk=4k$에서 $b=2$이다. B가 $3N$ mol 반응하였을 때 양적 관계는 다음과 같다.

$$
\begin{array}{ccccc}
& A(g) & + & 2B(g) & \longrightarrow & 2C(g) \\
\text{반응 전(mol)} & N & & 3N & & \\
\text{반응(mol)} & -N & & -2N & & +2N \\
\hline
\text{반응 후(mol)} & 0 & & N & & 2N
\end{array}
$$

따라서 반응 후 밀도는 $\dfrac{N \times k + 2N \times 2k}{3N} = \dfrac{5}{3}k$이므로 $x=\dfrac{5}{6}$이고, $\dfrac{x}{b} = \dfrac{5}{12}$

이다.

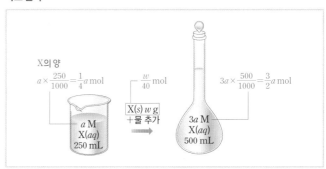

04 용액의 농도

023~025쪽

대표 기출 문제 043 ④ 044 ④

적중 예상 문제 045 ⑤ 046 ① 047 ② 048 ④ 049 ②
050 ③ 051 ④ 052 ③

043 수용액의 혼합과 몰 농도

답 ④

알짜 풀이

(가)에서 용액을 묽히기 전과 후의 용질의 양(mol)은 같다. 처음 2 M NaOH(aq) 300 mL에 들어 있는 용질의 양은 0.6 mol이다. 이를 묽힌 1.5 M NaOH(aq) x mL에 들어 있는 용질의 양은 0.6 mol로 같으므로 $2 \times 300 = 1.5 \times x$, $x=400$이다.

(나)에서 2 M NaOH(aq) 200 mL에 들어 있는 용질의 양은 0.4 mol이고, NaOH(s) y g과 물을 넣어 2.5 M NaOH(aq) 400 mL, 총 1 mol의 용질이 들어 있는 용액을 만들었으므로 NaOH(s) y g은 0.6 mol이다. 따라서 $y=0.6 \times 40 = 24$이다.

(가)에서 만든 수용액과 (나)에서 만든 수용액을 모두 혼합하면 NaOH의 양은 0.6 mol + 1 mol = 1.6 mol이다. 용액의 부피는 400 mL + 400 mL = 800 mL이므로 z M $= \dfrac{1.6 \text{ mol}}{0.8 \text{ L}} = 2$ M, $z=2$이다.

따라서 $\dfrac{y \times z}{x} = \dfrac{24 \times 2}{400} = \dfrac{3}{25}$이다.

044 용액의 밀도와 몰 농도

답 ④

자료 분석

수용액	물의 질량(g)	A의 질량(g)	농도(%)	
(가)	60	a	$3b = \dfrac{a}{60+a} \times 100$	$a=20$
(나)	200	$2a$	$2b = \dfrac{2a}{200+2a} \times 100$	

알짜 풀이

퍼센트 농도(%) $= \dfrac{\text{용질의 질량(g)}}{\text{용액의 질량(g)}} \times 100$이다.

수용액 (가)와 (나)의 퍼센트 농도비는 $\dfrac{100a}{60+a} : \dfrac{200a}{200+2a} = 3b : 2b$이고, 이를 정리하면 $\dfrac{1}{60+a} : \dfrac{2}{200+2a} = 3 : 2$이므로 $a=20$이다.

수용액 (가)의 질량은 80 g이고, A의 질량은 20 g이므로

(가)의 몰 농도 $= \dfrac{0.2 \text{ mol}}{80 \text{ g} \times \dfrac{1}{1000d} \text{ L/g}} = \dfrac{200d \text{ mol}}{80 \text{ L}} = \dfrac{5}{2}d$ M이다.

045 퍼센트 농도와 몰 농도

답 ⑤

자료 분석

> (가) $C_6H_{12}O_6(s)$ 18 g을 물 x g에 녹여 10 % $C_6H_{12}O_6$ 수용액을 만든다. $\dfrac{18}{x+18} \times 100 = 10$, $x=162$
>
> (나) (가) 수용액 36 g을 취하여 물을 더 넣어 200 mL로 만든다.   10 % 수용액   수용액 36 g ⇨ 포도당 3.6 g

알짜 풀이

ㄱ. 10 % $C_6H_{12}O_6$ 수용액에 18 g의 $C_6H_{12}O_6$이 들어 있어야 하므로 수용액의 질량은 180 g이어야 하고, $x=180-18=162$이다.

ㄴ. (가) 수용액의 퍼센트 농도는 10 %이므로 36 g을 취하면 3.6 g의 포도당이 들어 있고 이는 0.02 mol이다. (나)의 몰 농도는 $\dfrac{0.02 \text{ mol}}{0.2 \text{ L}} = 0.1$ M이다.

ㄷ. (나) 수용액의 밀도는 1 g/mL이므로 200 mL 수용액의 질량은 200 g이다. 따라서 퍼센트 농도는 $\dfrac{3.6}{200} \times 100 = 1.8$ %이다.

046 용액의 희석과 혼합

답 ①

알짜 풀이

(나)에서는 (가)에서 만든 A(aq) 25 mL를 취했으므로 (가)에 들어 있는 A의 $\dfrac{1}{4}$배에 해당하는 질량의 A가 들어 있으므로 A의 양은 $\dfrac{2}{40} = 0.05$ mol이다.

(나) 과정 후 수용액의 부피는 200 mL가 되므로 몰 농도는 $\dfrac{0.05}{0.2} = 0.25$ M이고, $x=0.25$이다. (다) 과정에서 (가)에서 만든 A(aq) 50 mL에는 4 g (=0.1 mol)의 A가 들어 있고, (다) 과정 후 만든 0.6 M A(aq) 200 mL에 들어 있는 A의 양은 $0.6 \times 0.2 = 0.12$ mol이므로 (나)에서 만든 A(aq)에는 0.02 mol의 A가 들어 있어야 한다. 따라서 $0.25 \times \dfrac{y}{1000} = 0.02$이므로 $y=80$이고, $x \times y = 20$이다.

047 용액의 희석과 혼합

답 ②

자료 분석

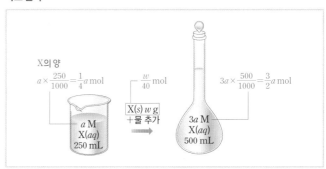

알짜 풀이

a M X(aq) 250 mL에 들어 있는 X의 양은 $\frac{1}{4}a$ mol이고, 추가한 X(s)의 양은 $\frac{w}{40}$ mol이다. $3a$ M X(aq) 500 mL에는 $\frac{3}{2}a$ mol의 X가 들어 있으므로 $\frac{1}{4}a+\frac{w}{40}=\frac{3}{2}a$이다. 따라서 $a=\frac{w}{50}$이다.

048 용액의 몰 농도 답 ④

알짜 풀이

(가)에서 만든 A(aq)의 몰 농도는 $\frac{\frac{w}{60}\ \text{mol}}{0.02\ \text{L}}=\frac{5}{6}w$ M이다. (나)에서 만든 A(aq)에 들어 있는 A의 양은 0.2×20 mmol이므로 $\frac{5}{6}w\times x=0.2\times 20$에서 $x=\frac{24}{5w}$이다. (다)에서는 (나)에서 만든 0.2 M A(aq) 5 mL와 (가)의 $\frac{5}{6}w$ M A(aq) y mL를 혼합하여 0.2 M A(aq) 20 mL가 된 것이므로 $(0.2\times 5)+\left(\frac{5}{6}w\times y\right)=0.2\times 20$에서 $y=\frac{18}{5w}$이다. 따라서 $\frac{y}{x}=\frac{3}{4}$이다.

049 용액의 혼합 답 ②

자료 분석

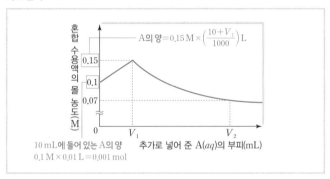

혼합 수용액의 몰 농도(M)

A의 양$=0.15\,\text{M}\times\left(\frac{10+V_1}{1000}\right)$L

10 mL에 들어 있는 A의 양
$0.1\,\text{M}\times 0.01\,\text{L}=0.001\,\text{mol}$

추가로 넣어 준 A(aq)의 부피(mL)

알짜 풀이

0.1 M A(aq) 10 mL에 들어 있는 A의 양은 $0.1\times 0.01=0.001$ mol이고, 0.2 M A(aq) V_1 mL에 들어 있는 A의 양은 $0.2\times\left(\frac{V_1}{1000}\right)$ mol이다. 혼합 후 몰 농도는 0.15 M이므로 $0.15\times\left(\frac{10+V_1}{1000}\right)=0.001+0.2\times\frac{V_1}{1000}$에서 $V_1=10$이다. 0.2 M A(aq)이 10 mL 추가되었을 때 들어 있는 A의 양은 0.003 mol이고, 추가로 넣어 준 0.05 M A(aq) y mL에 들어 있는 A의 양은 $0.05\times\frac{y}{1000}$ mol이므로 $0.07\times\left(\frac{20+y}{1000}\right)=0.003+0.05\times\frac{y}{1000}$에서 $y=80$이다. 그래프에서 V_2는 추가로 넣어 준 A(aq)의 부피이므로 $V_2=V_1+80$에서 $V_2=90$이다. 따라서 $\frac{V_2}{V_1}=9$이다.

050 용액의 혼합 답 ③

알짜 풀이

ㄱ. (나)와 (다)에서 수용액의 부피가 V_2 L로 같으므로 들어 있는 X의 질량비가 몰 농도비이다. 따라서 ㉠$=0.2$이다.

ㄴ. 들어 있는 X의 양은 (가)와 (나)에서 각각 $0.4V_1$ mol, $0.3V_2$ mol인데, 용질의 질량비는 (가)：(나)$=2：3$으로 $0.4V_1：0.3V_2=2：3$이 되므로 $2V_1=V_2$이다.

바로 알기

ㄷ. (가)와 (나)를 혼합한 용액의 몰 농도는 $\frac{0.4V_1+0.3V_2}{V_1+V_2}=\frac{V_1}{3V_1}=\frac{1}{3}$ M이다.

051 몰 농도 용액 만들기 답 ④

알짜 풀이

98 % 진한 황산 V mL의 질량은 Vd g이고, 여기에 들어 있는 황산의 질량은 $\frac{98}{100}Vd$ g이다. 황산의 화학식량이 98이므로 황산의 양은 $\frac{Vd}{100}$ mol이다. 부피 플라스크에 표시선까지 증류수를 채운 용액의 전체 부피는 0.5 L이므로 몰 농도는 $\frac{\frac{Vd}{100}}{0.5}=\frac{Vd}{50}$ M이다.

052 용액의 몰 농도 답 ③

자료 분석

수용액	용질의 질량(g)	용액의 부피(mL)	몰 농도
(가)	$2a$	100	$\frac{\frac{2a}{180}\ \text{mol}}{0.1\ \text{L}}=\frac{a}{9}$ M
(나)	$2b$	200	$\frac{\frac{2b}{180}\ \text{mol}}{0.2\ \text{L}}=\frac{b}{18}$ M
(다)	$a+b$	150	$\frac{\frac{a+b}{180}\ \text{mol}}{0.15\ \text{L}}=\frac{a+b}{27}$ M

알짜 풀이

(나) 80 mL와 (다) 90 mL에 들어 있는 A의 양(mol)이 같으므로 $\frac{b}{18}\times 80$ $=\frac{a+b}{27}\times 90$이다. 따라서 $b=3a$이고, (가)~(다)를 모두 혼합한 용액에서 용질의 질량은 $12a$ g이며, 용액의 부피는 450 mL이므로 혼합한 용액의 몰 농도는 $\frac{\frac{12a}{180}\ \text{mol}}{0.45\ \text{L}}=\frac{4}{27}a$ M이다.

1등급 도전 문제 026~029쪽

053 ⑤	054 ④	055 ③	056 ④	057 ①	058 ②
059 ④	060 ③	061 ③	062 ②	063 ①	064 ⑤
065 ④	066 ①				

053 탄소 화합물의 유용성 답 ⑤

자료 분석

	CH₃COOH	C₂H₄	C₂H₅OH
물질	(가)	(나)	(다)
$\dfrac{\text{H 원자 수}}{\text{전체 원자 수}}$	$\dfrac{1}{2}$	$a\ \dfrac{2}{3}$	$a\ \dfrac{2}{3}$
분자당 완전 연소 생성물의 분자 수	$b\ 4$	$b\ 4$	5

알짜 풀이

C_2H_4, C_2H_5OH, CH_3COOH의 $\dfrac{\text{H 원자 수}}{\text{전체 원자 수}}$는 각각 $\dfrac{2}{3}$, $\dfrac{2}{3}$, $\dfrac{1}{2}$이므로 (가)는 CH_3COOH이고, 분자당 완전 연소 생성물의 분자 수는 각각 4, 5, 4이다. 따라서 (나)는 C_2H_4, (다)는 C_2H_5OH이다.

ㄱ. (가)~(다)는 모두 탄소 화합물이므로 연료로 사용할 수 있다.

ㄴ. (다)는 에탄올이고, (가)는 아세트산이므로 에탄올을 발효시켜 아세트산을 만들 수 있다.

ㄷ. $a=\dfrac{2}{3}$이고, $b=4$이므로 $a \times b = \dfrac{8}{3}$이다.

054 몰과 분자량 답 ④

알짜 풀이

같은 온도와 압력에서 기체의 밀도$\left(=\dfrac{\text{질량}}{\text{부피}}\right)$는 분자량에 비례하므로 분자량비는 (가) : (다)$=\dfrac{9}{2} : \dfrac{14}{V}$이다. 1 g에 들어 있는 전체 원자 수비는 (가) : (다)

$=\dfrac{1\times 3}{\dfrac{9}{2}} : \dfrac{1\times 6}{\dfrac{14}{V}}=7 : 9$이므로 $V=2$이다. 따라서 분자량비는

(가) : (나) : (다)$=9 : 22 : 14$이므로 X~Z의 원자량을 각각 x~z라고 하면 $2x+y=9k$, $2y+z=22k$, $4x+2z=14k$이다. 따라서 $x:y:z=$ $1:16:12$이다. $V \times \dfrac{\text{Z의 원자량}}{\text{Y의 원자량}}=2 \times \dfrac{12}{16}=\dfrac{3}{2}$이다.

055 몰과 분자량 답 ③

알짜 풀이

주어진 자료가 모두 상대적이기 때문에 실린더 내 한 기체의 양을 n mol이라고 가정하고, 이에 대한 상댓값으로 다른 기체의 양을 구한다. 기체의 양(mol) 합은 기체의 부피와 비례한다.

(가)에서 W_2Y의 양을 n mol이라고 가정할 때 $\dfrac{\text{Z의 원자수}}{\text{Y의 원자수}}=\dfrac{4}{3}$이므로 XYZ_2의 기체의 양을 m mol이라고 하면 $\dfrac{2m}{n+m}=\dfrac{4}{3}$로 XYZ_2의 양은 $2n$ mol이어야 한다. 같은 방법으로 (나)에서 XZ_4의 양이 n mol이라고 가정할 때 $\dfrac{\text{Z의 원자수}}{\text{Y의 원자수}}=2$이므로 W_2Y의 양은 $2n$ mol이다.

단위 질량당 부피가 (가) : (나) : (다)$=5 : 5 : 4$이므로 단위 부피당 질량은 (가) : (나) : (다)$=4 : 4 : 5$이다. 단위 부피당 질량과 단위 질량당 전체 원자 수를 곱하면 '단위 부피당 전체 원자 수'를 알 수 있다. 단위 부피당 전체 원자 수는 (가) : (나) : (다)$=\dfrac{11}{3} : \dfrac{11}{3} : \dfrac{13}{3}$이다. (다)에서 W_2Y의 양을 n mol, XYZ_2와 XZ_4의 양을 an, bn mol이라고 가정할 때 $\dfrac{\text{Z의 원자수}}{\text{Y의 원자수}}=\dfrac{16}{3}$,

단위 부피당 전체 원자 수$=\dfrac{13}{3}$이므로 $\dfrac{2a+4b}{1+a}=\dfrac{16}{3}$, $\dfrac{3+4a+5b}{1+a+b}=\dfrac{13}{3}$이고, $a=2$, $b=3$이다. 단위 부피당 질량, 실린더 내 기체의 양(mol)을 알고 있으므로 이를 이용하여 분자량을 계산하면 $W_2Y : XYZ_2 : XZ_4=2 : 3 : 4$이다.

056 화학식량과 몰 답 ④

자료 분석

실린더	기체의 질량		1 g에 들어 있는 분자 수(상댓값)	$\dfrac{\text{X 원자 수}}{\text{Y 원자 수}}$
	$X_aY_{2b}(g)$	$X_bY_c(g)$		
(가)	$7w$ m mol	$6w$ $3n$ mol	27	$\dfrac{2}{3}$
(나)	$7w$ m mol	$2w$ n mol	26	$\dfrac{4}{7}$

$$\text{(가)} : \text{(나)}=\dfrac{m+3n}{13w} : \dfrac{m+n}{9w}=27 : 26 \Rightarrow m=3n$$

알짜 풀이

$m=3$, $n=1$이라고 하면 (가)에서 $\dfrac{\text{X 원자 수}}{\text{Y 원자 수}}=\dfrac{3a+3b}{6b+3c}=\dfrac{2}{3}$이고, (나)에서 $\dfrac{\text{X 원자 수}}{\text{Y 원자 수}}=\dfrac{3a+b}{6b+c}=\dfrac{4}{7}$이므로 $a=b=c$이다. 따라서 X_aY_{2b}는 X_aY_{2a}로 나타낼 수 있고, X_bY_c는 X_aY_a로 나타낼 수 있으므로 X와 Y의 원자량을 각각 x, y라고 하면 분자량비는 $ax+2ay : ax+ay=\dfrac{7}{3} : 2$이므로 $x=5y$이고, $\dfrac{x}{y}=5$이다.

057 몰과 화학식량 답 ①

알짜 풀이

ㄱ. 기체의 밀도는 $\dfrac{\text{질량}}{\text{부피}}$으로 나타낼 수 있으므로 기체의 밀도비는 (가) : (나) $=\dfrac{2w\ \text{g}}{1\ \text{L}} : \dfrac{3w\ \text{g}}{1.4\ \text{L}}=14 : 15$이다.

바로 알기

ㄴ. A_mB_{2m}의 양을 1 mol이라고 하면, A_nB_{2n}의 양은 0.4 mol이라고 할 수 있다. 따라서 1 L에 들어 있는 전체 원자 수비는 (가) : (나)$=\dfrac{3m\ \text{mol}}{1\ \text{L}} : \dfrac{(3m+1.2n)\ \text{mol}}{1.4\ \text{L}}=14 : 15$이다. 따라서 $\dfrac{n}{m}=\dfrac{5}{4}$이다.

ㄷ. $\dfrac{\text{(가)에서 1 g에 들어 있는 A 원자 수}}{\text{(나)에서 1 g에 들어 있는 A 원자 수}}=\dfrac{\dfrac{4\ \text{mol}}{2w\ \text{g}}}{\dfrac{(4+2)\ \text{mol}}{3w\ \text{g}}}=1$이다.

058 화학 반응의 양적 관계와 원자량 답 ②

알짜 풀이

(나)에서 M이 모두 반응한 후 생성된 MX의 질량을 측정하므로 반응에 참여한 X의 질량은 (w_2-w_1) g이다. 화학 반응식에서 반응한 M의 양(mol)과 생성된 MX의 양(mol)이 같으므로 생성물에서 X의 양(mol)과 반응한 M의 양(mol)이 같다. 따라서 X의 원자량을 x라고 하면 $\dfrac{w_2-w_1}{x}=\dfrac{w_1}{m}$이므로 $x=\dfrac{w_2-w_1}{w_1}\times m$이다.

059 화학 반응의 양적 관계
답 ④

알짜 풀이

$B(g)$의 양이 2 mol이었을 때는 B가 모두 반응하고, 4 mol이었을 때는 A가 모두 반응한다고 가정하고 기체의 양을 비교할 수 있어야 한다. $B(g)$를 2 mol 넣었을 때 양적 관계는 다음과 같다.

	$aA(g)$	+	$B(g)$	$\longrightarrow$	$2C(g)$
반응 전(mol)	m		2		
반응(mol)	$-2a$		-2		$+4$
반응 후(mol)	$m-2a$		0		4

따라서 반응 후 $\dfrac{C(g)의 양(mol)}{전체 기체의 양(mol)} = \dfrac{4}{m-2a+4} = \dfrac{1}{2}$이므로

$m=2a+4(\cdots\cdots \text{①})$이다.

$B(g)$를 4 mol 넣었을 때 양적 관계는 다음과 같다.

	$aA(g)$	+	$B(g)$	$\longrightarrow$	$2C(g)$
반응 전(mol)	m		4		
반응(mol)	$-m$		$-\dfrac{m}{a}$		$+\dfrac{2m}{a}$
반응 후(mol)	0		$4-\dfrac{m}{a}$		$\dfrac{2m}{a}$

따라서 반응 후 $\dfrac{C(g)의 양(mol)}{전체 기체의 양(mol)} = \dfrac{\dfrac{2m}{a}}{4+\dfrac{m}{a}} = \dfrac{10}{11}$이므로

$3m=10a(\cdots\cdots \text{②})$이다. ①과 ②를 연립하여 풀면 $a=3$, $m=10$이고, 6 mol의 $B(g)$를 넣었을 때 $A(g)$는 모두 반응하면서 양적 관계는 다음과 같다.

	$3A(g)$	+	$B(g)$	$\longrightarrow$	$2C(g)$
반응 전(mol)	10		6		
반응(mol)	-10		$-\dfrac{10}{3}$		$+\dfrac{20}{3}$
반응 후(mol)	0		$\dfrac{8}{3}$		$\dfrac{20}{3}$

따라서 반응 후 $\dfrac{C(g)의 양(mol)}{전체 기체의 양(mol)} = \dfrac{\dfrac{20}{3}}{\dfrac{8}{3}+\dfrac{20}{3}} = \dfrac{5}{7}$이므로 $x=\dfrac{5}{7}$이며,

$a \times x = \dfrac{15}{7}$이다.

060 화학 반응의 양적 관계
답 ③

알짜 풀이

반응 후 실린더 속 기체의 부피는 같고, 남은 반응물의 밀도비가 Ⅰ : Ⅱ =7 : 2이므로 남은 반응물의 질량비도 Ⅰ : Ⅱ=7 : 2이다. 실험 Ⅰ, Ⅱ에서 한계 반응물이 B라고 가정하면, 남은 A의 질량비가 Ⅰ : Ⅱ=7 : 2가 되는 것은 불가능하다. 따라서 실험 Ⅰ, Ⅱ에서 한계 반응물은 A이고 남은 반응물은 B이다.

Ⅰ에서 반응한 B의 부피를 kV라고 할 때 Ⅱ에서 반응한 B의 부피는 $2kV$이고, 남은 반응물의 질량비는 Ⅰ : Ⅱ=7 : 2이다. 부피비는 몰비와 같고 같은 물질이므로 질량비도 같다. 따라서 $(5V-kV):(4V-2kV)=7:2$, 즉 $k=1.5$이다.

Ⅰ과 Ⅱ에서 전체 기체의 부피가 같은데 Ⅰ에서 생성된 C의 부피를 mV라고 하면 Ⅱ에서 생성된 C의 부피는 $2mV$이다. 반응 후 전체 기체의 부피는 $3.5V+mV=V+2mV$, $m=2.5$이다. Ⅱ에서 부피비는 A : B : C=4 : 3 : 5이므로 계수비도 A : B : C=4 : 3 : 5로 $a=4$, $c=5$이다.

B의 분자량을 $2M$, C의 분자량을 $5M$이라고 할 때, A의 분자량이 x이면
$4A(g)+3B(g) \longrightarrow 5C(g)$ 반응에서 질량 보존 법칙을 적용하여
$4x+6M=25M$, $x=\dfrac{19}{4}M$이다. 분자량비는 A : B : C=19 : 8 : 20이다.

따라서 $\dfrac{c}{a} \times \dfrac{B의 분자량}{A의 분자량} = \dfrac{5}{4} \times \dfrac{8}{19} = \dfrac{10}{19}$이다.

061 기체 반응의 양적 관계
답 ③

자료 분석

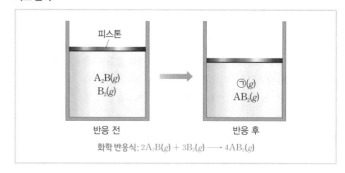

화학 반응식: $2A_2B(g) + 3B_2(g) \longrightarrow 4AB_2(g)$

알짜 풀이

반응 전 A_2B와 B_2의 양(mol)이 같으므로 각각 n mol이라고 하면 양적 관계는 다음과 같다.

	$2A_2B(g)$	+	$3B_2(g)$	$\longrightarrow$	$4AB_2(g)$
반응 전(mol)	n		n		
반응(mol)	$-\dfrac{2}{3}n$		$-n$		$+\dfrac{4}{3}n$
반응 후(mol)	$\dfrac{1}{3}n$		0		$\dfrac{4}{3}n$

기체의 부피비는 반응 전 : 반응 후 $= 2 : \dfrac{5}{3} = 6 : 5$이고, 밀도비는 부피비와 반대이므로 반응 전 : 반응 후$=5 : 6$이다. 따라서 $\dfrac{\text{반응 후 실린더 속 기체의 밀도}}{\text{반응 전 실린더 속 기체의 밀도}} = \dfrac{6}{5}$이다.

062 기체 반응의 양적 관계
답 ②

알짜 풀이

A의 부피가 Ⅱ에서가 Ⅰ에서의 2배이므로 Ⅰ에서는 A가 모두 반응하여 B가 남고, Ⅱ에서는 B가 모두 반응하여 A가 남는 것으로 생각할 수 있다. Ⅰ에서 A의 양을 V mol이라고 하고 Ⅰ에서의 양적 관계를 나타내면 다음과 같다.

	$4A(g)$	+	$5B(g)$	$\longrightarrow$	$4C(g)$	+	$6D(g)$
반응 전(mol)	V		nV				
반응(mol)	$-V$		$-\dfrac{5}{4}V$		$+V$		$+\dfrac{3}{2}V$
반응 후(mol)	0		$(n-\dfrac{5}{4})V$		V		$\dfrac{3}{2}V$

반응 후 $\dfrac{전체 기체의 양(mol)}{C(g)의 양(mol)} = \dfrac{(n-\dfrac{5}{4})+\dfrac{5}{2}}{1} = \dfrac{13}{4}$이므로 $n=2$이고, B $2V$ mol의 질량은 40 g이다.

Ⅱ에서의 양적 관계를 나타내면 다음과 같다.

	$4A(g)$	$+$	$5B(g)$	$\longrightarrow$	$4C(g)$	$+$	$6D(g)$
반응 전(mol)	$2V$		$2V$				
반응(mol)	$-\dfrac{8}{5}V$		$-2V$		$+\dfrac{8}{5}V$		$+\dfrac{12}{5}V$
반응 후(mol)	$\dfrac{2}{5}V$		0		$\dfrac{8}{5}V$		$\dfrac{12}{5}V$

따라서 반응 후 $\dfrac{\text{전체 기체의 양(mol)}}{\text{C}(g)\text{의 양(mol)}}=\dfrac{11}{4}$이므로 $x=\dfrac{11}{4}$이다.

Ⅱ에서 남은 A의 양이 $\dfrac{2}{5}V$ mol이고, 질량은 $\dfrac{34}{5}$ g이므로 A V mol의 질량은 17 g이고, B V mol의 질량은 20 g이며, Ⅱ에서 생성된 C $\dfrac{8}{5}V$ mol의 질량은 48 g이므로 C V mol의 질량은 30 g이다. 그러므로 화학 반응식에서 구한 D V mol의 질량은 8 g이다. 따라서 $x\times\dfrac{\text{D의 분자량}}{\text{C의 분자량}}=\dfrac{11}{4}\times\dfrac{8}{30}=\dfrac{11}{15}$이다.

063 기체 반응의 양적 관계   답 ①

알짜 풀이

실험 Ⅱ에서 반응 후 실린더에 있는 물질 중 질량이 가장 큰 물질의 질량이 24인데, 질량이 24 g이 될 수 있는 물질은 C뿐이다. 실험 Ⅱ에서 B가 한계 반응물이라고 가정하면 A와 B는 각각 8 g, 16 g 반응한다. 그렇다면 실험 Ⅰ에서는 B가 한계 반응물이고, A와 B는 각각 2 g, 4 g 반응한다. 이때 반응 후 실린더에 남은 물질의 질량은 A 14 g, C 6 g이 되므로 반응 후 남은 물질 중 질량이 가장 큰 물질의 질량이 12 g이라는 것에 모순된다. 따라서 실험 Ⅱ에서 한계 반응물은 A가 되고, 반응 후 B는 4 g 남고, C는 24 g 생성된다. 실험 Ⅰ에서는 B가 한계 반응물이고, 반응 후 A는 12 g 남고, C는 8 g 생성된다. 실험 Ⅰ과 Ⅱ에서 반응 후 질량과 밀도를 이용하여 부피비를 구하면 $\dfrac{20}{\text{Ⅰ의 부피}}:\dfrac{28}{\text{Ⅱ의 부피}}=15d:14d$이다.

반응 후 물질의 몰비는 부피비와 같으므로 Ⅰ : Ⅱ $=2:3$이다. A 4 g을 n mol이라고 할 때 실험 Ⅰ에서 A n mol과 반응하는 B는 $3n$ mol이므로 B 4 g은 $3n$ mol임을 알 수 있다. 실험 Ⅱ에서 반응 후 B 4 g이 남았으므로 반응 후 실린더에는 실험 Ⅰ에서는 A가 $3n$ mol, 실험 Ⅱ에서는 B가 $3n$ mol 존재한다. 반응 후 실험 Ⅰ보다 실험 Ⅱ에서 C가 3배 생성되므로 실험 Ⅰ에서 C의 양을 m mol이라고 할 때 실험 Ⅱ에서 생성된 C의 양은 $3m$ mol이다. 반응 후 물질의 몰비는 Ⅰ : Ⅱ $=(3n+m):(3n+3m)=2:3$이므로 $m=n$이다. 따라서 C 8 g이 n mol이 되어야만 하고, 반응 계수 c는 1이다.

실험 Ⅰ과 Ⅱ의 반응 전과 후의 질량과 양(mol)을 모두 알 수 있으므로, 밀도를 계산하면 $x=\dfrac{60}{7}$, $y=\dfrac{28}{5}$이다.

실험 Ⅲ에서 B가 한계 반응물이라면 10 g이 모두 반응하는데 실린더에 있는 물질 중 질량이 가장 큰 물질의 질량(g)은 8 g이므로 모순이다. 따라서 A가 한계 반응물이다. 실린더에 있는 물질 중 질량이 가장 큰 물질을 C라고 한다면 A 4 g과 B 4 g이 반응하여 C 8 g을 생성한다. 이때 전체 기체의 밀도(상댓값)를 D라고 할 때 밀도를 계산하면 $\dfrac{20}{4n}:15d=\dfrac{14}{5.5n}:D$, $D=\dfrac{84}{11}d$가 된다. 그러므로 A 4 g과 B 4 g이 반응하여 C 8 g을 생성하고, $w=4$임을 알 수 있다. 따라서 $\dfrac{x\times y}{w\times c}=\dfrac{\frac{60}{7}\times\frac{28}{5}}{4\times1}=12$이다.

064 용액의 희석과 혼합   답 ⑤

알짜 풀이

A(s) 50 g을 물에 녹여 만든 A(aq) 500 mL에는 $\dfrac{50}{a}$ mol만큼의 A(aq)가 용해되어 있다. 이 용액 A(aq) x mL에는 $\dfrac{x}{10a}$ mol A(s)가 들어 있다. (다)에서 녹아 있는 A(s)의 양은 (나)에서 사용하고 남은 A(s)의 양과 A(s) 10 g을 합하여 $\left(\dfrac{500-x}{10a}+\dfrac{10}{a}\right)$ mol이다.

$\dfrac{\text{(나)에서 A}(s)\text{의 양(mol)}}{\text{(다)에서 A}(s)\text{의 양(mol)}}=\dfrac{\frac{x}{10a}}{\frac{500-x}{10a}+\frac{10}{a}}=\dfrac{1}{3}$이므로 $x=150$이다. (라)에서 (나)와 (다)에서 만든 용액을 혼합하면 800 mL이다. 사용한 A(s)는 총 60 g이고 몰 농도는 $\dfrac{\frac{60}{a}}{\frac{800}{1000}}=0.75$이므로 $a=100$이다. 따라서 $\dfrac{x}{a}=\dfrac{3}{2}$이다.

065 수용액의 농도   답 ④

알짜 풀이

(가)의 퍼센트 농도가 6 %이고, 용질 X의 질량이 6 g이므로 용액의 질량은 100 g이다. (가)의 밀도는 1.02 g/mL이므로 $\dfrac{100}{V}=1.02$에서 $V=\dfrac{100}{1.02}$이다. (나)에서 용질 X의 양은 $0.1\times0.1=0.01$ mol이므로 X의 질량은 0.6 g이다. 따라서 $x\times V=0.6\times\dfrac{100}{1.02}=\dfrac{1000}{17}$이다.

066 수용액의 농도   답 ①

자료 분석

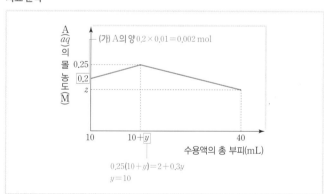

알짜 풀이

(가)에서 만든 A(aq)의 몰 농도가 0.2 M이므로 A의 양은 0.2 M$\times$0.01 L $=0.002$ mol로 $x=0.12$이다. (나) 과정 후 수용액의 부피는 $(10+y)$ mL이므로 $0.25(10+y)=2+0.3y$에서 $y=10$이다. (다)에서 넣어 준 0.1 M A(aq) 10 mL에 들어 있는 A의 양은 1 mmol이고, (나)의 A(aq)에 들어 있는 A의 양은 5 mmol이므로 (다) 과정 후 A(aq) 40 mL에 들어 있는 A의 양은 $40z=1+5$에서 $z=0.15$이다. 따라서 $\dfrac{z}{x\times y}=\dfrac{0.15}{0.12\times10}=\dfrac{1}{8}$이다.

05 원자의 구조
033~037쪽

대표 기출 문제	067 ④	068 ⑤		
적중 예상 문제	069 ③	070 ⑤	071 ③	072 ⑤	073 ①
	074 ③	075 ④	076 ③	077 ①	078 ⑤
	079 ⑤	080 ③	081 ②	082 ④	

067 원자의 구조
답 ④

알짜 풀이

^bY의 $\dfrac{\text{전자 수}}{\text{중성자수}}$: ^{b+2}Y의 $\dfrac{\text{전자 수}}{\text{중성자수}}$ = 5 : 4이다. 이때 ^bY와 ^{b+2}Y의 전자 수는 같고, 중성자수의 차가 2이므로 원자 Y의 전자 수를 y라고 하면, ^bY의 $\dfrac{\text{전자 수}}{\text{중성자수}}$: ^{b+2}Y의 $\dfrac{\text{전자 수}}{\text{중성자수}}$ = 5 : 4 = $\dfrac{1}{4}$: $\dfrac{1}{5}$ = $\dfrac{y}{8}$: $\dfrac{y}{10}$가 된다. 즉, ^bY와 ^{b+2}Y의 중성자수는 각각 8과 10임을 알 수 있다.

$\dfrac{^aX^bY\ 1\ mol\text{에 들어 있는 전체 중성자수}}{^aX^{b+2}Y\ 1\ mol\text{에 들어 있는 전체 중성자수}} = \dfrac{7}{8}$이고, 1 mol에서 $^aX^bY$와 $^aX^{b+2}Y$의 중성자수 차는 2 mol이므로 $^aX^bY$ 1 mol에 들어 있는 전체 중성자수는 14 mol, $^aX^{b+2}Y$ 1 mol에 들어 있는 전체 중성자수는 16 mol이다. 따라서 ^aX 1 mol에 들어 있는 중성자수는 6 mol이다. 이때 ^aX와 ^bY의 $\dfrac{\text{전자 수}}{\text{중성자수}}$가 1 : 1이므로 원자 X와 Y의 전자 수를 각각 x와 y라고 하면, 1 : 1 = $\dfrac{x}{6}$: $\dfrac{y}{8}$이고, $x=6$, $y=8$이다. 따라서 ^{b+2}Y의 중성자수는 10이고, ^aX의 양성자수는 6이므로 $\dfrac{^{b+2}Y\text{의 중성자수}}{^aX\text{의 양성자수}} = \dfrac{5}{3}$이다.

068 원자의 구조
답 ⑤

알짜 풀이

원소 X에서 ^{35}X와 ^{37}X가 자연계에 존재하는 비율이 각각 a, b이고, 평균 원자량이 35.5이므로 $\dfrac{35 \times a + 37 \times (100-a)}{100} = 35.5$이다. 따라서 $a=75$, $b=25$이다.

Y의 평균 원자량을 구하는 식 $\dfrac{69 \times c + 71 \times (100-c)}{100} = 69.8$에서 $c=60$, $d=40$을 알 수 있다.

ㄱ. $c=60$, $d=40$이므로 $\dfrac{d}{c} = \dfrac{2}{3}$이다.

ㄴ. $\dfrac{1\ g\text{의}\ ^{69}Y\text{에 들어 있는 양성자수}}{1\ g\text{의}\ ^{71}Y\text{에 들어 있는 양성자수}} = \dfrac{71}{69}$이므로 $\dfrac{1\ g\text{의}\ ^{69}Y\text{에 들어 있는 양성자수}}{1\ g\text{의}\ ^{71}Y\text{에 들어 있는 양성자수}} > 1$이다.

ㄷ. X_2 1 mol에는 X 원자가 2 mol 존재한다. 이때 ^{35}X와 ^{37}X가 자연계에 존재하는 비율이 각각 a, b이면, 평균 원자량이 35.5이므로 X 1 mol의 질량이 35.5 g이고 X 1 mol에 들어 있는 양성자의 양과 중성자의 양은 각각 17 mol, 18.5 mol이다. 따라서 X 2 mol에 들어 있는 중성자의 양은 37 mol이므로 X_2 1 mol에 들어 있는 중성자의 양은 37 mol이다.

069 원자의 구성 입자
답 ③

자료 분석

원자	X	Y	Z
질량수	14	13	12
중성자수	7	6	6
양성자수(=질량수−중성자수)	7	7	6

알짜 풀이

ㄱ. X와 Y는 양성자수가 7로 같고 질량수가 다른 동위 원소 관계이다.

ㄴ. 전자 수는 양성자수와 같으므로 Y, Z가 각각 7, 6이다. 따라서 전자 수는 Y>Z이다.

바로 알기

ㄷ. $\dfrac{\text{중성자수}}{\text{양성자수}}$는 X~Z가 각각 1, $\dfrac{6}{7}$, 1이므로 Y가 가장 작다.

070 원자의 구성 입자
답 ⑤

자료 분석

이온	$\dfrac{\text{전자 수}}{\text{중성자수}}$		$\dfrac{\text{중성자수}}{\text{질량수}}$
(가)	전자 수 =10	$\dfrac{5}{6}$	$\dfrac{1}{2} = \dfrac{12}{24}$ ⇨ 양성자수=12
(나)		$\dfrac{5}{6}$ 중성자수 =12	$\dfrac{12}{23}$ ⇨ 양성자수=11
(다)	$\dfrac{10}{9}$ 전자 수		$\dfrac{1}{2} = \dfrac{9}{18}$ ⇨ 양성자수=9

• 원자 번호가 12 이하이고 (다)의 전자 수가 10이므로 전자 수가 같은 (가)와 (나)의 전자 수도 10

알짜 풀이

ㄴ. 양성자수는 (가)~(다)가 각각 12, 11, 9이므로 전자 수가 10으로 같은 세 이온 중에서 양이온은 (가)와 (나)이다.

ㄷ. 양성자수는 원자 번호와 같으므로 양성자수가 (나)>(다)로 원자 번호도 (나)>(다)이다.

바로 알기

ㄱ. (가)의 질량수는 24이고, 중성자수는 12이므로 양성자수는 12이다.

071 동위 원소의 존재 비율
답 ③

알짜 풀이

^{69}X의 존재 비율을 x %라고 하면 평균 원자량은 $69.8 = \dfrac{(69 \times x) + (71 \times (100-x))}{100}$이므로 $x=60$이다. Y의 평균 원자량은 80이므로 ^{79}Y와 ^{81}Y는 각각 존재 비율이 50 %로 같다. 따라서 Y_2의 종류는 3가지이고 존재 비율은 $^{158}Y_2$, $^{160}Y_2$, $^{162}Y_2$가 각각 25 %, 50 %, 25 %이므로 $\dfrac{^{69}X\text{의 존재 비율(\%)}}{^{158}Y_2\text{의 존재 비율(\%)}} = \dfrac{60}{25} = \dfrac{12}{5}$이다.

072 동위 원소의 존재 비율 답 ⑤

알짜 풀이

ㄱ. B의 평균 원자량은 10.8이므로 $\left(10 \times \dfrac{4a}{100}\right) + \left(11 \times \dfrac{100-4a}{100}\right) = 10.8$ 이다. 따라서 $a=5$이다.

ㄴ. $a=5$이므로 $^{35}_{17}\text{Cl}$와 $^{37}_{17}\text{Cl}$의 존재 비율은 각각 75 %, 25 %이다. 따라서 평균 원자량은 $35 \times 0.75 + 37 \times 0.25 = 35.5$이다.

ㄷ. BCl_3 중 분자량이 가장 작은 것은 115이고, 분자량이 가장 큰 것은 122 로 총 8가지의 다른 분자량을 갖는 분자가 존재할 수 있다.

073 원자와 이온의 구성 입자 수 답 ①

알짜 풀이

ㄱ. A는 원자이므로 ㉡과 ㉢은 각각 양성자, 전자 중 하나이다. B^{m-}과 C^{n-} 이 모두 음이온이고, B^{m-}과 C^{n-}은 모두 ㉡의 수가 ㉢의 수보다 크므로 ㉡은 전자, ㉢은 양성자이다.

바로 알기

ㄴ. B^{m-}은 전자 수가 양성자수보다 2만큼 크므로 $m=2$이고, C^{n-}은 전자 수가 양성자수보다 1만큼 크므로 $n=1$이다. 따라서 $m+n=3$이다.

ㄷ. 질량수는 양성자수+중성자수이므로 질량수는 $\text{B}^{m-} = \text{C}^{n-} > \text{A}$이다.

074 동위 원소의 존재 비율 답 ③

자료 분석

서로 다른 분자량이 3가지 ⇨ X의 동위 원소는 2가지

- 자연계에서 X_2는 분자량이 서로 다른 (가), (나), (다)로 존재한다.
- (가)~(다)는 분자량이 커지는 순서이다.
- 자연계에서 (가)와 (다)의 분자량 차는 4이고, 존재 비율(%)은 같다.

동위 원소 사이의 원자량 차 2   동위 원소 2가지의 존재 비율 같음

알짜 풀이

ㄱ. X_2의 분자량이 3가지이므로 X의 동위 원소는 2가지이다.

ㄴ. X_2의 분자량이 가장 작은 (가)와 가장 큰 (다)의 차이가 4이므로 동위 원소 사이의 원자량 차는 2이다. 따라서 (가)와 (나)의 분자량 차도 2이다.

바로 알기

ㄷ. (가)와 (다)의 존재 비율이 같으므로 2가지 동위 원소 사이의 존재 비율도 같다. 따라서 (가)의 존재 비율은 25 %, (나)의 존재 비율은 50 %이므로 $\dfrac{(\text{나})의 존재 비율(\%)}{(\text{가})의 존재 비율(\%)} = 2$이다.

075 평균 원자량 답 ④

알짜 풀이

ㄱ. 중성자수는 ^{35}Y가 $35-17=18$이고, ^{11}X가 $11-5=6$이다. 따라서 중성자수는 ^{35}Y가 ^{11}X의 3배이다.

ㄷ. Y의 평균 원자량 $y = (35 \times 0.75) + (37 \times 0.25) = 35.5$이다.

바로 알기

ㄴ. X의 평균 원자량은 10.8이므로 ^{11}X의 존재 비율이 ^{10}X보다 크다. 따라서 $b > a$이다.

076 동위 원소의 존재 비율 답 ③

알짜 풀이

ㄱ. H의 원자량이 3가지이므로 H_2의 분자량은 2, 3, 4, 5, 6이다. 존재 비율 은 $^1_1\text{H} > ^2_1\text{H} > ^3_1\text{H}$이므로 존재 비율이 가장 작은 H_2의 분자량은 6이다.

ㄴ. 분자량이 2, 3인 H_2의 존재 비율은 각각 $\left(\dfrac{a}{100}\right)^2$, $\dfrac{2ab}{100^2}$이고, $a > b$이므 로 $\dfrac{분자량이 2인 \text{H}_2의 존재 비율(\%)}{분자량이 3인 \text{H}_2의 존재 비율(\%)} = \dfrac{a^2}{2ab} = \dfrac{a}{2b} > \dfrac{1}{2}$이다.

바로 알기

ㄷ. 2 mol의 H_2 중 분자량이 3인 H_2의 전체 중성자수는 $2 \times 1 \times 2ab$에 비례 하고, 1 mol의 H_2 중 분자량이 6인 H_2의 전체 중성자수는 $4 \times c^2$에 비례 한다. 따라서 $\dfrac{2\,\text{mol의 H}_2\,중\,분자량이\,3인\,\text{H}_2의\,전체\,중성자수}{1\,\text{mol의 H}_2\,중\,분자량이\,6인\,\text{H}_2의\,전체\,중성자수} = \dfrac{ab}{c^2}$ 이다.

077 분자 속 양성자수와 중성자수 답 ①

알짜 풀이

$^{15}\text{N}_2{}^{18}\text{O}$와 $^{12}\text{C}^{18}\text{O}_2$의 분자량은 48로 같다. 따라서 용기 속에 들어 있는 질량 이 같으므로 $^{15}\text{N}_2{}^{18}\text{O}$와 $^{12}\text{C}^{18}\text{O}_2$의 양(mol)이 같다. 양성자수는 $^{15}\text{N}_2{}^{18}\text{O}$와 $^{12}\text{C}^{18}\text{O}_2$가 각각 22로 같고, 중성자수는 $^{15}\text{N}_2{}^{18}\text{O}$와 $^{12}\text{C}^{18}\text{O}_2$가 각각 26으로 같 으므로 $\dfrac{전체 중성자수}{전체 양성자수} = \dfrac{26+26}{22+22} = \dfrac{13}{11}$이다.

078 동위 원소와 원자의 구성 입자 답 ⑤

자료 분석

- X의 동위 원소와 평균 원자량에 대한 자료

동위 원소	원자량	자연계에 존재하는 비율(%)	평균 원자량
^aX	a	20	10.8
^{a+1}X	$a+1$	80	

- 양성자수는 Y가 X보다 6만큼 크다. $\left(a \times \dfrac{20}{100}\right) + (a+1) \times \dfrac{80}{100} = 10.8$
  양성자수 $(x+6)$ 양성자수 x ⇨ $a=10$
- 중성자수의 비는 $^{a+1}\text{X} : ^{a+13}\text{Y} = 1 : 2$이다.
  $a+1-x : a+13-(x+6) = 1 : 2$
  ⇨ $x=5$

알짜 풀이

ㄴ. X의 원자 번호는 5이므로 Y의 원자 번호는 11이다.

ㄷ. ^aX 1 mol의 중성자의 양은 5 mol이고, ^{a+13}Y 1 mol의 중성자의 양은 12 mol이므로 혼합되어 있을 때 중성자의 양은 17 mol이다.

바로 알기

ㄱ. $\left(a \times \dfrac{20}{100}\right) + (a+1) \times \dfrac{80}{100} = 10.8$에서 $a=10$이다.

079 원자핵의 발견 답 ⑤

알짜 풀이

실험 결과 대부분의 α 입자들은 금박을 그대로 통과하였고, 극히 일부 α 입자 들이 튕겨 나오거나 크게 휘어졌으므로 금박을 구성하고 있는 원자 내부는 대

부분 비어 있고, 질량이 큰 입자(원자핵)가 존재함을 알 수 있다.

080 동위 원소의 존재 비율

답 ③

알짜 풀이

(가)에서 존재 비율은 $^{16}O : {}^{18}O = 1 : 7$이므로 (가)에 들어 있는 전체 중성자수
는 $(16 \times 2 \times \frac{1}{8}) + (20 \times 2 \times \frac{7}{8}) = 39$ mol이다. (나)에 들어 있는 전체 중성
자수는 $(8+10) \times 2 = 36$ mol이다. 따라서
$\frac{(나)에\ 들어\ 있는\ 전체\ 중성자수}{(가)에\ 들어\ 있는\ 전체\ 중성자수} = \frac{36}{39} = \frac{12}{13}$이다.

081 원자의 구성 입자

답 ②

자료 분석

• Cl의 원자 번호는 17이고, 평균 원자량은 35.5이다.
  양성자수 17

동위 원소	원자량	자연계에 존재하는 비율(%)
$^{35}_{17}Cl\ {}^{m-1}Cl$	$m-1$ 35	75
$^{37}_{17}Cl\ {}^{m+1}Cl$	$m+1$ 37	25

Cl의 평균 원자량$= (m-1) \times \frac{75}{100} + (m+1) \times \frac{25}{100} = 35.5$
$\Rightarrow m = 36$

알짜 풀이

ㄴ. ^{m-1}Cl, ^{m+1}Cl의 원자량은 각각 35, 37이고 양성자수는 같으므로

$\frac{1\ g의\ {}^{m-1}Cl에\ 들어\ 있는\ 양성자수}{1\ g의\ {}^{m+1}Cl에\ 들어\ 있는\ 양성자수} = \frac{\frac{1}{35}}{\frac{1}{37}} = \frac{37}{35}$이다.

바로 알기

ㄱ. Cl의 평균 원자량은 $(m-1) \times \frac{3}{4} + (m+1) \times \frac{1}{4} = 35.5$이므로 $m=36$
이다.

ㄷ. ^{m-1}Cl는 ^{35}Cl이고, ^{m+1}Cl는 ^{37}Cl이다. 1 mol의 Cl_2에는 ^{35}Cl가
$2\ mol \times \frac{3}{4} = \frac{3}{2}$ mol, ^{37}Cl가 $2\ mol \times \frac{1}{4} = \frac{1}{2}$ mol 들어 있고, 중성자
수는 ^{35}Cl와 ^{37}Cl가 각각 18, 20이므로 전체 중성자의 양은
$18 \times \frac{3}{2} + 20 \times \frac{1}{2} = 37$ mol이다.

082 원자의 구성 입자

답 ④

알짜 풀이

실린더에 들어 있는 BF_3의 양은 $\frac{14\ L}{28\ L/mol} = 0.5$ mol이고, 밀도는 2.4 g/L
이므로 BF_3의 질량은 $2.4 \times 14 = 33.6$ g이다. 따라서 BF_3 1 mol의 질량은
67.2 g이다. F의 원자량은 19이므로 B 1 mol의 질량은 $67.2 - 57 = 10.2$ g
이다. $^{10}_5B$의 존재 비율(%)을 x라고 하면 $10 \times \frac{x}{100} + 11 \times \frac{(100-x)}{100} = 10.2$
이므로 $x=80$이다. 따라서 $^{10}_5B$와 $^{11}_5B$의 존재 비율은 각각 80 %, 20 %이
다. 실린더에는 BF_3 0.5 mol이 들어 있고, $^{10}_5B$와 $^{11}_5B$의 중성자수는 각각
5, 6이므로 중성자의 양은 $((5 \times 0.8) + (6 \times 0.2)) \times 0.5 = 2.6$ mol이고,
$^{19}_9F$ 1.5 mol의 중성자의 양은 15 mol이다. 따라서 실린더에 들어 있는 중성
자의 양은 17.6 mol이다.

06 원자 모형과 전자 배치

039~045쪽

대표 기출 문제 083 ⑤ 084 ①

적중 예상 문제
085 ②	086 ②	087 ②	088 ①	089 ⑤
090 ④	091 ③	092 ④	093 ③	094 ④
095 ②	096 ②	097 ⑤	098 ②	099 ④
100 ①	101 ⑤	102 ①	103 ③	104 ③

083 원자 모형과 전자 배치

답 ⑤

알짜 풀이

오비탈 (가)는 $n+l=2$이므로 $2s$ 오비탈임을 알 수 있다. 이때 $2s$ 오비탈의
$\frac{n+l+m_l}{n} = \frac{2}{2} = 1$이므로 (나)~(라)의 $\frac{n+l+m_l}{n}$에 대한 실제 값을 알 수
있다.
이에 따라 (나)의 $n+l=3$, $\frac{n+l+m_l}{n} = 2$이고,
(다)의 $n+l=3$, $\frac{n+l+m_l}{n} = \frac{3}{2}$, (라)의 $n+l=4$, $\frac{n+l+m_l}{n} = \frac{4}{3}$로 오
비탈 (나), (다), (라)는 s 오비탈일 수 없으므로 각각 $2p$, $2p$, $3p$ 오비탈이며,
오비탈 (가)~(라)의 m_l는 각각 0, 1, 0, 0임을 알 수 있다.

ㄴ. 수소 원자에서 오비탈의 n(주 양자수)가 같으면 에너지 준위도 같다.

ㄷ. (가)와 (라)의 m_l는 0으로 같다.

바로 알기

ㄱ. (나)는 $2p$이다.

084 원자 모형과 전자 배치

답 ①

2, 3주기 15~17족 원자는 N(질소), O(산소), F(플루오린), P(인), S(황),
Cl(염소)이다. 이 중 바닥상태에서 $\frac{p\ 오비탈에\ 들어\ 있는\ 전자\ 수}{홀전자\ 수}$가 5로 같
은 원자는 F(플루오린)과 S(황)이므로 W와 Y는 F(플루오린)과 S(황) 중 하
나이다.

원자	N	O	F	P	S	Cl
$\frac{홀전자\ 수}{s\ 오비탈에\ 들어\ 있는\ 전자\ 수}$	$\frac{3}{4}$	$\frac{1}{2}$	$\frac{1}{4}$	$\frac{1}{2}$	$\frac{1}{3}$	$\frac{1}{6}$

X, Y, Z의 $\frac{홀전자\ 수}{s\ 오비탈에\ 들어\ 있는\ 전자\ 수}$(상댓값)가 각각 9, 4, 2이므로 X
는 N(질소), Y는 S(황), Z는 Cl(염소)이다. 따라서 W는 F(플루오린)이다.

알짜 풀이

ㄱ. W~Z 중 3주기 원소는 Y와 Z 2가지이다.

바로 알기

ㄴ. W는 F(플루오린)이고, Z는 Cl(염소)이므로 원자가 전자 수는 7로 같다.

ㄷ. X는 N(질소)이고, Y는 S(황)이므로 전자가 들어 있는 오비탈 수는 각각
5, 9로 X < Y이다.

085 전자 배치 규칙

답 ②

알짜 풀이

ㄷ. (다)는 $2p$ 오비탈에 전자가 1개씩 배치되었으므로 훈트 규칙을 만족한다.

바로 알기

ㄱ. 2s 오비탈에 전자가 1개 있고, 2p 오비탈에 전자가 배치되었으므로 쌓음 원리에 어긋나는 들뜬상태의 전자 배치이다.

ㄴ. (나)에서 2s 오비탈에 전자가 다 채워지지 않고 2p 오비탈에 채워졌으므로 쌓음 원리에 어긋난다.

---

086 오비탈의 종류   답 ②

자료 분석

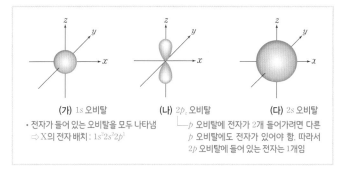

(가) $1s$ 오비탈
• 전자가 들어 있는 오비탈을 모두 나타냄
⇨ X의 전자 배치: $1s^2 2s^2 2p^1$

(나) $2p_z$ 오비탈
p 오비탈에 전자가 2개 들어가려면 다른 p 오비탈에도 전자가 있어야 함. 따라서 $2p$ 오비탈에 들어 있는 전자는 1개임

(다) $2s$ 오비탈

알짜 풀이

ㄴ. (다)는 2s 오비탈이므로 $n=2$, $l=0$이다. 따라서 $n+l=2$이다.

바로 알기

ㄱ. X의 전자 배치가 $1s^2 2s^2 2p^1$이므로 원자 번호 $a=5$이다.

ㄷ. 오비탈에 들어 있는 전자 수는 (가)가 2, (나)가 1이다.

---

087 오비탈과 양자수   답 ②

자료 분석

• (가)~(다)는 각각 $3s$, $3p$, $4s$ 중 하나이다.
• l는 (가)와 (나)가 같다. — $3s$와 $4s$ 중 하나
• $n+l$는 (가)와 (다)가 같다. — $3p$와 $4s$ 중 하나

오비탈	$3s$	$3p$	$4s$
l	0	1	0
$n+l$	3	4	4

⇨ (가), (나), (다)는 각각 $4s$, $3s$, $3p$

알짜 풀이

ㄴ. (나)는 3s 오비탈이므로 모양이 구형이다.

바로 알기

ㄱ. (가)는 $n=4$, $l=0$인 4s 오비탈이다.

ㄷ. 수소 원자의 오비탈이므로 에너지 준위는 $4s>3s=3p$이다. 따라서 에너지 준위는 (나)와 (다)가 같다.

---

088 오비탈과 양자수   답 ①

자료 분석

오비탈	$n+l$	$l-m_l$
(가) $2s$	2 $2s$	0
(나) $2p$	3 $2p, 3s$	1 $l=1, m_l=0$
(다) $3p$	4 $3p, 4s$	2 $l=1, m_l=-1$

• (가)는 $n+l=2$이므로 $n=2$, $l=0$인 2s 오비탈
• (나)는 $n+l=3$이므로 $2p$ 또는 $3s$ 오비탈 ⇨ 만약 $3s$ 오비탈이라면 $l-m_l=0$이어야 하므로 (나)는 $2p$ 오비탈이고, $l=1$, $m_l=0$
• (다)는 $n+l=4$이므로 $3p$ 또는 $4s$ 오비탈 ⇨ 만약 $4s$ 오비탈이라면 $l-m_l=0$이어야 하므로 (다)는 $3p$ 오비탈이고, $l=1$, $m_l=-1$

알짜 풀이

ㄱ. (다)는 3p 오비탈이므로 $n=3$이다.

바로 알기

ㄴ. (가)는 2s 오비탈, (나)는 2p 오비탈로 모두 $n=2$이므로 에너지 준위는 같다.

ㄷ. (나)와 (다)의 m_l 합은 $0-1=-1$이다.

---

089 바닥상태 전자 배치   답 ⑤

알짜 풀이

X와 Y의 홀전자 수는 1 또는 2이다. $n+l=3$인 오비탈은 $2p$ 또는 $3s$ 오비탈인데, 원자 번호가 14 이하에서 $n+l=3$인 오비탈에 들어 있는 전자 수가 Y가 X의 2배이고 원자 반지름이 X>Y이므로 X와 Y는 각각 $1s^2 2s^2 2p^2$, $1s^2 2s^2 2p^4$의 전자 배치를 갖는다.

ㄴ. Y의 전자 배치는 $1s^2 2s^2 2p^4$이므로 $\dfrac{p\ 오비탈에\ 들어\ 있는\ 전자\ 수}{s\ 오비탈에\ 들어\ 있는\ 전자\ 수}=1$이다.

ㄷ. 전자가 들어 있는 오비탈 수는 X와 Y가 각각 4, 5이므로 Y가 X의 $\dfrac{5}{4}$배이다.

바로 알기

ㄱ. X의 전자 배치는 $1s^2 2s^2 2p^2$이므로 원자 번호는 6이다.

---

090 바닥상태 전자 배치   답 ④

알짜 풀이

3주기 바닥상태 원자의 $\dfrac{l=1인\ 오비탈에\ 들어\ 있는\ 전자\ 수}{l=0인\ 오비탈에\ 들어\ 있는\ 전자\ 수}$와 홀전자 수는 다음과 같다.

원자	Na	Mg	Al	Si	P	S	Cl	Ar
$\dfrac{l=1인\ 오비탈에\ 들어\ 있는\ 전자\ 수}{l=0인\ 오비탈에\ 들어\ 있는\ 전자\ 수}$	$\dfrac{6}{5}$	1	$\dfrac{7}{6}$	$\dfrac{4}{3}$	$\dfrac{3}{2}$	$\dfrac{5}{3}$	$\dfrac{11}{6}$	2
홀전자 수	1	0	1	2	3	2	1	0

따라서 X는 Mg이고 홀전자 수 $a=0$, Y는 S이고 홀전자 수 $b=2$, Z는 P이고 $\dfrac{l=1인\ 오비탈에\ 들어\ 있는\ 전자\ 수}{l=0인\ 오비탈에\ 들어\ 있는\ 전자\ 수}$는 $c=\dfrac{3}{2}$이다. 따라서 $a+b+c=\dfrac{7}{2}$이다.

---

091 바닥상태 전자 배치   답 ③

자료 분석

원자	X	Y	Z
㉠에 들어 있는 전자 수 / ㉡에 들어 있는 전자 수	$\dfrac{3}{2}$	$\dfrac{3}{2}$	a

p 오비탈 — 홀전자 수 2 ⇨ C, O, Si, S

s 오비탈 — $\dfrac{p\ 오비탈에\ 들어\ 있는\ 전자\ 수}{s\ 오비탈에\ 들어\ 있는\ 전자\ 수}=\dfrac{3}{2}$인 원자는 Ne, P

• 원자 번호 Z>Y>X이므로 X는 Ne, Y는 P ⇨ Z는 S

알짜 풀이

ㄱ. ①에 들어 있는 전자 수 / ⓒ에 들어 있는 전자 수 $=\dfrac{3}{2}$으로 같은 원자가 2개 있어야 하므로 ①은 p 오비탈이다.

ㄷ. 홀전자 수는 Y(P)가 3, Z(S)가 2이므로 Y>Z이다.

바로 알기

ㄴ. Z는 S이므로 $a=\dfrac{p\ \text{오비탈에 들어 있는 전자 수}}{s\ \text{오비탈에 들어 있는 전자 수}}=\dfrac{5}{3}$이다.

092 바닥상태 전자 배치 답 ④

자료 분석

원자	A N	B F	C P
$n-l=1$인 오비탈에 들어 있는 전자 수 $1s, 2p$	5	7	c 8
$n-l=2$인 오비탈에 들어 있는 전자 수 $2s, 3p$	a 2	b 2	5

알짜 풀이

2, 3주기 바닥상태 원자의 전자가 배치되는 오비탈 중 $n-l=1$인 오비탈은 $1s$, $2p$ 오비탈이고, $n-l=2$인 오비탈은 $2s$, $3p$ 오비탈이다. 따라서 A는 $1s^2 2s^2 2p^3$의 전자 배치를 갖는 N이고, B는 $1s^2 2s^2 2p^5$의 전자 배치를 갖는 F, C는 $1s^2 2s^2 2p^6 3s^2 3p^3$의 전자 배치를 갖는 P이다.

ㄴ. A와 C는 모두 15족 원소이므로 원자가 전자 수가 5로 같다.

ㄷ. A~C의 홀전자 수는 각각 3, 1, 3이므로 홀전자 수의 합은 7이다.

바로 알기

ㄱ. A와 B는 $2s$ 오비탈에 전자가 2개 배치되므로 $a=b=2$이고, C는 $1s$와 $2p$ 오비탈에 전자가 총 8개 배치되므로 $c=8$이다. 따라서 $a+b+c=12$이다.

093 바닥상태 전자 배치 답 ③

자료 분석

원자	W F	X S	Y P	Z O
홀전자 수 / p 오비탈에 들어 있는 전자 수 $=$①	$\dfrac{1}{5}$	$\dfrac{1}{5}$ $\dfrac{2}{10}$	$\dfrac{1}{3}$ $\dfrac{3}{9}$	$\dfrac{1}{2}$ $\dfrac{2}{4}$

원자	Li	Be	B	C	N	O	F	Ne
①	—	—	1	1	1	$\dfrac{1}{2}$	$\dfrac{1}{5}$	0
원자	Na	Mg	Al	Si	P	S	Cl	Ar
①	$\dfrac{1}{6}$	0	$\dfrac{1}{7}$	$\dfrac{1}{4}$	$\dfrac{1}{3}$	$\dfrac{1}{5}$	$\dfrac{1}{11}$	0

• 원자가 전자 수는 W>X이므로 W는 F이고, X는 S

알짜 풀이

ㄱ. W~Z 중 2주기 원소는 W, Z이다.

ㄴ. Z는 O, Y는 P이므로 전기 음성도는 Z>Y이다.

바로 알기

ㄷ. 전자 배치는 X가 $1s^2 2s^2 2p^6 3s^2 3p^4$이고, Y가 $1s^2 2s^2 2p^6 3s^2 3p^3$이므로 전자가 들어 있는 오비탈 수는 X와 Y가 같다.

094 양자수와 오비탈 답 ④

알짜 풀이

$n+l+m_l=4$인 오비탈은 $n=2$, $l=1$, $m_l=+1$인 $2p$ 오비탈, $n=3$, $l=1$, $m_l=0$인 $3p$ 오비탈, $n=4$, $l=0$, $m_l=0$인 $4s$ 오비탈이다. 따라서 $n+l+m_l=4$인 오비탈에 들어 있는 전자 수가 5이므로 X는 $2p$, $3p$ 오비탈을 모두 채우고, $4s^1$인 전자 배치를 갖는 4주기 1족 원소인 K이다.

ㄴ. X는 $3p$ 오비탈에 전자가 모두 채워지므로 $n=3$, $l=1$, $m_l=1$인 오비탈에 전자가 들어 있다.

ㄷ. X는 s 오비탈($l=0$)의 전자 수가 7, p 오비탈($l=1$)의 전자 수가 12이므로 $\dfrac{l=1\text{인 오비탈에 들어 있는 전자 수}}{l=0\text{인 오비탈에 들어 있는 전자 수}}=\dfrac{12}{7}$이다.

바로 알기

ㄱ. X는 K이므로 원자가 전자 수는 1이다.

095 바닥상태 전자 배치 답 ②

자료 분석

원자	W C	X Li	Y B	Z N
홀전자 수 / 전자가 들어 있는 오비탈 수	$\dfrac{1}{2}$ $\dfrac{2}{4}$	$\dfrac{1}{2}$	$\dfrac{1}{3}$	$\dfrac{3}{5}$

원자	Li	Be	B	C	N	O	F	Ne
홀전자 수	1	0	1	2	3	2	1	0
전자가 들어 있는 오비탈 수	2	2	3	4	5	5	5	5

• 원자 번호는 W>X이므로 W는 C, X는 Li

알짜 풀이

ㄴ. W, Y는 각각 C, B이므로 원자가 전자 수는 W>Y이다.

바로 알기

ㄱ. $\dfrac{\text{홀전자 수}}{\text{전자가 들어 있는 오비탈 수}}=\dfrac{1}{2}$이고 원자 번호가 W>X이므로 W는 C이다.

ㄷ. $\dfrac{p\ \text{오비탈에 들어 있는 전자 수}}{s\ \text{오비탈에 들어 있는 전자 수}}$는 W~Z가 각각 $\dfrac{1}{2}$, 0, $\dfrac{1}{4}$, $\dfrac{3}{4}$이므로 Z가 가장 크다.

096 오비탈과 양자수 답 ②

알짜 풀이

(가)~(다)의 n이 3 이하이므로 (가)는 $n=3$, $l=2$인 $3d$ 오비탈이고, (나)는 $n=2$, $l=1$인 $2p$ 오비탈이며, (다)는 $n=3$, $l=1$인 $3p$ 오비탈이다. 따라서 수소 원자에서는 n이 같으면 에너지 준위가 같으므로 에너지 준위는 (가)=(다)>(나)이다.

097 오비탈과 양자수 답 ⑤

알짜 풀이

$n+l=3$인 오비탈은 $2p$, $3s$ 오비탈이다. X와 Y는 2, 3주기 원자이고 원자가 전자 수가 같으므로 X의 전자 배치는 $1s^2 2s^2 2p^4$, Y의 전자 배치는 $1s^2 2s^2 2p^6 3s^2 3p^4$이다. 따라서 X는 O, Y는 S이다.

ㄱ. X의 전자 배치는 $1s^2 2s^2 2p^4$이므로 홀전자 수는 2이다.

ㄴ. $l=1$인 오비탈에 들어 있는 전자 수는 p 오비탈에 들어 있는 전자 수이므로 Y는 $l=1$인 오비탈에 들어 있는 전자 수가 10이다.

ㄷ. $n-l=2$인 오비탈에 들어 있는 전자 수는 $2s$, $3p$ 오비탈에 들어 있는 전자 수이므로 X는 2, Y는 6이다. 따라서 $n-l=2$인 오비탈에 들어 있는 전자 수는 Y가 X의 3배이다.

098 바닥상태 전자 배치   답 ②

자료 분석

원자	X Si	Y Cl	Z N
홀전자 수	2	1	3
전자가 2개 들어 있는 오비탈 수 =㉠ s 오비탈에 들어 있는 전자 수 =㉡	1	$\dfrac{4}{3}$	$\dfrac{1}{2}$

원자	Li	Be	B	C	N	O	F	Ne
㉠	1	2	2	2	2	3	4	5
㉡	3	4	4	4	4	4	4	4
원자	Na	Mg	Al	Si	P	S	Cl	Ar
㉠	5	6	6	6	6	7	8	9
㉡	5	6	6	6	6	6	6	6

알짜 풀이

X는 $1s^22s^22p^63s^23p^2$의 전자 배치를 갖는 Si이고, Y는 $1s^22s^22p^63s^23p^5$의 전자 배치를 갖는 Cl이며, Z는 $1s^22s^22p^3$의 전자 배치를 갖는 N이다.

ㄴ. X~Z 중 3주기 원소는 X, Y이다.

바로 알기

ㄱ. X~Z의 원자가 전자 수는 각각 4, 7, 5이므로 합은 16이다.

ㄷ. $\dfrac{p\ \text{오비탈에 들어 있는 전자 수}}{s\ \text{오비탈에 들어 있는 전자 수}}$는 X~Z가 각각 $\dfrac{8}{6}$, $\dfrac{11}{6}$, $\dfrac{3}{4}$이다. 따라서 Y가 가장 크다.

099 오비탈과 양자수   답 ④

자료 분석

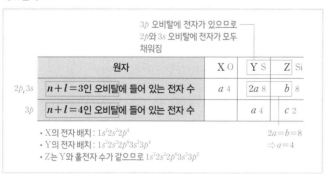

- X의 전자 배치: $1s^22s^22p^4$
- Y의 전자 배치: $1s^22s^22p^63s^23p^4$ $2a=b=8$ ⇨ $a=4$
- Z는 Y와 홀전자 수가 같으므로 $1s^22s^22p^63s^23p^2$

알짜 풀이

ㄱ. $a=4$, $b=8$, $c=2$이므로 $\dfrac{a+b}{c}=6$이다.

ㄷ. $n-l=2$인 오비탈에 들어 있는 전자 수는 $2s$와 $3p$ 오비탈에 들어 있는 전자 수로 Y는 6이고, X는 2이므로 Y가 X의 3배이다.

바로 알기

ㄴ. 원자 번호는 Y>Z이다.

100 수소 원자의 오비탈과 양자수   답 ②

자료 분석

오비탈	(가) $1s$	(나) $2s$	(다) $2p$	(라) $3p$
$n+l$	1	2	3	4
$l-m_l$	a 0	a 0	$a+1$ 1	$a+2$ 2

- (다)는 $2p$ 또는 $3s$ 오비탈인데 $a=0$이므로 $l-m_l=1$ ⇨ $2p$ 오비탈
- (라)는 $3p$ 또는 $4s$ 오비탈인데 $l-m_l=2$ ⇨ $3p$ 오비탈

알짜 풀이

ㄴ. (다)와 (라)의 m_l는 각각 0, -1이므로 (다)가 (라)보다 크다.

바로 알기

ㄱ. (가)~(라)의 오비탈은 각각 $1s$, $2s$, $2p$, $3p$ 오비탈이므로 오비탈의 모양이 구형인 것은 2가지이다.

ㄷ. (나)는 $2s$, (다)는 $2p$ 오비탈로 (나)와 (다) 모두 $n=2$인 수소 원자의 오비탈이므로 에너지 준위가 같다.

101 바닥상태 전자 배치   답 ⑤

자료 분석

- (나)는 $2p$ 오비탈 ⇨ (가)는 $3s$ 오비탈, (다)는 $1s$ 오비탈
- $a=3$, $b=1$이므로 $3s$ 오비탈에 전자가 1개 들어 있는 X의 전자 배치는 $1s^22s^22p^63s^1$

알짜 풀이

ㄱ. n는 (나)와 (다)가 각각 2, 1이므로 (나)>(다)이다.

ㄴ. (나)는 $2p$ 오비탈이므로 $a=3$, (다)는 $1s$ 오비탈이므로 $b=1$이다. 따라서 $a+b=4$이다.

ㄷ. (가)인 $3s$ 오비탈에 들어 있는 전자 수가 1이므로 X는 1족 원소이다.

102 바닥상태 전자 배치   답 ①

알짜 풀이

㉠이 p 오비탈이면 Y의 값은 존재하지 않으므로 ㉠은 s 오비탈이고, ㉡은 p 오비탈이다. 따라서 X는 $1s^22s^22p^63s^23p^6$의 전자 배치를 갖고, Y는 $1s^22s^22p^63s^23p^4$의 전자 배치를 갖는다.

ㄱ. $\dfrac{㉡\text{에 들어 있는 전자 수}}{㉠\text{에 들어 있는 전자 수}}=\dfrac{5}{3}$이기 위해서는 ㉠이 s 오비탈이어야 한다.

바로 알기

ㄴ. Y는 $n=3$인 오비탈에 전자가 채워져 있으므로 3주기 원소이다.

ㄷ. $n-l=2$인 오비탈은 $2s$, $3p$ 오비탈이므로 $n-l=2$인 오비탈에 들어 있는 전자 수는 X>Y이다.

103 수소 원자의 오비탈 답 ③

자료 분석

- (가)~(다)의 $n+l$의 합은 8이다.
- 에너지 준위는 (가)＞(나)＞(다)이다. _{(가)~(다)는 $3p, 2p, 1s$}
- (가)~(다) 중 $l=1$로 같은 오비탈이 있다.
  ⇨ l는 (가)와 (나)가 1로 같아야 하므로 (가)~(다)는 각각 $3p, 2p, 1s$ 오비탈

알짜 풀이

ㄱ. (다)는 $1s$ 오비탈이므로 모양은 구형이다.

ㄴ. (가)는 $3p$ 오비탈이므로 $n=3$이다.

바로 알기

ㄷ. (나)는 $2p$ 오비탈이므로 같은 에너지 준위를 갖는 오비탈이 $2s, 2p_x, 2p_y, 2p_z$로 4개 있다.

104 바닥상태 전자 배치 답 ③

자료 분석

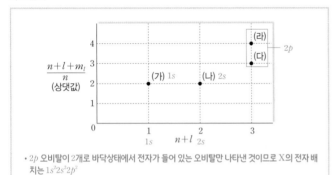

- $2p$ 오비탈이 2개로 바닥상태에서 전자가 들어 있는 오비탈만 나타낸 것이므로 X의 전자 배치는 $1s^2 2s^2 2p^2$

알짜 풀이

ㄱ. $2p$ 오비탈에 전자가 2개 있으므로 훈트 규칙에 따라 홀전자 수는 2이다.

ㄷ. (나)는 $2s$ 오비탈이므로 $m_l=0$이고, (가)~(라)의 $\frac{n+l+m_l}{n}$는 각각 1, 1, $\frac{3}{2}$, 2에서 (다)의 $m_l=0$이므로 m_l는 (나)와 (다)가 같다.

바로 알기

ㄴ. (다)와 (라)는 에너지 준위가 같은 $2p$ 오비탈이다.

---

07 주기율표와 원소의 주기적 성질 047~051쪽

대표 기출 문제	105 ①	106 ④		
적중 예상 문제	107 ⑤	108 ⑤	109 ②	110 ③	111 ②
	112 ⑤	113 ③	114 ③	115 ⑤	116 ③
	117 ①	118 ④	119 ⑤	120 ⑤	

105 원소의 주기적 성질 답 ①

원자 반지름 자료에서 W와 Y가 금속, X와 Z가 비금속임을 알 수 있다. W가 Y보다 원자 반지름이 크므로 W, Y는 각각 Na, Mg이다. 두 번째 그림에서 W가 Y보다 크므로 ㉠이 이온 반지름이고, ㉡이 제1 이온화 에너지이다. 제1 이온화 에너지(㉡) 그림에서 Z가 X보다 큰데, X와 Z는 N과 O 중하나이므로 Z가 N, X가 O이다.

알짜 풀이

ㄱ. ㉠은 이온 반지름이다.

바로 알기

ㄴ. 제2 이온화 에너지는 W(Na)＞Y(Mg)이다.

ㄷ. 원자가 전자가 느끼는 유효 핵전하는 X(O)＞Z(N)이다.

106 원소의 주기적 성질 답 ④

(가)에서 W와 X의 E_5는 E_4와 비교했을 때 급격히 증가하므로 W와 X는 14족임을 알 수 있다. 또한 E_3, E_4, E_5는 W＞X이므로 W가 2주기 14족인 C(탄소)이고, X가 3주기 14족인 Si(규소)이다. 원자 반지름은 Y＞Z이므로 Y는 P(인), Z는 O(산소)이다.

알짜 풀이

ㄱ. X는 Si(규소)이다.

ㄷ. 제2 이온화 에너지는 Z(O)＞Y(P)이다.

바로 알기

ㄴ. W는 2주기 원소인 C(탄소)이고 Y는 3주기 원소인 P(인)이므로 W와 Z는 주기가 다른 원소이다.

107 원소의 주기적 성질 답 ⑤

알짜 풀이

ㄱ. 원자 반지름은 같은 주기에서 원자 번호가 작을수록 크고, 같은 족에서 원자 번호가 클수록 크다. 따라서 원자 반지름은 C가 가장 크다.

ㄴ. 원자가 전자가 느끼는 유효 핵전하는 원자 번호가 클수록 크므로 D＞C이다.

ㄷ. 제1 이온화 에너지는 같은 족이면 2주기 원소가 3주기 원소보다 크고, 같은 주기이면 2족 원소가 13족 원소보다 크므로 A가 가장 크다.

108 홀전자 수와 전기 음성도 답 ⑤

자료 분석

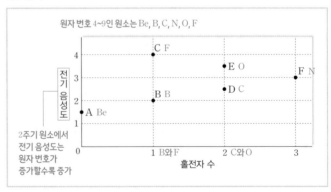

알짜 풀이

ㄱ. 원자가 전자 수는 C(F)가 7, F(N)가 5이므로 C가 F보다 2만큼 크다.

ㄴ. 2주기 원소는 원자 번호가 증가할수록 전기 음성도가 증가하므로 원자 번호는 E(O)＞D(C)이다.

ㄷ. 2주기 원소의 제1 이온화 에너지는 2족 원소가 13족 원소보다 크므로 A(Be)>B(B)이다.

109 순차 이온화 에너지　　답 ②

알짜 풀이

$E_2 \ll E_3$인 원자는 W이므로 W는 3주기 2족 원소인 Mg이다. 2, 3주기 원자의 원자 번호가 연속이므로 E_2가 가장 큰 Z는 3주기 1족 원소인 Na이다. 13족 원소가 있다면 $E_3 \ll E_4$가 나타나야 하지만 그렇지 않으므로 X와 Y는 각각 2주기 17족, 18족 원소인 F, Ne이다. 원자 번호를 비교하면 X<Y<Z<W이다.

110 원소의 주기적 성질　　답 ③

알짜 풀이

ㄱ. 원자 반지름은 같은 주기에서는 원자 번호가 증가할수록 감소하므로 X>Y이고, 같은 족에서는 원자 번호가 증가할수록 증가하므로 Z>X이다. 따라서 원자 반지름은 Z>Y이다.

ㄴ. 원자가 전자가 느끼는 유효 핵전하는 같은 주기에서 원자 번호가 증가할수록 증가하므로 Y>X이다.

바로 알기

ㄷ. X와 Z는 1족 원소이므로 제2 이온화 에너지가 같은 주기의 다른 원자들보다 크다. 그 중 원자 반지름이 더 작은 X의 제2 이온화 에너지가 더 크다.

111 주기율표　　답 ②

알짜 풀이

ㄷ. 전자 껍질 수가 3이면 3주기 원소이므로 3주기 원소는 E와 F이다.

바로 알기

ㄱ. 금속 원소는 E, G이다. A는 비금속 원소이다. 따라서 금속 원소는 2가지이다.

ㄴ. B와 D는 18족 원소이므로 반응에 잘 참여하지 않는다.

112 원소의 주기적 성질　　답 ⑤

자료 분석

- 원자 반지름은 X>Y 이다.　가능한 X, Y, Z 조합
(O, F, Na) 또는 (Na, O, F) 또는 (Na, F, O)
- 홀전자 수는 Z>X이다. O>F=Na
⇒ X~Z는 각각 Na, F, O

알짜 풀이

ㄴ. 원자가 전자가 느끼는 유효 핵전하는 원자 번호가 커질수록 증가한다. 따라서 원자 번호는 Y>Z이므로 원자가 전자가 느끼는 유효 핵전하는 Y>Z이다.

ㄷ. Ne의 전자 배치를 갖는 이온은 Z^{2-}과 X^+이므로 이온 반지름은 Z>X이다.

바로 알기

ㄱ. X는 Na이다.

113 순차 이온화 에너지　　답 ③

자료 분석

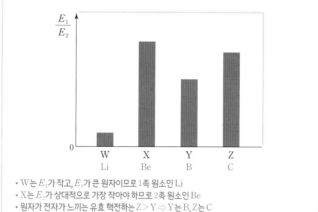

- W는 E_1가 작고, E_2가 큰 원자이므로 1족 원소인 Li
- X는 E_2가 상대적으로 가장 작아야 하므로 2족 원소인 Be
- 원자가 전자가 느끼는 유효 핵전하는 Z>Y ⇒ Y는 B, Z는 C

알짜 풀이

ㄱ. X는 E_2가 작고 E_1가 상대적으로 크면 되므로 2족 원소인 Be이다.

ㄷ. W~Z는 각각 Li, Be, B, C이므로 원자 반지름은 W가 가장 크다.

바로 알기

ㄴ. 제3 이온화 에너지는 13족 원소인 Y가 가장 작으므로 Z>Y이다.

114 순차 이온화 에너지　　답 ③

알짜 풀이

제1 이온화 에너지가 X>Y이므로 X~Z로 가능한 것은 (Be, Na, Mg), (Be, Mg, Na), (Mg, Na, Be)이다. 제2 이온화 에너지가 가장 큰 Y는 1족 원소인 Na이므로 X~Z는 각각 Be, Na, Mg이다.

ㄱ. X는 2족, Y는 1족 원소이므로 원자가 전자 수는 X>Y이다.

ㄴ. 원자 반지름은 Y>Z>X이다.

바로 알기

ㄷ. Y는 1족 원소이므로 $E_2 \gg E_1$이고, Z는 2족 원소이므로 E_2가 Y보다 작다. 따라서 $E_2 - E_1$는 Y>Z이다.

115 원소의 주기적 성질　　답 ⑤

자료 분석

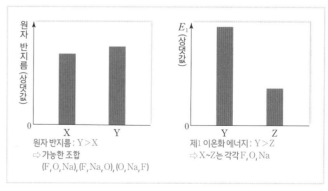

원자 반지름: Y>X
⇒ 가능한 조합
(F, O, Na), (F, Na, O), (O, Na, F)

제1 이온화 에너지: Y>Z
⇒ X~Z는 각각 F, O, Na

알짜 풀이

ㄴ. X~Z 중 E_2는 1족 원소인 Z가 가장 크다.

ㄷ. X는 비금속, Z는 금속 원소이므로 $\dfrac{\text{이온 반지름}}{\text{원자 반지름}}$은 X>Z이다.

바로 알기

ㄱ. X는 F이다.

자료 분석

원자	W C	X F	Y Na	Z Mg
원자 번호	a 6	$a+3$ 9	$a+5$ 11	$a+6$ 12
홀전자 수	2	1	1	0

- W~Z는 2, 3주기 원소이고, 홀전자 수는 W>X>Z이므로 W, X, Z의 홀전자 수는 각각 (3, 2, 1) 또는 (3, 2, 0) 또는 (3, 1, 0) 또는 (2, 1, 0)
- W, X, Z의 원자 번호 차이 간격으로 볼 때, W~Z는 각각 C, F, Na, Mg

알짜 풀이

ㄱ. W와 X는 2주기 원소이므로 원자 번호가 큰 X가 W보다 원자가 전자가 느끼는 유효 핵전하가 크다.

ㄴ. 3주기 원소인 Y와 Z는 각각 1족, 2족 원소이므로 제1 이온화 에너지는 Z>Y이다.

바로 알기

ㄷ. 원자 반지름은 3주기 1족 원소인 Y가 가장 크다.

117 원소의 주기적 성질   답 ①

자료 분석

- W~Z의 원자 번호는 각각 5~8 중 하나이다. ── B, C, N, O
- 제2 이온화 에너지는 W>X>Y이다. ── W는 O, Y는 C
- 홀전자 수는 W와 Y가 같다. ── C와 O
- 원자가 전자가 느끼는 유효 핵전하는 Y>Z이다. ── Z는 B, X는 N

알짜 풀이

ㄱ. W~Z는 각각 O, N, C, B이므로 제1 이온화 에너지는 X가 가장 크다.

바로 알기

ㄴ. 원자 번호가 W>X이므로 원자 반지름은 X>W이다.

ㄷ. 원자 번호가 X>Y이므로 원자가 전자 수는 X>Y이다.

118 전자 배치와 원소의 주기적 성질   답 ④

자료 분석

원자	X B	Y F	Z Al
홀전자 수	1	1	b 1
전자가 들어 있는 오비탈 수	a 3	$a+2$ 5	$a+4$ 7

가능한 조합 (B, F), (Al, Cl)

알짜 풀이

홀전자 수가 1이면서 전자가 들어 있는 오비탈 수가 2만큼 차이가 나는 X와 Y는 각각 B, F 또는 Al, Cl이다. Z의 전자가 들어 있는 오비탈 수는 Y보다 2만큼 커야 하므로 X~Z는 B, F, Al이고 $b=1$이다.

ㄱ. X와 Z는 13족 원소이다.

ㄷ. X와 Z는 13족 원소로 제2 이온화 에너지가 2족 원소의 제1 이온화 에너지와 유사하여 커지지만, Y는 16족 원소와 유사한 이온화 에너지를 보며 X와 Z의 증가에 비해 감소한다. 따라서 $\dfrac{제2\ 이온화\ 에너지}{제1\ 이온화\ 에너지}$ 는 Y가 가장 작다.

바로 알기

ㄴ. X의 전자 배치는 $1s^2 2s^2 2p^1$이므로 $a=3$이고, Z는 Al이므로 $b=1$이다.

자료 분석

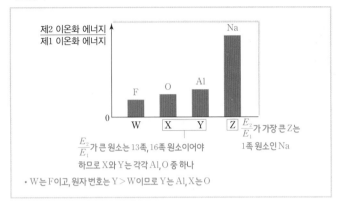

$\dfrac{E_2}{E_1}$가 큰 원소는 13족, 16족 원소이어야 하므로 X와 Y는 각각 Al, O 중 하나

$\dfrac{E_2}{E_1}$가 가장 큰 Z는 1족 원소인 Na

- W는 F이고, 원자 번호는 Y>W이므로 Y는 Al, X는 O

알짜 풀이

ㄱ. X는 O이므로 원자가 전자 수는 6이다.

ㄴ. W는 2주기 17족 원소이므로 W~Z 중 원자 반지름이 가장 작다. Y는 3주기 13족 원소이므로 원자 반지름은 Y>W이다.

ㄷ. Ne의 전자 배치를 갖는 이온의 반지름은 $O^{2-} > Na^+$이므로 X>Z이다.

120 원소의 주기적 성질   답 ⑤

자료 분석

- 2주기 원소의 (원자가 전자 수 − 홀전자 수=a)

원자	Li	Be	B	C	N	O	F	Ne
a	0	2	2	2	2	4	6	0

⇒ W~Z는 각각 Be, B, C, N 중 하나

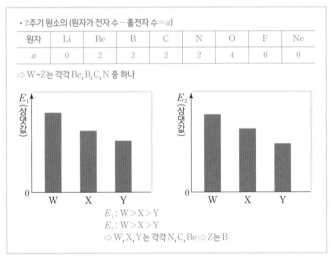

E_1 : W>X>Y
E_2 : W>X>Y
⇒ W, X, Y는 각각 N, C, Be ⇒ Z는 B

알짜 풀이

ㄴ. Y, Z는 각각 Be, B이므로 원자가 전자 수는 Z>Y이다.

ㄷ. 원자 번호가 W>Y이므로 원자 반지름은 Y>W이다.

바로 알기

ㄱ. X는 C이다.

1등급 도전 문제   052~055쪽

121 ③	**122** ②	**123** ①	**124** ⑤	**125** ⑤	**126** ③
127 ⑤	**128** ⑤	**129** ②	**130** ③	**131** ⑤	**132** ③
133 ⑤	**134** ④				

II

121 원자의 구성 입자 답 ③

자료 분석

입자	입자 수		
	㉠ 중성자	㉡ 전자	㉢ 양성자
양성자수=전자 수−2 A^{2+}	$6k$ $k=2$	$5k$	$< 6k$
양성자수=전자 수+2 B^{2-}	$5k$	$5k$	$> 4k$
C^{m+}	$10k$	$9k$	$< 10k$

- A^{2+}에서 $6k-5k=k=2$
- C^{m+}에서 $10k-9k=k=2 \Rightarrow m=2$

알짜 풀이

ㄱ. C^{m+}의 양성자수는 20, 전자 수는 18이므로 $m=2$이다.

ㄴ. ㉠~㉢은 각각 중성자, 전자, 양성자이다.

바로 알기

ㄷ. 질량수는 양성자수와 중성자수를 더해야 하므로 B^{2-}은 18, C^{m+}은 40이다. 따라서 질량수는 C^{m+}이 B^{2-}의 2배보다 크다.

122 동위 원소의 존재 비율 답 ②

자료 분석

- 자연계에 존재하는 X와 Y에 대한 자료

원소	동위 원소	원자량	평균 원자량
X	^aX	a	$a+1$ — 존재비 $^aX : ^{a+2}X = 1:1$
	^{a+2}X	$a+2$	
Y	^bY	b	$\frac{3}{4}b+\frac{1}{4}(b+2)=b+\frac{1}{2}$ — ㉠, 존재비 $^bY : ^{b+2}Y = 3:1$
	^{b+2}Y	$b+2$	

- $\dfrac{\text{분자량이 가장 큰 XY의 존재 비율}}{\text{분자량이 가장 작은 XY의 존재 비율}} = \dfrac{1}{3}$이다. — 존재비 $^bY : ^{b+2}Y = 3:1$

알짜 풀이

ㄴ. 동위 원소의 존재비는 $^bY : ^{b+2}Y = 3:1$이므로 분자량이 $2b$, $2b+2$, $2b+4$인 Y_2의 존재 비율은 $\frac{9}{16}$, $\frac{6}{16}$, $\frac{1}{16}$이다. 따라서 $\dfrac{\text{분자량이 가장 큰 } Y_2\text{의 존재 비율}}{\text{분자량이 가장 작은 } Y_2\text{의 존재 비율}} = \dfrac{1}{9}$이다.

바로 알기

ㄱ. 동위 원소의 존재비는 $^bY : ^{b+2}Y = 3:1$이므로 ㉠은 $\frac{3}{4}b+\frac{1}{4}(b+2) = b+\frac{1}{2}$이다.

ㄷ. XY는 $a+b$, $a+b+2$, $a+b+4$의 분자량을 가질 수 있는데 존재 비율은 각각 $\frac{3}{8}$, $\frac{4}{8}$, $\frac{1}{8}$이다. 따라서 존재 비율이 가장 큰 XY의 분자량은 $a+b+2$이다.

123 동위 원소의 존재 비율 답 ①

알짜 풀이

ㄱ. B의 평균 원자량은 $10 \times \frac{20}{100} + 11 \times \frac{80}{100} = 10.8$이고, F은 동위 원소가 없으므로 BF_3의 평균 분자량은 $10.8 + 19 \times 3 = 67.8$이다.

바로 알기

ㄴ. 1 mol의 H_2에 들어 있는 중성자수가 1 mol이면 H_2를 구성하는 ^1H와 ^2H의 비율이 같음을 뜻하므로 자연계 존재 비율의 조건에 맞지 않는다. 따라서 1 mol의 H_2에 들어 있는 중성자수는 1 mol보다 작다.

ㄷ. $\dfrac{\text{1 g의 B에 들어 있는 양성자수}}{\text{1 g의 } H_2 \text{에 들어 있는 양성자수}} = \dfrac{\frac{1}{10.8} \times 5}{\frac{1}{2.0002} \times 2} < \dfrac{1}{2}$이다.

124 동위 원소의 평균 원자량 답 ⑤

알짜 풀이

ㄱ. 평균 원자량은 $m \times \frac{a}{100} + (m+2) \times \frac{b}{100} = m+\frac{1}{2}$이므로 $a=75$, $b=25$이다. 따라서 $\frac{b}{a} = \frac{1}{3}$이다.

ㄴ. $\dfrac{\text{1 g의 } ^mX \text{에 들어 있는 양성자수}}{\text{1 g의 } ^{m+2}X \text{에 들어 있는 양성자수}} = \dfrac{\frac{1}{m}}{\frac{1}{m+2}} = \dfrac{m+2}{m}$이다.

ㄷ. 1 mol의 X_2의 평균 분자량은 $2m+1$이고, 양성자수는 $2x$이므로 1 mol의 X_2에 들어 있는 중성자의 양은 $(2m-2x+1)$ mol이다.

125 양자수와 오비탈 답 ⑤

자료 분석

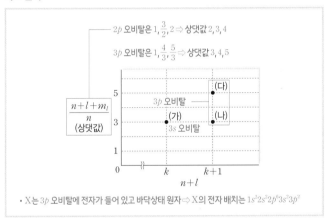

- 2p 오비탈은 $1, \frac{3}{2}, 2$ 상댓값 $2, 3, 4$
- 3p 오비탈은 $1, \frac{4}{3}, \frac{5}{3}$ 상댓값 $3, 4, 5$

- X는 3p 오비탈에 전자가 들어 있고 바닥상태 원자 ⇒ X의 전자 배치는 $1s^2 2s^2 2p^6 3s^2 3p^2$

알짜 풀이

ㄱ. $k=3$이므로 (가)는 $3s$ 오비탈이다.

ㄴ. $3s^2 3p^2$에 전자가 배치되므로 원자가 전자 수는 4이다.

ㄷ. X의 전자 배치는 $1s^2 2s^2 2p^6 3s^2 3p^2$이므로 $\dfrac{p \text{ 오비탈에 들어 있는 전자 수}}{s \text{ 오비탈에 들어 있는 전자 수}} = \dfrac{4}{3}$이다.

126 바닥상태 전자 배치 답 ③

자료 분석

- X와 Y의 p 오비탈에 들어 있는 전자 수 합이 12 ⇒ X는 2주기 16족, Y는 3주기 14족 원소

원자	X O	Y Si
p 오비탈에 들어 있는 전자 수	a 4	$12-a$
홀전자 수	b 2	b

알짜 풀이

ㄱ. 원자가 전자 수는 X>Y이다.

ㄷ. X의 전자 배치는 $1s^2 2s^2 2p^4$, Y의 전자 배치는 $1s^2 2s^2 2p^6 3s^2 3p^2$이므로 $\dfrac{p\ 오비탈의\ 전자\ 수}{s\ 오비탈의\ 전자\ 수}$는 X와 Y가 각각 1, $\dfrac{4}{3}$이다. 따라서 Y가 X의 $\dfrac{4}{3}$배이다.

바로 알기

ㄴ. $a=4$, $b=2$이므로 $a+b=6$이다.

127 원자의 구성 입자 　　답 ⑤

자료 분석

원자	중성자수−양성자수	질량수	원자 번호	중성자수
A	0	m	a	a
B	1	$m+3$	b	$b+1$
C	2	$m+2$	c	$c+2$
D	3	$m+5$	d	$d+3$

$m=2a, m+3=2b+1, m+2=2c+2, m+5=2d+3$
$\Rightarrow a=c, b=d$이고, $a+b+1+c+2+d+3=72$
$\Rightarrow a=16$

알짜 풀이

ㄴ. $b=d$이므로 B와 D는 동위 원소이다.

ㄷ. A와 D의 질량수는 각각 32, 37이고, 중성자수는 각각 16, 20이다. 따라서 $\dfrac{1\ g의\ D에\ 들어\ 있는\ 중성자수}{1\ g의\ A에\ 들어\ 있는\ 중성자수}=\dfrac{\frac{1}{37}\times 20}{\frac{1}{32}\times 16}=\dfrac{40}{37}$이다.

바로 알기

ㄱ. $a=16$이므로 A의 원자 번호는 16이다.

128 전자 배치 　　답 ⑤

알짜 풀이

$\dfrac{홀전자\ 수}{p\ 오비탈의\ 전자\ 수}=\dfrac{1}{2}$인 X는 O이고, $\dfrac{홀전자\ 수}{p\ 오비탈의\ 전자\ 수}=\dfrac{1}{3}$인 Y는 P, $\dfrac{홀전자\ 수}{p\ 오비탈의\ 전자\ 수}=\dfrac{1}{5}$인 Z는 S이다.

ㄱ. X는 O이므로 $\dfrac{전자가\ 들어\ 있는\ p\ 오비탈\ 수}{전자가\ 들어\ 있는\ s\ 오비탈\ 수}=\dfrac{3}{2}$이다.

ㄴ. X와 Z는 모두 15족 원소이다.

ㄷ. X~Z 중 원자 반지름은 3주기 15족 원소인 Y가 가장 크다.

129 오비탈과 양자수 　　답 ②

자료 분석

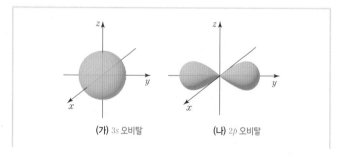

(가) $3s$ 오비탈　　(나) $2p$ 오비탈

• Mg의 바닥상태 전자 배치는 $1s^2 2s^2 2p^6 3s^2$ ⇨ (나)는 $2p$ 오비탈
• $n+l+m_l$는 (가)가 (나)보다 크므로 (가)는 $n+l+m_l=3+0+0=3$인 $3s$ 오비탈, (나)는 $n+l+m_l=2+1-1=2$인 $2p$ 오비탈

알짜 풀이

ㄴ. $n+l+m_l$는 (가)>(나)이므로 (가)는 $n+l+m_l=3+0+0=3$이고, (나)는 $n+l+m_l=2+1-1=2$이다. 따라서 m_l는 (가)>(나)이다.

바로 알기

ㄱ. Mg은 바닥상태에서 $2p$ 오비탈과 $3s$ 오비탈에 들어 있는 전자 수가 2로 같다.

ㄷ. (가)와 (나)는 각각 $3s$, $2p$ 오비탈이므로 에너지 준위는 (가)>(나)이다.

130 원소의 주기적 성질 　　답 ③

알짜 풀이

홀전자 수가 같은 W, X는 (Si, O) 또는 (Na, F) 중 하나이다. 만약 W와 X가 각각 Na, F이라면 W의 전기 음성도가 가장 작아 조건에 맞지 않는다. 따라서 W와 X는 각각 Si, O이고, Y는 F, Z는 Na이다.

ㄱ. X와 Y는 2주기 원소이고 원자 번호는 Y>X이므로 원자 반지름은 X>Y이다.

ㄴ. Y는 2주기 17족, Z는 3주기 1족 원소이므로 Ne의 전자 배치를 갖는 이온의 반지름은 Y>Z이다.

바로 알기

ㄷ. W는 3주기 14족, Z는 3주기 1족 원소이므로 제2 이온화 에너지는 Z>W이다.

131 원소의 주기적 성질 　　답 ③

자료 분석

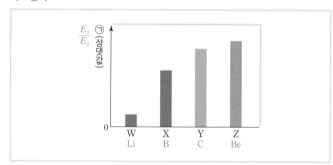

알짜 풀이

㉠이 $\dfrac{E_2}{E_1}$라면 W는 Be이고 Z는 Li인데, 원자 번호는 Y>X이므로 W~Z는 각각 Be, B, C, Li이 되어야 하지만 $\dfrac{E_2}{E_1}$는 B>C이므로 조건에 맞지 않는다. 따라서 ㉠은 $\dfrac{E_1}{E_2}$이고, W는 Li, Z는 Be이며, X는 B, Y는 C이다.

ㄱ. ㉠이 $\dfrac{E_2}{E_1}$라면 X와 Y는 각각 C, B가 되어야 하는데 원자 번호가 Y>X라는 조건에 맞지 않으므로 ㉠은 $\dfrac{E_1}{E_2}$이다.

ㄷ. 원자가 전자 수가 2인 Z(Be)는 W~Z 중 E_3가 가장 크다.

바로 알기

ㄴ. 원자 번호는 X>Z이므로 원자가 전자가 느끼는 유효 핵전하는 X>Z이다.

132 전자 배치와 원소의 주기적 성질
답 ③

자료 분석

원자	X Ne	Y O	Z
홀전자 수 ⊙에 들어 있는 전자 수 └p 오비탈	0	$\frac{1}{2}$	1

• 2주기 원자의 $\dfrac{\text{홀전자 수}}{s \text{ 오비탈의 전자 수}}$(a)와 $\dfrac{\text{홀전자 수}}{p \text{ 오비탈의 전자 수}}$(b)

원자	Li	Be	B	C	N	O	F	Ne
a	$\frac{1}{3}$	0	$\frac{1}{4}$	$\frac{1}{2}$	$\frac{3}{4}$	$\frac{1}{2}$	$\frac{1}{4}$	0
b	—	—	1	1	1	$\frac{1}{2}$	$\frac{1}{5}$	0

알짜 풀이

⊙이 s 오비탈이라면 Z에 해당하는 원자가 없으므로 ⊙은 p 오비탈이고, X는 Ne, Y는 O, Z는 B, C, N 중 하나이다.

ㄱ. ⊙이 s 오비탈이라면 조건에 맞지 않으므로 p 오비탈이다.

ㄷ. Y는 16족 원소이므로 제2 이온화 에너지는 15족 원소와 유사하여 B, C, N보다 크다.

바로 알기

ㄴ. X는 18족 원소이므로 원자가 전자 수가 0이다.

133 원소의 주기적 성질
답 ⑤

알짜 풀이

W~Z 중 $\dfrac{\text{제1 이온화 에너지}}{\text{원자 반지름}}$가 가장 큰 W는 F이고, 가장 작은 Z는 C이다.

원자 번호가 Y>X이므로 X와 Y는 각각 N, O이다.

ㄴ. W~Z 중 제2 이온화 에너지는 Y(O)가 가장 크다.

ㄷ. 원자 번호는 W>X이므로 원자가 전자가 느끼는 유효 핵전하는 W>X이다.

바로 알기

ㄱ. 원자 번호는 X>Z이므로 원자 반지름은 Z>X이다.

134 이온 반지름과 제2 이온화 에너지
답 ④

알짜 풀이

O, F은 2주기 원소, Na, Al은 3주기 원소이다. O, F, Na, Al의 제2 이온화 에너지는 Na>O>F>Al이다. 따라서 X가 될 수 있는 원소는 Na이나 O이다. 먼저 X가 O인 경우 W와 Y는 각각 F과 Al이다. 남은 Z는 Na이 되는데, 이온 반지름이 Z>W로 이온 반지름이 Na이 F보다 크게 되므로 모순이다. 따라서 X는 Na이다.

조건에서 W와 Y는 서로 다른 주기 원소인데, X가 Na이니 W와 Y 둘 중 하나는 반드시 Al이 되어야 한다. 제2 이온화 에너지가 W>Y이므로 Y가 Al이다. 이온 반지름은 Z>W인데, O, F 중 이온 반지름은 O>F이므로 Z가 O이고, W가 F이다. 따라서 W는 F, X는 Na, Y는 Al, Z는 O이다.

ㄴ. 제1 이온화 에너지는 Y(Al)>X(Na)이고, 제2 이온화 에너지는 X≫Y이므로 $\dfrac{\text{제2 이온화 에너지}}{\text{제1 이온화 에너지}}$는 X>Y이다.

ㄷ. 원자가 전자가 느끼는 유효 핵전하는 W(F)>Z(O)이다.

바로 알기

ㄱ. Y는 Al이다.

Ⅲ. 화학 결합과 분자의 세계

08 화학 결합의 전기적 성질과 이온 결합
059~061쪽

대표 기출 문제 135 ⑤ 136 ②

적중 예상 문제 137 ④ 138 ① 139 ③ 140 ③ 141 ⑤
142 ④ 143 ① 144 ②

135 물의 전기 분해
답 ⑤

알짜 풀이

물(H_2O)의 전기 분해 시 (−)극에서는 H_2가, (+)극에서는 O_2가 생성되고, 이때 생성된 기체의 부피비는 $H_2 : O_2 = 2 : 1$이다. 즉, 같은 시간 동안 생성되는 기체의 부피비는 $H_2 : O_2 = 2 : 1$이고, 전극 A에서 생성된 기체는 O_2, 전극 B에서 생성된 기체는 H_2이다.

ㄱ. 전극 A는 (+)극이므로 생성된 기체는 O_2이다.

ㄴ. H_2O은 공유 결합을 하고, 공유 결합에는 전자가 관여한다. 또 H_2O은 전류를 흘려 분해할 수 있으므로 H 원자와 O 원자 사이의 화학 결합에는 전자가 관여한다는 것을 알 수 있다.

ㄷ. $x : N = 1 : 2$, $N : y = 1 : 2$이므로 $x = \dfrac{N}{2}$, $y = 2N$이다. 따라서 $\dfrac{x}{y} = \dfrac{1}{4}$이다.

136 이온 결합
답 ②

자료 분석

• W~Z는 각각 O, F, Na, Mg 중 하나이다.
• 각 원자의 이온은 모두 Ne의 전자 배치를 갖는다. └ O, F 중 하나
• Y와 Z는 2주기 원소이다.
• X와 Z는 2 : 1로 결합하여 안정한 화합물을 형성한다.
 └ Z가 O라면 X는 Na
 Z가 F이라면 X에 해당하는 원자 없음
 ⇒ W는 Mg, X는 Na, Y는 F, Z는 O

알짜 풀이

ㄴ. WZ는 MgO이다. 이온 반지름은 Ca이 Mg보다 크므로 화합물에서 이온 간 거리는 CaO이 MgO보다 크다. 따라서 녹는점은 MgO이 CaO보다 높다.

바로 알기

ㄱ. W는 Mg이다.

ㄷ. X는 Na, Y는 F이므로 X와 Y의 안정한 화합물은 XY(NaF)이다.

137 전기 분해
답 ④

자료 분석

• $2NaCl(l) \longrightarrow 2\boxed{\text{⊙}} + \boxed{\text{ⓛ}}$ (Na, Cl_2)
• $2H_2O(l) \xrightarrow{Na_2SO_4 \text{ 첨가}} 2\boxed{\text{ⓒ}} + \boxed{\text{ⓔ}}$ (H_2, O_2)

알짜 풀이

ㄴ. ⓒ과 ⓔ은 Cl₂와 H₂로 둘 다 공유 결합 물질이다.

ㄷ. ⓓ은 O₂로 2중 결합이 있다.

바로 알기

ㄱ. ⓐ은 Na으로 금속 결합 물질이다.

138 이온 결합 물질의 성질 $\quad$ 답 ①

알짜 풀이

1, 2주기 원소의 몇 가지 특성을 나타내면 다음과 같다.

원소	바닥상태 전자 배치	전자가 들어 있는 오비탈 수	홀전자 수
H	$1s^1$	1	1
He	$1s^2$	1	0
Li	$1s^2 2s^1$	2	1
Be	$1s^2 2s^2$	2	0
B	$1s^2 2s^2 2p_x^1$	3	1
C	$1s^2 2s^2 2p_x^1 2p_y^1$	4	2
N	$1s^2 2s^2 2p_x^1 2p_y^1 2p_z^1$	5	3
O	$1s^2 2s^2 2p_x^2 2p_y^1 2p_z^1$	5	2
F	$1s^2 2s^2 2p_x^2 2p_y^2 2p_z^1$	5	1
Ne	$1s^2 2s^2 2p_x^2 2p_y^2 2p_z^2$	5	0

바닥상태 전자 배치에서 전자가 들어 있는 오비탈 수와 홀전자 수가 같은 원소는 H이므로 A는 H이다.

2주기 원소로 홀전자 수가 1인 원소는 Li, B, F이고, 홀전자 수가 2인 원소는 C, O인데, 홀전자 수비를 만족하면서 오비탈 수비가 2 : 5인 원소는 Li과 O이다. 따라서 B는 Li, C는 O이다.

ㄱ. A는 H, B는 Li이다. A와 B의 결합은 금속과 비금속의 결합으로 이온 결합이다.

바로 알기

ㄴ. B는 Li, C는 O로, Li과 O는 2 : 1로 결합하여 안정한 화합물을 형성한다. 따라서 B와 C의 안정한 화합물은 B₂C이다.

ㄷ. A₂O는 H₂O로 공유 결합 물질이고, B₂O는 Li₂O으로 이온 결합 물질이다. 따라서 녹는점은 A₂O < B₂O이다.

139 이온 결합 화합물의 녹는점 $\quad$ 답 ③

자료 분석

화합물	A_mO_n Na₂O	B_xO_y Al₂O₃	3주기 금속 원소 Na, Mg, Al이 산소와 결합한 화합물 : Na₂O, MgO, Al₂O₃
화합물 1mol에 들어 있는 이온의 양(mol)	a 3	$\frac{5}{3}a$	

화합물	Na₂O	MgO	Al₂O₃
화합물 1 mol에 들어 있는 이온의 양(mol)	3	2	5

알짜 풀이

화합물 1 mol에 들어 있는 이온의 양(mol)은 Na₂O과 Al₂O₃이 각각 3, 5이므로 $a=3$이고, A_mO_n은 Na₂O, B_xO_y는 Al₂O₃이다.

ㄱ. $m=x=2$이다.

ㄷ. 이온 간 인력은 이온 간 거리의 제곱에 반비례하고, 이온의 전하량의 곱에 비례한다($F \propto \frac{q_1 q_2}{r^2}$). Na⁺에 비해 Al³⁺이 이온 반지름은 작고, 전하량은 크므로 녹는점은 A_mO_n(Na₂O) < B_xO_y(Al₂O₃)이다.

바로 알기

ㄴ. A(Na)의 전자 배치는 $1s^2 2s^2 2p^6 3s^1$로 홀전자 수가 1이고, B(Al)의 전자 배치는 $1s^2 2s^2 2p^6 3s^2 3p^1$로 홀전자 수가 1이다.

140 이온 결합 물질의 성질 $\quad$ 답 ③

알짜 풀이

X₂Y₃은 전기적으로 중성이므로 $+a \times 2 - b \times 3 = 0$이다. 따라서 $a=3$, $b=2$이다. X^{a+}은 Al³⁺, Y^{b-}은 O²⁻이고, X₂Y₃은 Al₂O₃이다.

ㄱ. $a=3$, $b=2$이므로 $a=b+1$이다.

ㄴ. X(Al)는 3주기 원소이다.

바로 알기

ㄷ. 이온 결합 물질인 X₂Y₃(Al₂O₃)은 고체 상태에서 이온들이 자유롭게 움직일 수 없어 전기 전도성이 없다.

141 화학 결합 모형 $\quad$ 답 ⑤

자료 분석

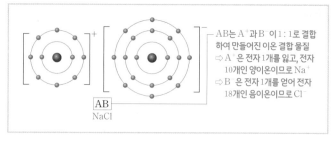

AB는 A⁺과 B⁻이 1:1로 결합하여 만들어진 이온 결합 물질
⇒ A⁺은 전자 1개를 잃고, 전자 10개인 양이온이므로 Na⁺
⇒ B⁻은 전자 1개를 얻어 전자 18개인 음이온이므로 Cl⁻

알짜 풀이

ㄱ. A는 전자가 11개인 Na으로 3주기 원소이고, B는 전자가 17개인 Cl로 3주기 원소이다.

ㄴ. 화합물 AB는 이온 결합 물질로, 액체 상태에서는 이온들이 자유롭게 움직일 수 있으므로 전기 전도성이 있다.

ㄷ. 같은 주기에서 원자 번호가 증가할수록 원자가 전자가 느끼는 유효 핵전하가 증가하여 원자 반지름이 감소한다. 따라서 같은 주기인 원자 번호 11 A(Na)의 원자 반지름이 원자 번호 17 B(Cl)의 원자 반지름보다 크다.

142 이온 결합 물질과 이온 반지름 $\quad$ 답 ④

자료 분석

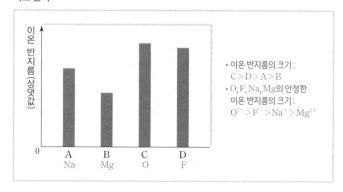

- 이온 반지름의 크기: C > D > A > B
- O, F, Na, Mg의 안정한 이온 반지름의 크기: O²⁻ > F⁻ > Na⁺ > Mg²⁺

알짜 풀이

ㄴ. B(Mg)와 D(F)는 1:2로 결합하여 안정한 화합물인 MgF_2을 형성한다.

ㄷ. 이온 결합 물질의 녹는점은 이온의 전하량이 커질수록, 이온 사이의 거리가 가까울수록 높으므로 녹는점은 이온의 전하량이 큰 BC(MgO)가 AD(NaF)보다 높다.

바로 알기

ㄱ. A(Na)는 3주기, C(O)는 2주기 원소이다.

143 이온 결합 물질의 녹는점　　답 ①

알짜 풀이

F, Na, Cl, K 원자의 바닥상태 전자 배치는 다음과 같다.

원자	바닥상태 전자 배치
F	$1s^2 2s^2 2p^5$
Na	$1s^2 2s^2 2p^6 3s^1$
Cl	$1s^2 2s^2 2p^6 3s^2 3p^5$
K	$1s^2 2s^2 2p^6 3s^2 3p^6 4s^1$

전자가 들어 있는 s 오비탈 수는 F, Na, Cl, K이 각각 2, 3, 3, 4이므로 A, C는 각각 F, K이고, BD는 이온 결합 물질이므로 B는 Na, D는 Cl이다.

ㄱ. D는 Cl이다.

바로 알기

ㄴ. 이온 결합 물질에서 이온의 전하량이 클수록, 이온 사이의 거리가 짧을수록 녹는점이 높으므로 녹는점은 이온 사이의 거리가 짧은 BD(NaCl)가 CD(KCl)보다 높다. 따라서 $x < 801$이다.

ㄷ. $x < 801$로 녹는점이 CA(KF) > CD(KCl)이므로 이온 사이의 거리는 CA < CD이다.

144 이온 결합의 형성　　답 ②

알짜 풀이

이온 결합 물질에서 이온의 전하량이 클수록, 이온 사이의 거리가 짧을수록 녹는점이 높다.

ㄴ. AO와 BO에서 전하량의 곱은 서로 같고, 이온 사이의 거리는 AO < BO이므로 녹는점은 AO > BO이다.

바로 알기

ㄱ. 이온 사이의 거리는 AO < BO이므로 A는 Mg이다.

ㄷ. BO의 에너지가 가장 낮은 지점에서 이온 사이의 인력과 반발력의 합이 최저이다.

09 공유 결합과 금속 결합　　063~065쪽

대표 기출 문제　145 ⑤　　146 ⑤

적중 예상 문제　147 ③　　148 ⑤　　149 ②　　150 ⑤　　151 ⑤
　　　　　　　　152 ②　　153 ①　　154 ③

145 화학 결합 모형　　답 ⑤

자료 분석

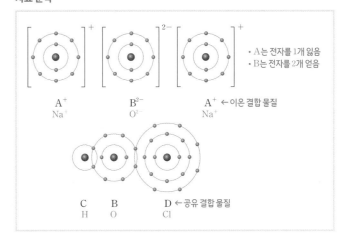

- A는 전자를 1개 잃음
- B는 전자를 2개 얻음

A^+ (Na$^+$)　　B^{2-} (O^{2-})　　A^+ (Na$^+$) ← 이온 결합 물질

C(H)　B(O)　D(Cl) ← 공유 결합 물질

알짜 풀이

ㄱ. A는 금속이므로 외부 힘에 의해 금속이 변형되어도 자유 전자가 이동하여 금속 결합을 유지할 수 있다. 따라서 A(s)는 전성(펴짐성)이 있다.

ㄴ. A는 원자가 전자 수가 1인 금속 원소이고, D는 원자가 전자 수가 7인 비금속 원소이므로 A와 D는 이온 결합을 통해 안정한 화합물 AD를 형성한다. A는 나트륨(Na), D는 염소(Cl)이므로 A와 D의 안정한 화합물은 염화 나트륨(NaCl)이다.

ㄷ. C는 수소(H)이고, B는 산소(O)이다. B와 C는 모두 비금속 원소이므로 공유 결합을 형성한다. C_2B는 H_2O이다.

146 금속 결합과 공유 결합　　답 ⑤

알짜 풀이

ㄱ. 은(Ag)은 금속 결합 물질로 ㉠은 자유 전자이다.

ㄴ. 금속 결합 물질인 Ag(s)은 전성(펴짐성)이 있다.

ㄷ. C 원자로 이루어진 C(s, 다이아몬드)는 C 원자 사이에 공유 결합을 하고 있다.

147 공유 결합　　답 ③

알짜 풀이

ㄱ. (가)는 HCN, (나)는 C_2H_2이다. (가)와 (나) 모두 비금속 원소 간 결합인 공유 결합 화합물이다.

ㄴ. (가)와 (나) 모두 3중 결합이 있다.

바로 알기

ㄷ. 공유 전자쌍 수는 (가)는 4, (나)는 5이다.

148 화학 결합　　답 ⑤

알짜 풀이

Na은 금속 결합 물질, NaCl은 이온 결합 물질, CO_2는 공유 결합 물질이다.

ㄱ. Na은 금속 결합 물질로 전성(펴짐성)이 있고, 이온 결합 물질인 NaCl과 공유 결합 물질인 CO_2는 전성(펴짐성)이 없으므로 '전성(펴짐성)이 있는가?'는 (가)로 적절하다.

ㄴ. ㉠은 공유 결합 물질이므로 CO_2이다.

ㄷ. ㉡은 이온 결합 물질인 NaCl으로 NaCl은 액체 상태에서 전기 전도성이 있다.

149 공유 결합 물질과 전자쌍 수
답 ②

알짜 풀이

2주기 원소 X~Z의 이원자 분자 X_2~Z_2는 각각 N_2, O_2, F_2 중 하나이다. N_2, O_2, F_2의 구조식과 공유 전자쌍 수는 다음과 같다.

분자	N_2	O_2	F_2
구조식	$\ddot{N}\!\equiv\!\ddot{N}$	$:\!\ddot{O}\!=\!\ddot{O}\!:$	$:\!\ddot{F}\!-\!\ddot{F}\!:$
공유 전자쌍 수	3	2	1

따라서 X_2~Z_2는 각각 F_2, N_2, O_2이다.

ㄴ. 원자가 전자 수는 Z(O)는 6, Y(N)은 5이다.

바로 알기

ㄱ. 전기 음성도는 X(F) > Z(O)이다.

ㄷ. 다중 결합이 있는 분자는 $Y_2(N_2)$와 $Z_2(O_2)$ 2가지이다.

150 공유 결합
답 ⑤

자료 분석

- B의 원자 번호는 8이다.
  ⇨ O(산소)
- A의 원자가 전자 수는 1이다.
  ⇨ 원자가 전자 수가 1인 것은 1족(H(수소), Li(리튬), Na(나트륨))이다.
- 전기 음성도는 C가 가장 크다.
  ⇨ B가 O인데 O보다 전기 음성도가 큰 것은 F(플루오린)뿐이다. 따라서 C는 F(플루오린)이다.
- 원자 반지름은 A가 C보다 작다.
  ⇨ 1족 원소 중에 C(F)보다 원자 반지름이 작은 것은 H(수소)이다.

알짜 풀이

A는 H(수소), B는 O(산소), C는 F(플루오린)이다.

ㄱ. AC는 비금속 원소인 H와 F의 결합이므로 공유 결합 화합물이다.

ㄴ. $B_2(O_2)$는 2중 결합으로 공유 전자쌍이 2개이고, $C_2(F_2)$는 단일 결합으로 공유 전자쌍이 1개이다.

$$:\!\ddot{O}\!=\!\ddot{O}\!: \qquad :\!\ddot{F}\!-\!\ddot{F}\!:$$

ㄷ. $BC_2(OF_2)$의 모든 원자는 옥텟 규칙을 만족한다.

151 화학 결합 모형
답 ⑤

알짜 풀이

ㄱ. 공유 결합에서 공유 전자쌍의 절반과 비공유 전자쌍이 자신의 원자가 전자이다. 따라서 A의 원자가 전자 수는 4, B의 원자가 전자 수는 6이다.

ㄴ. AB_2에서 모든 원자는 옥텟 규칙을 만족한다.

ㄷ. $AH_4(CH_4)$의 공유 전자쌍 수는 4이고, $H_2B(H_2O)$의 공유 전자쌍 수는 2이다.

152 공유 결합과 이온 결합
답 ②

자료 분석

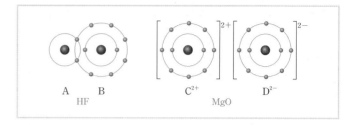

알짜 풀이

ㄴ. $CB_2(l)$는 $MgF_2(l)$이다. MgF_2은 금속과 비금속 간의 결합인 이온 결합 화합물로 액체 상태에서 전기 전도성이 있다.

바로 알기

ㄱ. B(F)는 2주기 원소이고, C(Mg)는 3주기 원소이다.

ㄷ. $D_2B_2(O_2F_2)$의 화학 결합 모형은 다음과 같다.

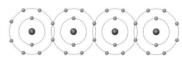

$D_2B_2(O_2F_2)$의 $\dfrac{\text{비공유 전자쌍 수}}{\text{공유 전자쌍 수}} = \dfrac{10}{3}$이다.

153 공유 결합과 이온 결합
답 ①

알짜 풀이

원소 W~Z는 각각 H, N, F, Mg이다.

ㄱ. (가)는 NH_3이고, (나)는 MgF_2이다. 따라서 $a > b$이다.

바로 알기

ㄴ. (가)인 NH_3에서 비금속 원소인 N와 H 원자 간의 결합은 공유 결합이고, (나)인 MgF_2에서 금속 원소인 Mg과 비금속 원소인 F 간의 결합은 이온 결합으로, (가)와 (나)의 화학 결합의 종류는 다르다.

ㄷ. $X_2(N_2)$에서 N 원자는 원자가 전자 수가 5이고, 옥텟 규칙을 만족하기 위해 각각 3개의 전자를 내놓고 공유하여 3중 결합을 형성한다. $Y_2(F_2)$에서 F 원자는 원자가 전자 수가 7이고, 옥텟 규칙을 만족하기 위해 각각 1개의 전자를 내놓고 공유하여 단일 결합을 형성한다. 따라서 다중 결합이 있는 것은 $X_2(N_2)$뿐이다.

154 공유 결합과 이온 결합
답 ③

자료 분석

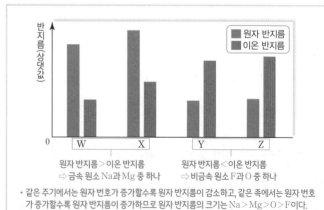

- 같은 주기에서는 원자 번호가 증가할수록 원자 반지름이 감소하고, 같은 족에서는 원자 번호가 증가할수록 원자 반지름이 증가하므로 원자 반지름의 크기는 Na > Mg > O > F이다.
- 등전자 이온에서는 원자 번호가 클수록 이온 반지름이 작아지므로 이온 반지름의 크기는 $O^{2-} > F^- > Na^+ > Mg^{2+}$이다.

알짜 풀이

ㄱ. 금속은 양이온이 되면 전자 껍질 수가 감소해서 이온 반지름이 원자 반지름보다 작아진다. 이온 반지름은 $Na^+ > Mg^{2+}$이므로 이온 반지름이 작은 W는 Mg이고, X는 Na이다. 비금속은 음이온이 되면 전자 수가 커져 전자 간 반발력이 증가하여 이온 반지름이 원자 반지름보다 커진다. 따라서 Y와 Z는 O, F 중 하나인데, 원자 반지름은 O>F이므로 Z보다 원자 반지름이 작은 Y는 F이고, Z는 O이다.

ㄴ. ZY_2는 OF_2로 비금속 원소 간의 결합 물질이므로 공유 결합 물질이다.

바로 알기

ㄷ. W는 Mg, Y는 F으로, W와 Y는 1:2로 결합하여 안정한 화합물을 형성한다.

---

10 결합의 극성과 루이스 전자점식

067~071쪽

대표 기출 문제 155 ④ 156 ⑤

적중 예상 문제 157 ③ 158 ① 159 ① 160 ③ 161 ③
162 ① 163 ② 164 ① 165 ① 166 ④
167 ③ 168 ① 169 ⑤ 170 ⑤

---

155 루이스 전자점식
답 ④

자료 분석

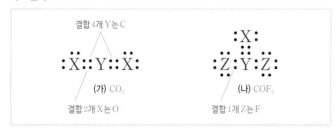

알짜 풀이

ㄱ. X는 O(산소)이다.

ㄷ. 비공유 전자쌍 수는 (가)가 4이고 (나)가 8이므로 (나)가 (가)의 2배이다.

바로 알기

ㄴ. (나)에서 단일 결합의 수는 2이다. X와 Y 사이의 결합은 2중 결합이다.

---

156 전기 음성도와 결합의 극성
답 ⑤

알짜 풀이

주기율표상에서 A는 N(질소), B는 O(산소), C는 F(플루오린), D는 P(인), E는 Cl(염소)이다.

ㄱ. A, B, D의 전기 음성도는 각각 3.0, 3.5, 2.1이다. 같은 주기에서 원자 번호가 클수록, 같은 족에서 원자 번호가 작을수록 전기 음성도는 크다. 따라서 전기 음성도는 B>A>D이다.

ㄴ. 서로 다른 원자들이 공유 결합을 할 때, 극성 공유 결합이 항상 존재한다. BC_2는 OF_2로 O와 F이 공유 결합을 이루므로 극성 공유 결합이 있다.

ㄷ. C(F)는 주기율표에서 전기 음성도가 가장 크므로 어떤 비금속 원소와 결합하더라도 항상 부분적인 음전하(δ^-)를 띤다. EC는 ClF이고 이때 F은 Cl보다 전기 음성도가 크기 때문에 F은 부분적인 음전하(δ^-)를 띤다.

---

157 전기 음성도와 결합의 극성
답 ③

알짜 풀이

(가)와 (나)의 구조식은 다음과 같다.

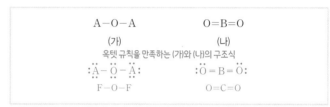

ㄱ. (가)와 (나)에 모두 2중 결합이 있다.

ㄴ. (가)에서는 C 원자 사이에, (나)에서는 N 원자 사이에 무극성 공유 결합이 있다.

바로 알기

ㄷ. 전기 음성도는 H<C이므로 (가)에서는 중심 원자인 C가 부분적인 음전하(δ^-)를 띤다. 전기 음성도는 N<F이므로 (나)에서는 중심 원자인 N가 부분적인 양전하(δ^+)를 띤다.

---

158 루이스 구조식
답 ①

자료 분석

A−O−A	O=B=O
(가)	(나)
옥텟 규칙을 만족하는 (가)와 (나)의 구조식	
:Ä−Ö−Ä:	:Ö = B = Ö:
F−O−F	O=C=O

알짜 풀이

ㄱ. A는 F이다.

바로 알기

ㄴ. 전기 음성도는 같은 주기에서 원자 번호가 증가할수록 커지므로 전기 음성도는 A(F)>B(C)이다.

ㄷ. 바닥상태에서 전자 배치는 A(F)는 $1s^2 2s^2 2p_x^2 2p_y^2 2p_z^1$로 홀전자 수가 1이고, B(C)는 $1s^2 2s^2 2p_x^1 2p_y^1$로 홀전자 수가 2이다.

---

159 공유 결합
답 ①

자료 분석

분자	A_2N_2	B_2F_2
비공유 전자쌍 수 / 공유 전자쌍 수	$a \quad \dfrac{2}{3}$	$9a \quad 6$

이원자 분자	N_2	O_2	F_2
루이스 전자점식	:N⫶⫶N:	:Ö⫶⫶Ö:	:F̈:F̈:
비공유 전자쌍 수 / 공유 전자쌍 수	$\dfrac{2}{3}$	2	6

알짜 풀이

ㄱ. $\dfrac{\text{비공유 전자쌍 수}}{\text{공유 전자쌍 수}}$가 1:9인 것은 N_2와 F_2이다. 따라서 A는 N이고, B는 F이다.

바로 알기

ㄴ. 같은 주기에서 원자 번호가 커질수록 전기 음성도가 증가하는 경향이 있으므로 전기 음성도는 A(N)<B(F)이다.

ㄷ. $B_2(F_2)$에는 단일 결합만 있다.

160 루이스 전자점식   답 ③

알짜 풀이

X~Z는 각각 N, O, F이다. $X_2Z_2(N_2F_2)$와 $Y_2Z_2(O_2F_2)$의 루이스 구조식은 다음과 같다.

$$:\ddot{F}-\ddot{N}=\ddot{N}-\ddot{F}: \qquad :\ddot{F}-\ddot{O}-\ddot{O}-\ddot{F}:$$

ㄱ. $X_2Z_2(N_2F_2)$에는 N 원자 사이에 무극성 공유 결합이 있다.

ㄷ. 비공유 전자쌍 수는 $X_2Z_2(N_2F_2)$는 8, $Y_2Z_2(O_2F_2)$는 10이다.

바로 알기

ㄴ. $Y_2Z_2(O_2F_2)$에는 단일 결합만 있다.

161 결합의 극성   답 ③

자료 분석

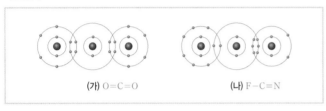

(가) O=C=O   (나) F−C≡N

알짜 풀이

ㄱ. (가)에는 2중 결합, (나)에는 3중 결합이 있으므로 (가)와 (나) 모두 다중 결합이 있다.

ㄷ. (가)와 (나) 모두 비공유 전자쌍 수는 4이다.

바로 알기

ㄴ. (가)와 (나) 모두 극성 공유 결합으로만 이루어져 있다.

162 결합의 극성   답 ①

알짜 풀이

2주기 원자 X와 Y는 각각 N와 F이다. X와 Y가 결합하여 형성된 안정한 화합물은 X_mY_n이면서 분자당 구성 원자 수가 4 이하인 NF_3와 N_2F_2 중 하나이고 이들의 구조식은 다음과 같다.

$$:\ddot{F}-\overset{\underset{\displaystyle :\ddot{F}:}{|}}{N}-\ddot{F}: \qquad :\ddot{F}-\ddot{N}=\ddot{N}-\ddot{F}:$$

X_mY_n의 $\dfrac{\text{비공유 전자쌍 수}}{\text{공유 전자쌍 수}}=\dfrac{10}{3}$이므로 X_mY_n은 NF_3이다.

ㄱ. 전기 음성도는 X(N) < Y(F)이다.

바로 알기

ㄴ. X_mY_n은 NF_3이므로 분자식은 XY_3이다.

ㄷ. X와 Y 사이에 극성 공유 결합만 있고, 무극성 공유 결합은 없다.

163 공유 결합과 전자쌍 수   답 ②

알짜 풀이

F을 제외한 2주기 원소 중 분자 내에서 옥텟 규칙을 만족하는 원소는 C, N, O이다.

XY_2의 화학식을 가지면서 공유 전자쌍 수와 비공유 전자쌍 수가 각각 4인 경우는 CO_2이다. 따라서 X는 C, Y는 O이다.

ㄴ. (나)는 OF_2로 공유 전자쌍 수는 2이고, 비공유 전자쌍 수는 8이므로 $4a=b$이다.

바로 알기

ㄱ. X는 C, Y는 O이므로 전기 음성도는 X < Y이다.

ㄷ. (나)는 단일 결합으로만 이루어져 있고, (다)는 COF_2로 C와 O 사이에 2 중 결합이 있다.

164 공유 결합과 공유 전자쌍 수   답 ①

알짜 풀이

수소(H)와 2주기 원소 X~Z로 이루어진 분자 (가)~(다)에는 모두 무극성 공유 결합이 있으므로 X~Z는 각각 C, N, O 중 하나이다. H와 O로 구성되고 무극성 공유 결합이 있는 분자는 H_2O_2이다. (가)~(다)의 분자당 구성 원자 수가 a로 서로 같으므로 H_2O_2를 제외한 다른 분자는 C_2H_2, N_2H_2이다.

분자	분자당 구성 원자 수	공유 전자쌍 수
C_2H_2	4	5
N_2H_2	4	4
H_2O_2	4	3

따라서 (가)는 H_2O_2, (나)는 N_2H_2, (다)는 C_2H_2이다.

ㄱ. $a=4$이다.

바로 알기

ㄴ. 전기 음성도는 X(O) > Y(N) > Z(C)이다.

ㄷ. (나)에는 N 원자 사이에 2중 결합, (다)에는 C 원자 사이에 3중 결합이 있다.

165 전기 음성도   답 ①

자료 분석

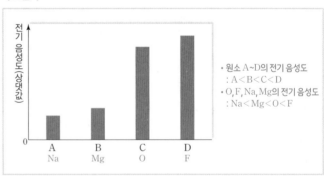

· 원소 A~D의 전기 음성도
: A < B < C < D
· O, F, Na, Mg의 전기 음성도
: Na < Mg < O < F

알짜 풀이

ㄱ. A는 Na이다.

바로 알기

ㄴ. B와 C가 결합한 화합물의 화학식은 BC(MgO)이다.

ㄷ. $C_2(O_2)$와 $D_2(F_2)$를 루이스 구조식으로 나타내면 다음과 같다.

$$:\ddot{O}=\ddot{O}: \qquad :\ddot{F}=\ddot{F}:$$

따라서 비공유 전자쌍 수는 C_2는 4, D_2는 6이다.

166 공유 결합 물질과 전자쌍 수
답 ④

알짜 풀이

2주기 원소 1가지로 구성된 이원자 분자 중 옥텟 규칙을 만족하는 분자는 N_2, O_2, F_2이다.

분자	N_2	O_2	F_2
루이스 전자점식	:N⋮⋮N:	:Ö::Ö:	:F̈:F̈:
공유 전자쌍 수	3	2	1
비공유 전자쌍 수	2	4	6

따라서 $X_2{\sim}Z_2$는 각각 F_2, N_2, O_2이다.

ㄴ. 비공유 전자쌍 수비는 $X_2(F_2)$: $Y_2(N_2)$ = 3 : 1이다.

ㄷ. $ZX_2(OF_2)$에서 $\dfrac{비공유\ 전자쌍\ 수}{공유\ 전자쌍\ 수} = \dfrac{8}{2} = 4$이다.

바로 알기

ㄱ. 전기 음성도는 X(F) > Z(O)이다.

167 공유 결합과 전자쌍 수
답 ③

자료 분석

분자	구성 원소	분자당 원자 수	공유 전자쌍 수	
(가)	W, X	4	4	(가)는 W와 X의 단일 결합만으로 공유 전자쌍 수 4가 될 수 없으므로 다중 결합과 무극성 공유 결합이 있음 ⇒ N_2F_2
(나)	W, Y	4	5	(나)는 C_2F_2
COF₂(다)	W, Y, Z	4	4	

알짜 풀이

(가)~(다)의 루이스 구조식은 다음과 같다.

:F̈–N=N–F̈:   :F̈–C≡C–F̈:   :Ö:‖ :F̈–C–F̈:
(가)   (나)   (다)

따라서 W~Z는 각각 F, N, C, O이다.

ㄱ. (가) N_2F_2에는 2중 결합이 있다.

ㄴ. 무극성 공유 결합이 있는 분자는 (가)와 (나) 2가지이다.

바로 알기

ㄷ. $\dfrac{비공유\ 전자쌍\ 수}{공유\ 전자쌍\ 수}$는 (나)가 $\dfrac{6}{5}$, (다)가 2이므로 (다) > (나)이다.

168 결합의 극성
답 ①

알짜 풀이

(가)에서 X는 원자가 전자 수가 4인 2주기 원소이므로 C이고, (나)에서 Y는 원자가 전자 수가 5인 2주기 원소이므로 N이다.

ㄱ. 전기 음성도는 X(C) < Y(N)이다.

바로 알기

ㄴ. (가)에서 X는 공유 전자쌍이 4개로 비공유 전자쌍은 없다.

ㄷ. (나)에서 같은 원자인 Y(N) 간의 결합은 무극성 공유 결합이다.

169 전기 음성도와 결합의 극성
답 ⑤

알짜 풀이

(가)와 (나)에서 모든 원자는 옥텟 규칙을 만족한다. (가)에서 X는 공유 전자쌍이 3개이므로 옥텟 규칙을 만족하기 위해서는 비공유 전자쌍이 1개 있어야 한다. 따라서 X는 원자가 전자 수인 5인 N이다. (나)에서 Y는 공유 전자쌍이 2개이므로 옥텟 규칙을 만족하기 위해서는 비공유 전자쌍이 2개 있어야 한다. 따라서 Y는 원자가 전자 수인 6인 O이다.

(가)와 (나)의 루이스 구조식은 다음과 같다.

:F̈–N–F̈:   :F̈–Ö: ⋮ ⋮ :F̈:   :F̈:
(가)   (나)

ㄱ. 원자가 전자 수는 X < Y이다.

ㄴ. 비공유 전자쌍 수는 (가)는 10, (나)는 8이다.

ㄷ. (가)는 서로 다른 원자인 N와 F 사이의 결합이고, (나)는 서로 다른 원자인 O와 F 사이의 결합만 있으므로 (가)와 (나) 모두 극성 공유 결합으로만 이루어져 있다.

170 결합의 극성
답 ⑤

자료 분석

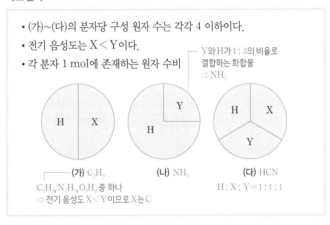

- (가)~(다)의 분자당 구성 원자 수는 각각 4 이하이다.
- 전기 음성도는 X < Y이다.
- 각 분자 1 mol에 존재하는 원자 수비

Y와 H가 1 : 3의 비율로 결합하는 화합물 ⇒ NH_3

(가) C_2H_2
C_2H_2, N_2H_4, O_2H_2 중 하나 ⇒ 전기 음성도 X < Y이므로 X는 C

(나) NH_3

(다) HCN
H : X : Y = 1 : 1 : 1

알짜 풀이

ㄱ. 무극성 공유 결합이 있는 분자는 C 원자 사이에 3중 결합이 있는 C_2H_2 1가지이다.

ㄴ. 3중 결합이 있는 분자는 C_2H_2, HCN 2가지이다.

ㄷ. 분자당 X(C) 원자 수는 (가)는 2, (다)는 1이다. 따라서 (가)가 (다)의 2배이다.

11 분자의 구조와 성질
073~077쪽

대표 기출 문제 171 ③   172 ①

적중 예상 문제 173 ②   174 ①   175 ④   176 ②   177 ⑤
178 ④   179 ②   180 ③   181 ③   182 ⑤
183 ⑤   184 ③   185 ②   186 ⑤

171 분자 모양과 결합각　　　　답 ③

자료 분석

분자	구성 원소	중심 원자	비공유 전자쌍 수 / 공유 전자쌍 수
(가) F_2	W		6
(나) OF_2	W, X	X ⇒ O	4
(다) NOF	W, X, Y	Y ⇒ N	2
(라) FCN	W, Y, Z	Z ⇒ C	1

중심 원자가 될 수 있는 원자: C, N, O
⇒ W는 F

알짜 풀이

(나)~(라)에서 중심 원자가 각각 X, Y, Z인데, C, N, O, F 중 중심 원자가 될 수 있는 원자는 C, N, O이므로 X, Y, Z는 각각 C, N, O 중 하나임을 알 수 있다. 따라서 W는 F이다.

(가)는 F_2으로 공유 전자쌍 수가 1, 비공유 전자쌍 수가 6이다. (나)에서 $\dfrac{\text{비공유 전자쌍 수}}{\text{공유 전자쌍 수}}$가 4인데, 이를 만족하는 분자는 OF_2뿐이다. 따라서 X는 O임을 알 수 있다. (다)에서 $\dfrac{\text{비공유 전자쌍 수}}{\text{공유 전자쌍 수}}$가 2인데, 이를 만족하는 분자는 NOF와 COF_2가 있다. 분자당 구성 원자 수가 3 이하이므로 (다)는 NOF이고, Y는 N이다. (라)에서 $\dfrac{\text{비공유 전자쌍 수}}{\text{공유 전자쌍 수}}$가 1인데, 이를 만족하는 분자는 CNF이다. 따라서 중심 원자인 Z는 C임을 알 수 있다.

W는 F, X는 O, Y는 N, Z는 C이다.

ㄱ. Z는 탄소(C)이다.

ㄷ. (나)는 OF_2이고 (라)는 CNF이므로 (나)의 결합각은 약 104.5°이고 (라)의 결합각은 180°이다. 따라서 결합각은 (라)>(나)이다.

바로 알기

ㄴ. (다)는 NOF로 N 원자에 비공유 전자쌍이 1개 존재하므로 NOF의 분자 모양은 굽은 형이다.

172 분자의 구조　　　　답 ①

알짜 풀이

(가)에서 XF_2의 결합의 종류가 F과 X 사이의 단일 결합이고, 결합의 수가 2라고 했으므로 X의 결합선은 2임을 알 수 있다. 따라서 X는 산소(O)이다. X가 O이므로 Y는 N이다.

(나)의 분자식이 CXF_m인데 X가 O이므로 (나)는 COF_2임을 알 수 있다. COF_2는 C와 F 사이의 단일 결합 수가 2이고, C와 O 사이의 2중 결합 수가 1이므로 (나)가 COF_2임을 확인할 수 있다.

(다)는 Y가 N이므로 NF_3이다.

ㄱ. (가)는 OF_2이고 중심 원자인 O에 비공유 전자쌍이 2개 있으므로 (가)의 분자 구조는 굽은 형이다.

바로 알기

ㄴ. $m=2$이다.

ㄷ. (나)는 COF_2이고, (다)는 NF_3이므로 (나)의 $\dfrac{\text{공유 전자쌍 수}}{\text{비공유 전자쌍 수}}=\dfrac{4}{8}$, (다)의 $\dfrac{\text{공유 전자쌍 수}}{\text{비공유 전자쌍 수}}=\dfrac{3}{10}$이다. 따라서 $\dfrac{\text{공유 전자쌍 수}}{\text{비공유 전자쌍 수}}$는 (다)<(나)이다.

173 분자의 결합각　　　　답 ②

자료 분석

알짜 풀이

(가)에서 C 원자 주위에 공유 결합한 원자만 3개이므로 분자 모양은 평면 삼각형이고, 결합각 α는 약 120°이다.

(나)에서 N 원자 주위에 공유 결합한 원자가 3개이고, 비공유 전자쌍이 1개 있으므로 분자 모양은 삼각뿔형이고, 결합각 β는 약 107°이다.

(다)에서 C 원자 주위에 공유 결합한 원자만 4개이므로 분자 모양은 정사면체형이고, 결합각 γ는 109.5°이다.

따라서 결합각의 크기는 $\alpha>\gamma>\beta$이다.

174 분자 모양과 결합각　　　　답 ①

자료 분석

분자	(가)	(나)
중심 원자와 공유 결합한 원자 수	3	3
중심 원자의 비공유 전자쌍 수	1	0
분자 모양	삼각뿔형	평면 삼각형
결합각	107°	약 120°

알짜 풀이

ㄱ. (가)의 분자 모양은 삼각뿔형이다.

바로 알기

ㄴ. (나)의 분자 모양은 평면 삼각형이지만 대칭을 이루지 못하기 때문에 분자의 쌍극자 모멘트는 0이 아니다.

ㄷ. (가)의 분자 모양은 삼각뿔형으로 결합각은 107°이고, (나)의 분자 모양은 평면 삼각형으로 결합각은 약 120°이다.

175 루이스 전자점식과 분자의 극성　　　　답 ④

알짜 풀이

2주기 원소 X~Z로 이루어진 분자 (가)와 (나)의 루이스 구조식을 보면 X는 원자가 전자 수가 4인 C이고, Y는 원자가 전자 수가 6인 O이며, Z는 원자가 전자 수가 7인 F이다. 따라서 (가)는 COF_2이고, (나)는 OF_2이다.

ㄴ. (가)는 중심 원자 주변에 공유 결합한 원자만 3개이므로 분자 모양은 평면 삼각형으로 결합각은 약 120°이고, (나)는 중심 원자 주변에 비공유 전자쌍이 2개 있고, 공유 결합한 원자가 2개이므로 분자 모양은 굽은 형으로 결합각은 109.5°보다 작다. 따라서 결합각은 (가)>(나)이다.

ㄷ. 비공유 전자쌍 수는 (가)=(나)=8이다.

바로 알기

ㄱ. (나)인 OF_2의 분자 모양은 중심 원자 주위에 공유 전자쌍 2개와 비공유 전자쌍 2개가 있으므로 굽은 형이고, 대칭을 이루지 못하므로 극성 분자이다.

176 분자의 구조

답 ②

자료 분석

분자	(가)	(나)
분자식	N_2H_4	N_2H_2
구조식	H$-\ddot{N}-\ddot{N}-$H H H	H$-\ddot{N}=\ddot{N}-$H

• (가)는 N 원자마다 비공유 전자쌍 1개가 있고 다른 원자 3개와 공유 결합을 하므로 분자 모양은 삼각뿔형이다.
• (나)는 N 원자마다 비공유 전자쌍이 1개가 있고 다른 원자 2개와 공유 결합을 하므로 분자 모양은 굽은 형이다.

알짜 풀이

ㄴ. (가)는 단일 결합으로만 이루어져 있고, (나)는 N 원자 사이에 2중 결합이 있다. 따라서 다중 결합을 가지는 분자는 (나) 1가지이다.

바로 알기

ㄱ. (가)는 N 원자를 기준으로 삼각뿔형이므로 입체 구조이다. 따라서 구성 원자가 모두 동일 평면에 있지 않다.

ㄷ. 비공유 전자쌍 수는 (가)와 (나) 모두 2이다.

177 분자의 모양과 성질

답 ⑤

자료 분석

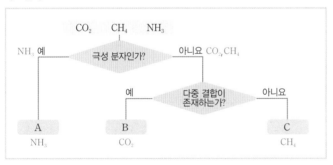

알짜 풀이

NH_3는 중심 원자인 N에 공유 전자쌍 3개와 비공유 전자쌍 1개가 있으므로 분자 모양은 삼각뿔형이고, 분자의 쌍극자 모멘트가 0이 아니므로 극성 분자이다. CO_2는 직선형, CH_4은 정사면체형으로 분자의 쌍극자 모멘트가 0이 되어 무극성 분자이다. 따라서 A는 NH_3이다.
CO_2에는 2중 결합이 존재하고 CH_4은 단일 결합만으로 이루어져 있으므로 B는 CO_2, C는 CH_4이다.

ㄱ. A는 중심 원자인 N에 비공유 전자쌍이 있고, B는 O 원자에 비공유 전자쌍이 있다.

ㄴ. C는 CH_4으로 정사면체형이다.

ㄷ. 분자 모양이 A는 삼각뿔형, B는 직선형, C는 정사면체형으로 중심 원자의 결합각은 각각 $107°$, $180°$, $109.5°$이다. 따라서 중심 원자의 결합각의 크기는 B>C>A이다.

178 공유 전자쌍 수와 비공유 전자쌍 수

답 ④

자료 분석

분자	구성 원소	분자 내 공유 전자쌍 수	분자 내 비공유 전자쌍 수	분자의 극성	
(가)	W, X	4	4	무극성	$\Rightarrow CO_2$ W와 X는 각각 C와 O 중 하나
(나)	X, Y	2	2		
(다)	Y, Z	3	1		$\Rightarrow NH_3$, Z는 N
(라)	W, Y, Z	x	1		$\Rightarrow$ HCN

X가 C라면 공유 전자쌍 수가 4여야 하는데 2이므로
X는 O, W는 C
(나)는 H_2O로 Y는 H

분자	(가)	(나)	(다)	(라)
분자식	CO_2	H_2O	NH_3	HCN
분자 모양	직선형	굽은 형	삼각뿔형	직선형
결합각	$180°$	$104.5°$	$107°$	$180°$

알짜 풀이

ㄴ. HCN에서 중심 원자인 C는 H와 단일 결합을 하고, N과 3중 결합을 하므로 분자 내 공유 전자쌍 수는 4이다. 따라서 $x=4$이다.

ㄷ. 결합각이 가장 작은 분자는 (나)이다.

바로 알기

ㄱ. W는 탄소(C)이다.

179 분자의 극성

답 ②

자료 분석

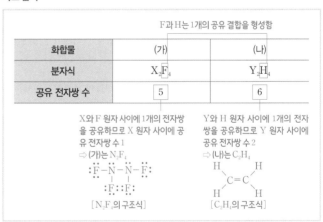

알짜 풀이

ㄴ. (나)는 C_2H_4로 각각의 C 원자를 기준으로 3개의 다른 원자와 공유 결합을 하여 평면 삼각형 구조를 가지므로 (나)의 모든 원자는 동일 평면에 존재한다.

바로 알기

ㄱ. (가)는 N_2F_4로 원자 간의 결합은 모두 단일 결합이다.

ㄷ. (가)는 N 원자를 기준으로 삼각뿔형 구조이고, 대칭을 이루지 못하기 때문에 분자의 쌍극자 모멘트는 0이 아니다. (나)는 C 원자를 기준으로 평면 삼각형 구조이고, 대칭을 이루어 분자의 쌍극자 모멘트는 0이다. 따라서 분자의 쌍극자 모멘트는 (가) > (나)이다.

III

정답 및 해설 **35**

180 루이스 전자점식과 분자의 구조 · 답 ③

알짜 풀이

A~D는 2주기 원소로 원자가 전자 수가 각각 4, 5, 6, 7이므로 각각 C, N, O, F이다.

ㄱ. AC_2는 CO_2로 분자 모양은 직선형이고, 중심 원자의 결합각은 $180°$이다. CD_2는 OF_2로 분자 모양은 굽은 형으로 중심 원자의 결합각은 $109.5°$보다 작다. 따라서 중심 원자의 결합각은 AC_2가 CD_2보다 크다.

ㄷ. $ACD_2(COF_2)$의 루이스 구조식은 다음과 같다.

$$\ddot{\overset{\ddot{O}}{\underset{}{}}}$$
$$:\ddot{F}-\overset{\|}{C}-\ddot{F}:$$

중심 원자인 C 원자 주위에 공유 결합한 원자만 3개 있으므로 분자 모양은 평면 삼각형이다. 따라서 $ACD_2(COF_2)$의 모든 원자는 동일 평면에 존재한다.

바로 알기

ㄴ. $BD_3(NF_3)$와 $CD_2(OF_2)$의 루이스 구조식은 다음과 같다.

$$:\ddot{F}-\overset{..}{\underset{\ddot{F}}{N}}-\ddot{F}: \qquad :\ddot{F}-\overset{..}{\underset{\ddot{F}}{O}}:$$

비공유 전자쌍 수는 $BD_3(NF_3)$는 10, $CO_2(OF_2)$는 8이다. 따라서 비공유 전자쌍 수는 $BD_3 > CD_2$이다.

181 분자의 구조 · 답 ③

알짜 풀이

2주기 원소의 플루오린 화합물 중에서 구성 원자 수가 4 이하이고, 모든 원자가 옥텟 규칙을 만족하는 화합물은 다음과 같다.

분자	C_2F_2	NF_3	N_2F_2	O_2F_2	OF_2
$\dfrac{\text{비공유 전자쌍 수}}{\text{공유 전자쌍 수}}$	$\dfrac{6}{5}$	$\dfrac{10}{3}$	2	$\dfrac{10}{3}$	4
분자의 구조	직선형	삼각뿔형	굽은 형	굽은 형	굽은 형
	(가)		(나)		(다)

따라서 (가)~(다)는 각각 C_2F_2, N_2F_2, OF_2이고, 이들의 루이스 구조식은 다음과 같다.

$$:\ddot{F}-C\equiv C-\ddot{F}: \qquad :\ddot{F}-\overset{..}{N}=\overset{..}{N}-\ddot{F}: \qquad :\ddot{\overset{..}{\underset{\ddot{F}}{O}}}-\ddot{F}:$$

$$\text{(가)} \qquad\qquad \text{(나)} \qquad\qquad \text{(다)}$$

ㄱ. (가)에는 3중 결합, (나)에는 2중 결합이 있다.

ㄷ. (가)의 분자 모양은 직선형으로 분자의 쌍극자 모멘트가 0이고, (다)의 분자 모양은 굽은 형으로 분자의 쌍극자 모멘트가 0이 아니다. 따라서 분자의 쌍극자 모멘트는 (다) > (가)이다.

바로 알기

ㄴ. (다)는 OF_2이고, 분자 모양은 굽은 형이다.

182 분자의 구조와 성질 · 답 ⑤

알짜 풀이

WX_2, YZ_3, WXZ_2는 각각 CO_2, NF_3, COF_2이고, 루이스 구조식은 다음과 같다.

$$:\ddot{O}=C=\ddot{O}: \qquad \overset{..}{\underset{}{}}:\ddot{F}-\overset{..}{\underset{\ddot{F}}{N}}-\ddot{F}: \qquad \overset{:\ddot{O}:}{:\ddot{F}-\overset{\|}{C}-\ddot{F}:}$$

$$\text{(가)} \qquad\qquad \text{(나)} \qquad\qquad \text{(다)}$$

ㄱ. (가)는 CO_2이고, 2중 결합이 있다.

ㄴ. $WXZ_2(COF_2)$에서 W(C)는 전기 음성도가 가장 작으므로 WXZ_2 (COF_2)에서 W(C)는 부분적인 양전하(δ^+)를 띤다.

ㄷ. 비공유 전자쌍 수가 (나)는 10, (다)는 8이다.

183 분자의 구조와 극성 · 답 ⑤

알짜 풀이

(다)에서 Y와 X가 1 : 3으로 결합하고 있고, 구성 원자 수가 4 이하이므로 (다)는 YX_3이고, YX_3를 만족하는 화합물은 NF_3이다. 따라서 X와 Y는 각각 F와 N이고, Z는 C이다.

(가)에서 X와 Y가 1 : 1로 결합하고 있고, 구성 원자 수가 4 이하이므로 (가)는 N_2F_2이다.

(나)에서 X와 Z가 1 : 1로 결합하고 있고, 구성 원자 수가 4 이하이므로 (나)는 C_2F_2이다.

(가)~(다)의 루이스 구조식은 다음과 같다.

$$:\ddot{F}-\overset{..}{N}=\overset{..}{N}-\ddot{F}: \qquad :\ddot{F}-C\equiv C-\ddot{F}: \qquad \overset{:\ddot{F}-\overset{..}{\underset{\ddot{F}}{N}}-\ddot{F}:}{}$$

$$\text{(가)} \qquad\qquad \text{(나)} \qquad\qquad \text{(다)}$$

ㄱ. (나)에서 $\dfrac{\text{비공유 전자쌍 수}}{\text{공유 전자쌍 수}} = x = \dfrac{6}{5}$이다.

ㄴ. (가)는 굽은 형이고, (나)는 직선형이므로 결합각은 (가) < (나)이다.

ㄷ. (가)와 (나)에는 각각 N 원자와 C 원자 사이에 무극성 공유 결합이 있고, (다)에는 N 원자와 F 원자 사이에 극성 공유 결합만 있다.

184 분자 구조에 따른 분류 · 답 ③

자료 분석

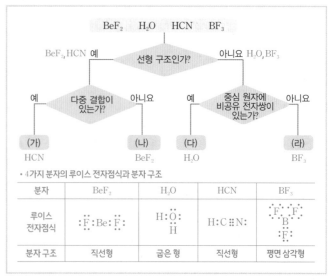

• 4가지 분자의 루이스 전자점식과 분자 구조

분자	BeF_2	H_2O	HCN	BF_3
루이스 전자점식	$:\ddot{F}:Be:\ddot{F}:$	$H:\overset{..}{\underset{..}{O}}:$ $\,H$	$H:C\vdots\vdots N:$	$\overset{:\ddot{F}:}{:\ddot{F}:\underset{:\ddot{F}:}{B}:}$
분자 구조	직선형	굽은 형	직선형	평면 삼각형

알짜 풀이

ㄱ. (가)는 HCN으로 직선형 구조이지만 대칭을 이루지 않아 분자의 쌍극자 모멘트가 0이 아니므로 극성 분자이다.

ㄴ. (나)는 BeF_2으로 중심 원자 Be에는 공유 전자쌍 2개만 있어 옥텟 규칙을 만족하지 않는다.

바로 알기

ㄷ. (다)는 H_2O로 분자 모양은 굽은 형이며 결합각은 $104.5°$이다. (라)는 BF_3로 분자 모양은 평면 삼각형이며 결합각은 $120°$이다. 따라서 결합각은 (다)<(라)이다.

185 루이스 전자점식과 분자의 구조
답 ②

알짜 풀이

원자가 전자가 4개인 2주기 원자 X는 C이고, 원자가 전자가 7개인 2주기 원자 Y는 F이다.

분자	(가)	(나)	(다)
분자식	CF_4	C_2F_4	C_2F_2
루이스 구조식	$\ddot{\ddot{F}}-\underset{\ddot{\ddot{F}}}{\overset{\ddot{\ddot{F}}}{C}}-\ddot{\ddot{F}}$	$\ddot{\ddot{F}}-\underset{\ddot{\ddot{F}}}{C}=\underset{\ddot{\ddot{F}}}{C}-\ddot{\ddot{F}}$	$\ddot{\ddot{F}}-C\equiv C-\ddot{\ddot{F}}$
분자 모양	정사면체형	평면 삼각형	직선형
결합각	$109.5°$	약 $120°$	$180°$

ㄴ. (가)는 정사면체형 구조로 입체 구조이다. 모든 원자가 동일 평면에 있는 분자는 (나)와 (다) 2가지이다.

바로 알기

ㄱ. 무극성 공유 결합이 있는 분자는 (나)와 (다) 2가지이다.

ㄷ. 결합각(∠YXY)은 (가)<(나)이다.

186 분자의 구조와 성질
답 ⑤

자료 분석

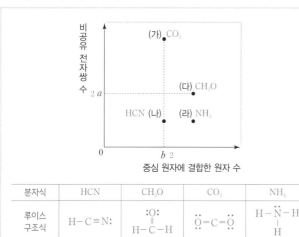

분자식	HCN	CH_2O	CO_2	NH_3
루이스 구조식	$H-C\equiv N:$	$\overset{:\ddot{O}:}{\underset{H}{H-C}}$	$\ddot{O}=C=\ddot{O}$	$H-\underset{H}{\overset{\cdot\cdot}{N}}-H$
공유 전자쌍 수	4	4	4	3
비공유 전자쌍 수	1	2	4	1
중심 원자에 결합한 원자 수	2	3	2	3
분자	(나)	(다)	(가)	(라)
분자 모양	직선형	평면 삼각형	직선형	삼각뿔형

알짜 풀이

ㄱ. (다)에서 비공유 전자쌍 수가 2이므로 $a=2$이고, (가)와 (나)에서 중심 원자에 결합된 원자 수가 2이므로 $b=2$이다. 따라서 $a+b=4$이다.

ㄴ. (나)는 HCN이고, 분자 모양은 직선형으로 결합각은 $180°$이다. (라)는 NH_3이고, 분자 모양은 삼각뿔형으로 결합각은 $107°$이다.

ㄷ. (가)의 분자 모양은 직선형이고, (다)의 분자 모양은 평면 삼각형이므로 (가)와 (다)의 모든 원자는 동일 평면에 존재한다.

1등급 도전 문제
078~081쪽

187 ①	188 ④	189 ③	190 ⑤	191 ①	192 ④
193 ③	194 ④	195 ③	196 ①	197 ③	198 ②
199 ③	200 ①				

187 전기 분해
답 ①

알짜 풀이

염화 나트륨($NaCl$) 용융액을 전기 분해할 때 각 전극에서의 반응은 다음과 같다.

- (+)극: $2Cl^- \longrightarrow Cl_2+2e^-$
- (−)극: $2Na^++2e^- \longrightarrow 2Na$

물(H_2O)을 전기 분해할 때 각 전극에서의 반응은 다음과 같다.

- (+)극: $2H_2O \longrightarrow O_2+4H^++4e^-$
- (−)극: $4H_2O+4e^- \longrightarrow 2H_2+4OH^-$

ㄱ. (가)의 (+)극에서 $Cl_2(g)$가 발생한다.

바로 알기

ㄴ. (나)의 (−)극에서 생성되는 물질은 H_2이고, 단일 결합으로만 이루어져 있다.

ㄷ. (가)와 (나) 각 전극에서 생성되는 물질의 몰비는 (+)극:(−)극=1:2이다.

188 이온 결합 물질의 성질
답 ④

자료 분석

원자	W Mg	X Na	Y F	Z O
원자 반지름(pm)	㉠	186	64	66
이온 반지름(pm)	65	95	㉡	140

- 같은 주기에서는 원자 번호가 증가할수록 원자 반지름이 감소하고, 같은 족에서는 원자 번호가 증가할수록 원자 반지름이 증가하므로 원자 반지름의 크기는 $Na>Mg>O>F$이다.
- 등전자 이온에서는 원자 번호가 클수록 이온 반지름이 작아지므로 이온 반지름의 크기는 $O^{2-}>F^->Na^+>Mg^{2+}$이다.

알짜 풀이

비금속은 음이온이 되면 전자 수가 커져 전자 간 반발력이 증가하여 이온 반지름이 원자 반지름보다 커진다. 따라서 Z는 O, F 중 하나인데, 원자 반지름은 O>F이므로 Z보다 원자 반지름이 작은 Y는 F이고, Z는 O이다. 나머지 W, X는 각각 Na, Mg 중 하나이다. 금속은 양이온이 되면 전자 껍질 수가 감소하므로 원자 반지름보다 이온 반지름이 작아진다. 이온 반지름은 $Na^+ > Mg^{2+}$이므로 이온 반지름이 작은 W는 Mg이고, X는 Na이다.

ㄱ. W는 Mg이다.

ㄷ. X는 Na, Z는 O로 X와 Z는 2 : 1로 결합하여 $X_2O(Na_2O)$의 안정한 화합물을 형성한다.

바로 알기

ㄴ. Y는 F, Z는 O이고, 이온 반지름의 크기는 $O^{2-} > F^-$이므로 ⓛ<140이다.

189 공유 결합

답 ③

알짜 풀이

A는 산소(O), B는 플루오린(F)이다. O_2와 F_2의 루이스 구조식은 다음과 같다.

$$:\ddot{O}=\ddot{O}: \qquad :\ddot{F}-\ddot{F}:$$

ㄱ. $A_2(O_2)$에는 2중 결합이 있다.

ㄷ. $A_2B_2(O_2F_2)$의 루이스 전자점식은 다음과 같다.

$$:\ddot{F}-\ddot{O}-\ddot{O}-\ddot{F}:$$

따라서 A_2B_2에서 모든 원자는 옥텟 규칙을 만족한다.

바로 알기

ㄴ. $\dfrac{공유\ 전자쌍\ 수}{비공유\ 전자쌍\ 수}$는 A_2가 $\dfrac{2}{4}$이고, B_2가 $\dfrac{1}{6}$이다. 따라서 $\dfrac{공유\ 전자쌍\ 수}{비공유\ 전자쌍\ 수}$는 $A_2 > B_2$이다.

190 이온화 에너지와 공유 결합

답 ⑤

자료 분석

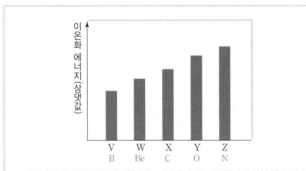

• 2주기 원자 중 바닥상태 전자 배치에서 전자가 들어 있는 오비탈 수가 2인 것은 Li과 Be이다.
• 2주기 원자 중 Li의 이온화 에너지가 가장 작으므로 W는 Li이 될 수 없다. 따라서 W는 Be이다.
• Be보다 이온화 에너지가 작은 것은 Li과 B(붕소)이다. V가 Li이라고 한다면 W는 Be보다 이온화 에너지가 작으므로 W보다 이온화 에너지가 작은 것이 더 있어야 하는데 그렇지 않다. 따라서 V는 B(붕소)이고 X는 C(탄소)이다.
• 이온화 에너지는 O가 N보다 작으므로 Y는 O이고 Z는 N이다.

알짜 풀이

ㄱ. 원자가 전자 수는 V(B)가 3, W(Be)가 2이다.

ㄴ. $XY_2(CO_2)$에는 2중 결합이 있다.

ㄷ. 공유 전자쌍 수는 $Z_2(N_2)$가 3, $Y_2(O_2)$가 2이다.

191 공유 결합 물질과 전자쌍 수

답 ①

자료 분석

분자	C_2F_4 C_2F_x	C_2F_2 C_2F_y	C_2F_6 C_2F_z
공유 전자쌍 수	a 6		
비공유 전자쌍 수		a 6	$3a$ 18

• C_2F_2의 공유 전자쌍 수 5, 비공유 전자쌍 수 6
• C_2F_4의 공유 전자쌍 수 6, 비공유 전자쌍 수 12
• C_2F_6의 공유 전자쌍 수 7, 비공유 전자쌍 수 18

알짜 풀이

ㄱ. $x+y=z$이다.

바로 알기

ㄴ. 공유 전자쌍 수와 비공유 전자쌍 수가 서로 같은 값인 것은 6이다. 따라서 $a=6$이다.

ㄷ. 공유 전자쌍 수는 $C_2F_z(C_2F_6)$가 7이고, $C_2F_y(C_2F_2)$가 5이다. 따라서 공유 전자쌍 수는 $C_2F_z > C_2F_y$이다.

192 루이스 전자점식과 결합의 극성

답 ④

알짜 풀이

X~Z는 각각 N, O, F이다. X : Z=1 : 1로 결합하면서 모든 원자가 옥텟 규칙을 만족하는 화합물은 N_2F_2이고, Y : Z=1 : 1로 결합하면서 모든 원자가 옥텟 규칙을 만족하는 화합물은 O_2F_2이다. N_2F_2와 O_2F_2의 루이스 구조식은 다음과 같다.

$$:\ddot{F}-\ddot{N}=\ddot{N}-\ddot{F}: \qquad :\ddot{F}-\ddot{O}-\ddot{O}-\ddot{F}:$$
$$\text{(가)} \qquad\qquad\qquad \text{(나)}$$

ㄴ. N_2F_2에서는 N 원자 사이에, O_2F_2에서는 O 원자 사이에 무극성 공유 결합이 있다.

ㄷ. 중심 원자(N 또는 O)보다 주변 원자인 F의 전기 음성도가 더 크기 때문에 중심 원자는 부분적인 양전하(δ^+)를 띤다.

바로 알기

ㄱ. N_2F_2에는 N 원자 사이에 2중 결합이 있고, O_2F_2는 단일 결합으로만 이루어져 있다.

193 루이스 전자점식

답 ③

(가)~(다)에 다중 결합을 표시하여 나타내면 다음과 같다.

$$H-C≡N \qquad O=C=O \qquad H-C≡C-H$$
$$\text{(가)} \qquad\quad \text{(나)} \qquad\qquad \text{(다)}$$

알짜 풀이

ㄱ. 3중 결합을 가지고 있는 것은 (가)와 (다) 2가지이다.

ㄷ. (가)~(다)는 분자 모양이 모두 직선형 구조로 구성 원자가 모두 동일 평면에 존재한다.

바로 알기

ㄴ. 분자의 쌍극자 모멘트가 0인 것은 대칭 구조를 가지는 (나)와 (다) 2가지이다.

194 분자 모양과 결합각　　　답 ④

알짜 풀이

(가)와 (나)는 $\dfrac{\text{비공유 전자쌍 수}}{\text{공유 전자쌍 수}}$가 각각 4와 1로 이에 해당하는 물질은 각각 OF_2와 CO_2이다. 따라서 (가)와 (나)에 공통으로 들어 있는 X는 O이고, W와 Y는 각각 F, C이다. 나머지 원소 Z는 N이다.

(다)는 W(F), X(O), Z(N)로 이루어져 있으면서 $\dfrac{\text{비공유 전자쌍 수}}{\text{공유 전자쌍 수}}=2$이므로 F−N=O이다.

$$:\ddot{F}-\ddot{N}=\ddot{O}:$$

(라)는 W(F), Y(C), Z(N)로 이루어져 있으므로 F−C≡N이다.

ㄴ. (라) FCN의 $\dfrac{\text{비공유 전자쌍 수}}{\text{공유 전자쌍 수}}=1$이므로 $x=1$이다.

ㄷ. 분자 모양이 (라)는 직선형이고, (다)는 굽은 형이므로 결합각은 (라)>(다)이다.

바로 알기

ㄱ. Z는 질소(N)이다.

195 화학 반응식과 분자의 구조　　　답 ③

자료 분석

$$C_mH_n + 3O_2 \longrightarrow mCO_2 + \frac{n}{2}H_2O$$

반응물과 생성물에서 산소의 양(mol)은 서로 같다. 따라서 $6=2m+\dfrac{n}{2}$이고, 이를 약분하면 $3=m+\dfrac{n}{4}$이다.

이를 만족시키는 (m, n)의 조합은 $(1, 8), (2, 4)$이고, C가 1개일 때 H는 최대 4개까지 결합할 수 있으므로 $m=2, n=4$이다.

알짜 풀이

ㄱ. $m+n=6$이다.

ㄴ. C_mH_n은 C_2H_4이고, C 원자를 기준으로 평면 삼각형인 평면 구조이므로 분자의 모든 원자는 동일 평면에 있다.

바로 알기

ㄷ. 분자 모양은 C_mH_n에서 C 원자를 기준으로 평면 삼각형이다.

196 분자의 구조　　　답 ①

알짜 풀이

W~Z는 각각 C, N, O, F 중 하나이고, 분자에서 모든 원자는 옥텟 규칙을 만족한다.

(나)의 분자식이 YX_3이고, 원자 사이의 결합 수가 3이면서 분자에서 모든 원자가 옥텟 규칙을 만족하는 화합물은 NF_3이다. 따라서 X는 F, Y는 N이다. X는 F, Y는 N이므로, C와 O는 각각 W와 Z 중 하나이다. 분자식이 WZ_2인 (다)는 CO_2이다. 따라서 W는 C, Z는 O이다.

X, Y, Z는 각각 F, N, O이므로 (가)는 FNO이다.

알짜 풀이

ㄱ. W~Z는 각각 C, F, N, O이다. 따라서 (가)의 분자식은 FNO이다.

$$:\ddot{F}-\ddot{N}=\ddot{O}:$$

(가)에는 2중 결합이 있다.

바로 알기

ㄴ. (다)는 CO_2로 분자 모양은 직선형이다.

ㄷ. (가)와 (나)의 구조식은 다음과 같다.

$$:\ddot{F}-\ddot{N}=\ddot{O}: \qquad\qquad :\ddot{F}-\underset{\underset{\displaystyle:\ddot{F}:}{|}}{\overset{\displaystyle:\ddot{F}:}{N}}-\ddot{F}:$$

$\dfrac{\text{공유 전자쌍 수}}{\text{비공유 전자쌍 수}}$는 (가)는 $\dfrac{1}{2}$, (나)는 $\dfrac{3}{10}$이다. 따라서 $\dfrac{\text{공유 전자쌍 수}}{\text{비공유 전자쌍 수}}$는 (가)>(나)이다.

197 분자의 구조와 성질　　　답 ③

자료 분석

분자	(가) OF_2	(나) BF_3	(다) NF_3
분자식	XF_a	YF_b	ZF_c
비공유 전자쌍 수	8	9	10

플루오린(F)과 2주기 원소 간 공유 결합 화합물

분자식	BeF_2	BF_3	CF_4	NF_3	OF_2	F_2
공유 전자쌍 수	2	3	4	3	2	1
비공유 전자쌍 수	6	9	12	10	8	6
분자		(나)		(다)	(가)	

알짜 풀이

ㄱ. $a+b+c=8$이다.

ㄷ. (가)는 분자 모양이 굽은 형, (다)는 분자 모양이 삼각뿔형으로 분자의 쌍극자 모멘트가 0이 아니므로 극성 분자이고, (나)는 분자 모양이 평면 삼각형으로 대칭을 이루어 분자의 쌍극자 모멘트가 0인 무극성 분자이다.

바로 알기

ㄴ. (나)는 BF_3이고, 중심 원자인 Y(B) 주위에 공유 전자쌍만 3개 있으므로 Y(B)는 옥텟 규칙을 만족하지 못한다.

198 분자의 구조　　　답 ②

알짜 풀이

다음은 FCN, COF_2, OF_2에 대한 자료이다.

분자	FCN	COF_2	OF_2
루이스 구조식	$:\ddot{F}-C≡N:$	$:\overset{\displaystyle:\ddot{O}:}{\underset{}{\overset{\|}{C}}}$ 　$:\ddot{F}-C-\ddot{F}:$	$:\ddot{F}-\underset{|}{\overset{:\ddot{O}:}{}}-\ddot{F}:$
공유 전자쌍 수	4	4	2
비공유 전자쌍 수	4	8	8

(가)와 (다)의 공유 전자쌍 수가 같고, (가)와 (나)의 비공유 전자쌍 수가 같으므로 (가)~(다)는 각각 COF_2, OF_2, FCN이다.

ㄴ. $a=4$이고, $b=8$이므로 $2a=b$이다.

바로 알기

ㄱ. (가)는 COF_2이다.

ㄷ. (나)는 OF_2이고, 굽은 형으로 결합각은 $109.5°$보다 작다. (다)는 FCN이고, 직선형으로 결합각은 $180°$이다.

알짜 풀이

다음은 CH_4, NH_3, H_2O에 대한 자료이다.

분자식	CH_4	NH_3	H_2O
루이스 구조식	H | H−C−H | H	H−N̈−H | H	H−Ö: | H
비공유 전자쌍 수 공유 전자쌍 수	0	$\dfrac{1}{3}$	1
분자 모양	정사면체형	삼각뿔형	굽은 형
결합각	$109.5°$	$107°$	$104.5°$

결합각은 (가)가 (나)보다 크므로 만약 (가)가 NH_3라면 (나)는 H_2O이고, (다)는 CH_4이다. 이 경우에 $\dfrac{비공유\ 전자쌍\ 수}{공유\ 전자쌍\ 수}$는 (다)＞(나) 조건에 맞지 않는다.

만약 (가)가 CH_4이라면 (나)는 NH_3 또는 H_2O이고, $\dfrac{비공유\ 전자쌍\ 수}{공유\ 전자쌍\ 수}$는 (다)＞(나)이므로 (다)는 H_2O이다. 따라서 (나)는 NH_3이다. (가)~(다)는 각각 CH_4, NH_3, H_2O이다.

ㄱ. (가)는 CH_4이고, 정사면체형으로 분자의 쌍극자 모멘트가 0이다. (나)는 NH_3이고, 삼각뿔형으로 분자의 쌍극자 모멘트가 0이 아니다. 따라서 분자의 쌍극자 모멘트는 (가)＜(나)이다.

ㄷ. (나)와 (다)의 중심 원자에는 비공유 전자쌍이 있다.

바로 알기

ㄴ. (나)는 삼각뿔형으로 입체 구조이다.

200 분자의 구조와 성질　　　　　　　　답 ①

자료 분석

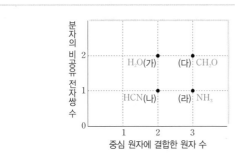

- (가)는 중심 원자에 결합한 원자 수가 2이고, 분자의 비공유 전자쌍 수가 2
  ⇨ 가능한 분자 H_2O
- (나)는 중심 원자에 결합한 원자 수가 2이고, 분자의 비공유 전자쌍 수가 1
  ⇨ 가능한 분자 HCN
- (다)는 중심 원자에 결합한 원자 수가 3이고, 분자의 비공유 전자쌍 수가 2
  ⇨ 가능한 분자 CH_2O
- (라)는 중심 원자에 결합한 원자 수가 3이고, 분자의 비공유 전자쌍 수가 1
  ⇨ 가능한 분자 NH_3

알짜 풀이

ㄱ. (나)는 HCN(H−C≡N)으로 3중 결합이 존재하고, (다)는 CH_2O로 2중 결합이 존재한다.

바로 알기

ㄴ. (가)는 H_2O로 굽은 형이며 결합각은 $104.5°$이고, (라)는 NH_3로 삼각뿔형 구조이며 결합각은 $107°$이다. 따라서 결합각은 (가)＜(라)이다.

ㄷ. (가)~(라)의 분자 모양은 각각 굽은 형, 직선형, 평면 삼각형, 삼각뿔형으로 대칭을 이루지 않아 분자의 쌍극자 모멘트가 0이 아닌 극성 분자이다.

Ⅵ. 역동적인 화학 반응

12 동적 평형　　　　　　　　085~087쪽

대표 기출 문제　**201** ①　**202** ②

적중 예상 문제　**203** ④　**204** ①　**205** ③　**206** ④　**207** ⑤
　　　　　　　　208 ③　**209** ②　**210** ④

201 동적 평형　　　　　　　　답 ①

알짜 풀이

ㄱ. 밀폐된 진공 용기에 $H_2O(l)$을 넣고 동적 평형에 도달했으므로 $H_2O(g)$의 양(mol)은 증가하고, $H_2O(l)$의 양(mol)은 감소한다. (가)에서는 t_2일 때 동적 평형 상태에 도달하였으므로 $H_2O(g)$의 양(mol)은 t_2일 때가 t_1일 때보다 많다.

바로 알기

ㄴ. 동적 평형이란 겉으로 보기에는 반응이 일어나지 않는 것처럼 보이나, 실제로는 정반응과 역반응이 같은 속도로 일어나고 있는 상태를 말한다. (나)에서 t_3은 동적 평형 상태이다.

ㄷ. 동적 평형 상태에 도달할 때까지 H_2O의 증발 속도＞응축 속도이고, 동적 평형 상태에 도달했을 때는 H_2O의 증발 속도＝응축 속도이다. (가)에서는 t_2일 때 동적 평형 상태에 도달했으므로 H_2O의 $\dfrac{증발\ 속도}{응축\ 속도}$＝1이고, (나)에서는 t_2일 때 동적 평형 상태에 도달하지 못했으므로 $\dfrac{증발\ 속도}{응축\ 속도}$＞1이다. 따라서 t_2일 때 H_2O의 $\dfrac{증발\ 속도}{응축\ 속도}$는 (나)에서가 (가)에서보다 크다.

202 용해 평형　　　　　　　　답 ②

$4t$일 때 설탕 수용액은 용해 평형에 도달했으므로 $4t$일 때와 $8t$일 때 설탕 수용액의 몰 농도는 같다.

알짜 풀이

ㄷ. $4t$일 때 포화 상태이기 때문에 녹지 않고 남아 있는 설탕의 질량은 $4t$ 이후부터 일정하다. 따라서 녹지 않고 남아 있는 설탕의 질량은 $4t$일 때와 $8t$일 때가 같다.

바로 알기

ㄱ. t일 때는 아직 용해 평형 상태에 도달하기 전이므로 용해 속도＞석출 속도이고 석출 속도는 0이 아니다.

ㄴ. $4t$일 때 용해 평형 상태에 도달했으므로 용해 속도＝석출 속도이다.

203 상평형　　　　　　　　답 ④

자료 분석

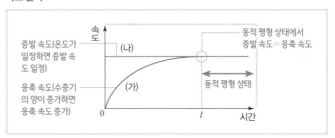

알짜 풀이

ㄱ. H_2O의 상변화는 물이 수증기로 증발하고 수증기가 물로 응축되는 가역 반응이다.

ㄷ. t일 때 $H_2O(l)$의 응축 속도와 $H_2O(g)$의 증발 속도가 같아지므로 겉으로 보기에는 아무런 변화가 없는 동적 평형 상태에 도달한다.

바로 알기

ㄴ. (가)는 $H_2O(g)$의 응축 속도이고, (나)는 $H_2O(l)$의 증발 속도이다.

---

204 고체와 기체의 상평형   답 ①

알짜 풀이

ㄱ. 진공 용기에 $I_2(s)$을 넣으면 $I_2(s) \rightleftharpoons I_2(g)$의 상변화가 일어나므로 시간이 지나면 $I_2(s)$의 양(mol)은 감소하고, $I_2(g)$의 양(mol)은 증가한다. $a > b$이므로 ㉠은 $I_2(s)$이다.

바로 알기

ㄴ. $2t$일 때 동적 평형 상태에 도달하므로 $2t$ 이후에는 $I_2(s)$, $I_2(g)$의 양(mol)이 일정하게 유지된다. 따라서 $x = b$이다.

ㄷ. 동적 평형 상태에서 변화가 없는 것처럼 보이지만 정반응과 역반응이 동시에 일어난다. 따라서 동적 평형 상태인 $3t$일 때 $I_2(g) \longrightarrow I_2(s)$의 반응이 일어난다.

---

205 액체와 기체의 상평형   답 ③

자료 분석

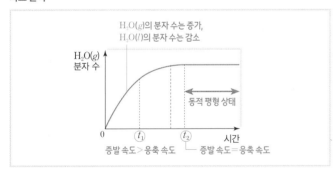

알짜 풀이

ㄱ. 용기에 $H_2O(l)$을 넣으면 $H_2O(l)$이 증발하여 $H_2O(g)$가 된다. $H_2O(g)$의 양(mol)은 t_2일 때가 t_1일 때보다 많으므로 $H_2O(l)$의 양(mol)은 반대로 t_1일 때가 t_2일 때보다 많다.

ㄴ. $H_2O(g)$의 양(mol)이 많을수록 더 많이 응축되므로 응축 속도는 빨라진다. 따라서 $H_2O(g)$의 응축 속도는 $H_2O(g)$의 양(mol)이 많은 t_2일 때가 t_1일 때보다 크다.

바로 알기

ㄷ. 온도가 일정하면 $H_2O(l)$의 증발 속도는 일정하고, 동적 평형 상태에서 $H_2O(l)$의 증발 속도와 $H_2O(g)$의 응축 속도는 같다. 따라서 t_1일 때 $H_2O(l)$의 증발 속도와 t_2일 때 $H_2O(g)$의 응축 속도는 같다.

---

206 용해 평형   답 ④

알짜 풀이

ㄴ. 물에 넣은 $X(s)$의 질량은 w g으로 물에 용해된 질량인 $2a$ g보다 크므로 t_2 이후에 $X(s)$의 일부가 녹지 않고 남는다. t_2 이후에 수용액은 포화 상

태이고, t_2일 때와 t_3일 때 용해된 X의 질량이 같으므로 t_2 이후에 X는 동적 평형 상태에 도달한다. X의 석출 속도는 물에 용해된 X의 양이 많을수록 커지므로 X의 석출 속도는 t_3일 때가 t_1일 때보다 크다.

ㄷ. t_2일 때와 t_3일 때 동적 평형 상태이므로 용해되지 않은 X의 질량은 t_2일 때와 t_3일 때가 같다.

바로 알기

ㄱ. 일정한 온도에서 용해 속도는 일정하므로 X의 용해 속도는 t_1일 때와 t_2일 때가 같다.

---

207 액체와 기체의 상평형   답 ⑤

알짜 풀이

ㄱ. 용기에 $H_2O(g)$를 넣으면 동적 평형 상태에 도달할 때까지 $H_2O(l)$의 양(mol)이 점점 증가하다가 동적 평형 상태에 도달하면 $H_2O(g)$와 $H_2O(l)$의 양(mol)이 일정해진다. 따라서 $H_2O(l)$의 양(mol)은 t_2일 때가 t_1일 때보다 많다.

ㄴ. 동적 평형 상태에 도달할 때까지 $H_2O(g)$의 양(mol)은 감소하고, $H_2O(l)$의 양(mol)은 증가하므로 $c > b > a$이다.

ㄷ. $H_2O(g)$의 응축 속도는 $H_2O(g)$의 양(mol)이 많을수록 커지므로 $H_2O(g)$의 응축 속도는 t_2일 때가 t_4일 때보다 크다.

---

208 용해 평형   답 ③

알짜 풀이

ㄷ. t_4일 때 물에 녹지 않고 남은 NaCl이 존재하므로 t_3일 때와 t_4일 때 수용액은 포화 상태이고 동적 평형 상태에 도달한다. NaCl의 석출 속도는 용해된 NaCl의 양이 증가할수록 커지므로 동적 평형 상태에 도달할 때까지 커진다. 따라서 NaCl의 석출 속도는 t_4일 때가 t_2일 때보다 크다.

바로 알기

ㄱ. 동적 평형 상태에 도달할 때까지 시간이 흐를수록 용해된 NaCl의 양(mol)이 많아지므로 수용액의 몰 농도는 증가한다. 따라서 $a > ㉠$이다.

ㄴ. t_3 이후 동적 평형 상태이므로 NaCl이 물에 용해되는 반응과 NaCl이 석출되는 반응이 모두 일어난다.

---

209 액체와 기체의 상평형   답 ②

자료 분석

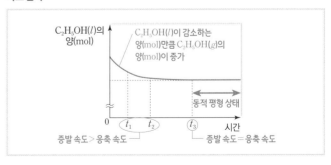

알짜 풀이

ㄴ. 동적 평형 상태에 도달할 때까지 $C_2H_5OH(l)$의 양(mol)은 감소하고, $C_2H_5OH(g)$의 양(mol)은 증가한다. t_3일 때 동적 평형 상태에 도달하므로 $\dfrac{C_2H_5OH(g)의 양(mol)}{C_2H_5OH(l)의 양(mol)}$은 t_2일 때가 t_1일 때보다 크다.

바로 알기

ㄱ. 일정한 온도에서 $C_2H_5OH(l)$의 증발 속도는 일정하다. $t_1{\sim}t_3$에서 $C_2H_5OH(l)$의 증발 속도는 모두 같다.

ㄷ. t_3일 때 동적 평형 상태이므로 $C_2H_5OH(l)$의 증발 속도와 $C_2H_5OH(g)$의 응축 속도가 같다. 따라서 t_3일 때 $\dfrac{C_2H_5OH(g)의\ 응축\ 속도}{C_2H_5OH(l)의\ 증발\ 속도}=1$이다.

210 고체와 기체의 상평형   답 ④

알짜 풀이

ㄱ. $CO_2(s)$의 크기는 (나)에서와 (다)에서가 같으므로 (나)와 (다)에서 CO_2는 동적 평형 상태이다.

ㄷ. (가)는 동적 평형 상태에 도달하기 전이므로 $CO_2(s)$의 승화 속도 > $CO_2(g)$의 승화 속도이고, (나)와 (다)는 $CO_2(s)$의 승화 속도 = $CO_2(g)$의 승화 속도이다. 따라서 $\dfrac{CO_2(g)의\ 승화\ 속도}{CO_2(s)의\ 승화\ 속도}$ 는 (나)=(다) > (가)이다.

바로 알기

ㄴ. $CO_2(g)$의 승화 속도는 $CO_2(g)$의 양(mol)이 많을수록 크다. 동적 평형 상태에 도달할 때까지 $CO_2(g)$의 승화 속도는 증가하므로 일정한 시간 동안 $CO_2(g)$가 승화되는 반응은 (다)에서가 (가)에서보다 더 많이 일어난다.

---

13 물의 자동 이온화와 pH   089~091쪽

대표 기출 문제 211 ⑤   212 ④

적중 예상 문제 213 ③   214 ⑤   215 ②   216 ⑤   217 ③
               218 ④   219 ①   220 ③

211 물의 자동 이온화와 pH   답 ⑤

알짜 풀이

(가)에서 $\dfrac{pH}{pOH}=\dfrac{3}{25}$이므로 pH+pOH=14를 이용하여 pH=1.5, pOH=12.5임을 구한다. (가)에서 $|pH-pOH|=11$이므로 (나)에서 $|pH-pOH|=7$이다. (가)가 산성이므로 (나)는 산성일 수 없고 염기성이 되며, 따라서 (다)는 중성이 된다.

ㄴ. $x=\dfrac{10.5}{3.5}=3$이고, $y=\dfrac{7}{7}=1$이므로 $x+y=4$이다.

ㄷ. 이온의 양(mol)=몰 농도×부피(L)이다.
$a=10^{-12.5}\times0.2$ mol, $b=10^{-3.5}\times0.4$ mol, $c=10^{-7}\times0.5$ mol이므로 $\dfrac{b\times c}{a}=100$이다.

바로 알기

ㄱ. (나)의 액성은 염기성이다.

212 물의 자동 이온화와 pH   답 ④

수용액 (가)의 pH가 (나)의 2배이므로 (가)는 $NaOH(aq)$이고 (나)는 $HCl(aq)$이다. (가)의 OH^-의 몰 농도가 (나)의 H^+의 몰 농도의 10배이므로 (가)의 pOH가 (나)의 pH보다 1이 작다. (가)의 pOH가 $x-1$이고 pH가 $2x$이므로 $x=5.0$이다.

알짜 풀이

ㄱ. (나)는 $HCl(aq)$이다.

ㄷ. $a=1\times10^{-4}$이고, 25 ℃에서 물의 이온화 상수(K_w)는 1×10^{-14}이다. $10a$ M $NaOH(aq)$에서 Na^+과 OH^-의 농도는 각각 $10a$ M로 동일하다. $\dfrac{[Na^+]}{[H_3O^+]}=\dfrac{1\times10^{-3}}{1\times10^{-11}}=1\times10^8$이다.

바로 알기

ㄴ. $x=5.0$이다.

213 산과 염기 수용액   답 ③

자료 분석

수용액	(가) 산성	(나) 중성	(다) 염기성
$\dfrac{[OH^-]}{[H_3O^+]}$	$\dfrac{1}{100}$	1	10000
25 ℃에서 $[H_3O^+][OH^-]=1\times10^{-14}$	$\dfrac{10^{-8}}{10^{-6}}$	$\dfrac{10^{-7}}{10^{-7}}$	$\dfrac{10^{-5}}{10^{-9}}$

알짜 풀이

ㄱ. 25 ℃에서 $[H_3O^+][OH^-]=1\times10^{-14}$이므로 (가)에서 $[H_3O^+]=1\times10^{-6}$ M, $[OH^-]=1\times10^{-8}$ M이고, (나)에서 $[H_3O^+]=[OH^-]=1\times10^{-7}$ M이며, (다)에서 $[H_3O^+]=1\times10^{-9}$ M, $[OH^-]=1\times10^{-5}$ M이다. 따라서 (가)는 산성이다.

ㄴ. (나)의 $[H_3O^+]=1\times10^{-7}$ M이므로 pH는 7.0이다.

바로 알기

ㄷ. OH^-의 양(mol)은 $[OH^-]\times$수용액의 부피이다. 같은 부피에서 OH^-의 양(mol)은 $[OH^-]$에 비례한다. $[OH^-]$는 (가)가 1×10^{-8} M, (다)가 1×10^{-5} M이므로 OH^-의 양(mol)은 (다)가 (가)의 1000배이다.

214 물의 자동 이온화   답 ⑤

자료 분석

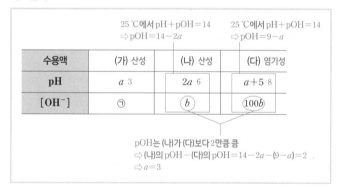

수용액	(가) 산성	(나) 산성	(다) 염기성
pH	a 3	$2a$ 6	$a+5$ 8
$[OH^-]$	㉠	b	$100b$

pOH는 (나)가 (다)보다 2만큼 큼
⇨ (나)의 pOH − (다)의 pOH = 14−2a−(9−a)=2
⇨ $a=3$

알짜 풀이

ㄱ. $[OH^-]$는 (다)가 (나)의 100배이므로 $pOH=-\log[OH^-]$는 (나)가 (다)보다 2만큼 크다. 25 ℃에서 pH+pOH=14이므로 (나)에서 $pOH=14-2a$이고, (다)에서 $pOH=14-(a+5)=9-a$이다. (나)와 (다)의 pOH의 차이는 $2=14-2a-(9-a)$, $a=3$이다. (나)의 pH는 6이므로 (나)는 산성이다.

ㄴ. (나)의 pOH=8, $[OH^-]=1\times10^{-8}$ M이다. $b=1\times10^{-8}$이다. (가)의 pH=3이므로 pOH=11, $[OH^-]=1\times10^{-11}$ M$=\dfrac{b}{1000}$이다.

ㄷ. 같은 부피일 때 H_3O^+의 양(mol)은 $[H_3O^+]$에 비례한다. (가)의 pH=3이므로 $[H_3O^+]=1\times10^{-3}$ M이고 (다)의 pH=8이므로 $[H_3O^+]=1\times10^{-8}$ M이다. 따라서 H_3O^+의 양(mol)은 (가)가 (다)의 10^5배이다.

215 수용액에서 pH와 pOH
답 ②

자료 분석

	pH=0 pOH=14	pH=4 pOH=10	pH=6 pOH=8
수용액	(가)	(나)	(다)
$\dfrac{pH}{pOH}$	0	$\dfrac{2}{5}$	$\dfrac{3}{4}$
부피(mL)		V	$10V$

└─ 25 ℃에서   └─ 수용액의 부피는 (다)가 (나)의
　　pH+pOH=14   10배

알짜 풀이

ㄴ. 25 ℃에서 pH+pOH=14이므로 (가)에서 pH=0, pOH=14이고 (나)에서 pH=4, pOH=10이며, (다)에서 pH=6, pOH=8이다. H_3O^+의 양(mol)은 $[H_3O^+] \times$수용액의 부피이므로 (나)의 H_3O^+의 양은 $1 \times 10^{-4} \times V$ mmol이고, (다)의 H_3O^+의 양은 $1 \times 10^{-6} \times 10V$ mmol이다. 따라서 H_3O^+의 양(mol)은 (나)가 (다)의 10배이다.

바로 알기

ㄱ. pOH는 (가)가 14, (나)가 10이므로 (가)가 (나)보다 4만큼 크다.

ㄷ. (다)에 물을 넣어 전체 부피를 $20V$ L로 만들면 수용액의 부피는 2배가 되므로 몰 농도는 $\dfrac{1}{2}$배가 된다. 이때 HCl(aq)이 이온화하여 만든 $[H_3O^+]$는 $\dfrac{1}{2}$배가 되므로 $[H_3O^+]=5 \times 10^{-7}$ M이다. 25 ℃에서 $[H_3O^+][OH^-]=1 \times 10^{-14}$이므로 (다)의 $[OH^-]=2 \times 10^{-8}$ M이다.

216 물의 자동 이온화
답 ⑤

자료 분석

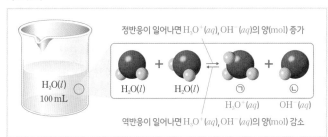

정반응이 일어나면 $H_3O^+(aq)$, $OH^-(aq)$의 양(mol) 증가
$H_2O(l)$　　$H_2O(l)$ ⇌ ㉠ ＋ ㉡
$H_2O(l)$ 100 mL　　　　　　　　$H_3O^+(aq)$　$OH^-(aq)$
역반응이 일어나면 $H_3O^+(aq)$, $OH^-(aq)$의 양(mol) 감소

알짜 풀이

ㄱ. 결합한 H 원자가 ㉠이 ㉡보다 많으므로 ㉠은 H_3O^+, ㉡은 OH^-이다.

ㄴ. (가)에서 HCl(aq)을 넣으면 H_3O^+의 양(mol)이 증가하므로 $[H_3O^+] > 1 \times 10^{-7}$ M이고, $[OH^-] < 1 \times 10^{-7}$ M이다. 따라서 (가)에 0.1 M HCl(aq)을 넣으면 ㉡의 양(mol)은 감소한다.

ㄷ. 0.1 M NaOH(aq) 100 mL에 들어 있는 OH^-의 양(mol)은 $0.1 \times 0.1 = 0.01$이다. (가)에 0.1 M NaOH(aq) 100 mL를 넣어 수용액의 전체 부피가 1 L가 되면 $[OH^-] = \dfrac{0.01}{1} = 0.01$(M)이다. 이 수용액의 pOH=2이므로 pH=12이다.

217 산과 염기 수용액
답 ③

알짜 풀이

NaOH(aq) 40 mL를 넣었을 때 수용액의 pH=12이므로 pOH=2이고 $[OH^-] = 1 \times 10^{-2}$ M이다. NaOH(aq) 10 mL를 넣었을 때 $[OH^-] =$

0.004 M이다. 수용액에 들어 있는 OH^-의 양(mol)은 $[OH^-] \times$수용액의 부피이고, 넣어 준 NaOH(aq)의 부피에 비례한다. NaOH(aq) 10 mL와 40 mL를 넣었을 때 OH^-의 몰비는 $0.004 \times (V+10) : 0.01 \times (V+40) = 10 : 40$, $V=40$이다.

218 산과 염기 수용액
답 ④

자료 분석

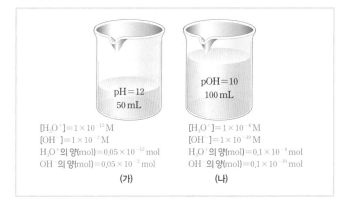

pH=12
50 mL
pOH=10
100 mL

$[H_3O^+]=1 \times 10^{-12}$ M $[H_3O^+]=1 \times 10^{-4}$ M
$[OH^-]=1 \times 10^{-2}$ M $[OH^-]=1 \times 10^{-10}$ M
H_3O^+의 양(mol)$=0.05 \times 10^{-12}$ mol H_3O^+의 양(mol)$=0.1 \times 10^{-4}$ mol
OH^-의 양(mol)$=0.05 \times 10^{-2}$ mol OH^-의 양(mol)$=0.1 \times 10^{-10}$ mol

(가)　　　　　　　　(나)

알짜 풀이

ㄴ. (가)는 pH=12, pOH=2이므로 염기성인 NaOH(aq)이고, (나)는 pOH=10, pH=4이므로 산성인 HCl(aq)이다. (나)는 HCl(aq)이므로 $[H_3O^+] = 1 \times 10^{-4}$ M이다. (나)의 부피를 1 L로 만들면 부피가 10배 증가하므로 몰 농도는 10배 감소한다. 이 HCl(aq)의 $[H_3O^+] = 1 \times 10^{-5}$ M 이므로 pH=5이다.

ㄷ. (가)의 OH^-의 양(mol)은 $1 \times 10^{-2} \times 0.05 = 5 \times 10^{-4}$이고, (나)의 H_3O^+의 양(mol)은 $1 \times 10^{-4} \times 0.1 = 1 \times 10^{-5}$이다. 따라서 $\dfrac{(나)의\ H_3O^+의\ 양(mol)}{(가)의\ OH^-의\ 양(mol)} = \dfrac{1 \times 10^{-5}}{5 \times 10^{-4}} = \dfrac{1}{50}$이다.

바로 알기

ㄱ. (가)는 NaOH(aq), (나)는 HCl(aq)이다.

219 산과 염기 수용액
답 ①

알짜 풀이

ㄱ. $[H_3O^+]$는 (나)가 (가)의 10배이고, $pH = -\log [H_3O^+]$이므로 pH는 (나)가 (가)보다 1만큼 작다. (가)의 pH를 x라고 하면 (나)의 pH=$x-1$이다. 25 ℃에서 pH+pOH=14이므로 (가)의 pOH=$14-x$이고, (나)의 pOH=$15-x$이다. (가)와 (나)에서 pOH-pH의 비는 (가) : (나) $=14-x-x : 15-x-(x-1) = a : 2a$, $x=6$이다. 따라서 (가)의 pH=6이다.

바로 알기

ㄴ. (나)의 pH와 pOH는 각각 5, 9이다. 따라서 (나)의 $\dfrac{pOH}{pH} = \dfrac{9}{5}$이다.

ㄷ. OH^-의 양(mol)은 (가)가 $1 \times 10^{-8} \times V$이고 (나)가 $1 \times 10^{-9} \times 10V$이므로 (가)와 (나)가 같다.

220 pH와 pOH
답 ③

알짜 풀이

ㄱ. $H_2O(l)$의 pH=pOH=7이므로 |pH−pOH|는 $H_2O(l)$이 0으로 가장 작다. (가)는 $H_2O(l)$이고 $a=0$이다. (나)와 (다)는 각각 HCl(aq),

NaOH(aq) 중 하나이다. pOH는 HCl(aq)이 NaOH(aq)보다 크고, pH는 NaOH(aq)이 HCl(aq)보다 크므로 $\dfrac{\text{pOH}}{\text{pH}}$(상댓값)이 큰 (다)가 HCl($aq$)이고, (나)가 NaOH($aq$)이다. pH+pOH=14이고, (나)에서 pH−pOH=4이며, (다)에서 pOH−pH=7이므로 (나)에서 pH=9, pOH=5이고, (다)에서 pH=3.5, pOH=10.5이다. (나)에서 $\dfrac{\text{pOH}}{\text{pH}}$ $=\dfrac{5}{9}$이고 $\dfrac{\text{pOH}}{\text{pH}}$(상댓값)=5이므로 ㉠=9이다.

ㄴ. $\dfrac{\text{(다)의 pOH}}{\text{(가)의 pH}}=\dfrac{10.5}{7}=\dfrac{3}{2}$이다.

바로 알기

ㄷ. HCl(aq)의 몰 농도는 [H_3O^+]이고, NaOH(aq)의 몰 농도는 [OH^-]이다. (나)의 몰 농도는 1×10^{-5} M이고, (다)의 몰 농도는 $1\times10^{-3.5}$ M이다. 따라서 수용액의 몰 농도는 (다)가 (나)의 $10^{1.5}$배이다.

---

14 산 염기 중화 반응

093~097쪽

대표 기출 문제	221 ①	222 ②		
적중 예상 문제	223 ②	224 ④	225 ③	226 ①	227 ③
	228 ⑤	229 ④	230 ③	231 ②	232 ⑤
	233 ②	234 ③	235 ⑤		

221 중화 적정   답 ①

알짜 풀이

식초에 들어 있는 H^+의 양(mol)=중화점까지 넣어 준 a M KOH(aq)에 들어 있는 OH^-의 양(mol)이다.

(다)에서 식초 A 10 g에 들어 있는 CH_3COOH의 질량은 0.5 g임을 알 수 있다. 식초 A의 밀도가 d g/mL이므로 (가)에서 식초 A 10d g(10 mL)에 들어 있는 CH_3COOH의 질량은 0.5d g이고, 물만 추가하여 희석하였으므로 수용액 50 mL에 들어 있는 CH_3COOH의 질량도 0.5d g이다. (가)의 수용액 20 mL(20d g)를 표준 용액으로 중화 반응하였으므로 H^+의 양을 계산해 보면 $\dfrac{0.5d\times2\times1000}{5\times60}$ mmol이다. 중화점까지 넣어 준 a M KOH(aq)에 들어 있는 OH^-의 양은 30a mmol이므로 $a=\dfrac{d}{9}$이다.

222 산 염기 중화 반응   답 ②

알짜 풀이

Ⅰ은 산성이므로 음이온은 X^{2-}만 존재한다. Ⅱ가 염기성이면 음이온은 X^{2-}과 OH^-이 존재하고, Ⅱ가 산성(또는 중성)이면 음이온은 X^{2-}만 존재하므로 판단이 빠른 경우를 먼저 가정해 본다. Ⅱ가 산성이면, Ⅰ과 Ⅱ에서의 X^{2-}의 양을 이용하여 V를 구한다.

이온의 양(mmol)=몰 농도(M)×부피(mL)이므로

$xV=5\times(20+V)$ mmol이고 $2xV=400$ mmol이다. 그러므로 $V=20$이고, $a=10$이다.

Ⅱ에서 $\dfrac{\text{모든 양이온의 양(mol)}}{\text{모든 음이온의 양(mol)}}=\dfrac{3}{2}=\dfrac{80x-6}{40x}$이므로 $x=0.3$이다. Ⅱ에서 음이온의 양은 12 mmol이고, Ⅲ에서 음이온의 양은 20 mmol이다.

$12:20=4:b$이므로 $b=\dfrac{20}{3}$이다.

$x\times b=0.3\times\dfrac{20}{3}=2$이다.

223 중화 적정   답 ②

알짜 풀이

반응한 NaOH의 양은 0.1 M×V mL=$\dfrac{V}{10}$ mmol이다. CH_3COOH과 NaOH은 1:1의 몰비로 반응하므로 반응한 CH_3COOH의 양은

a M×20 mL=$\dfrac{V}{10}$ mmol, $a=\dfrac{V}{200}$이다.

224 중화 적정   답 ④

알짜 풀이

반응한 NaOH의 양은 0.1 M×50 mL=5 mmol이다. CH_3COOH과 NaOH은 1:1의 몰비로 반응하므로 Ⅰ 20 mL에 포함된 CH_3COOH의 양은 5 mmol이다. Ⅰ 100 mL에 포함된 CH_3COOH의 양은 5 mmol의 5배이므로 25 mmol이다. a M CH_3COOH(aq) 10 mL를 희석시켜 Ⅰ 100 mL를 만들었으므로 a M CH_3COOH(aq) 10 mL에 들어 있는 CH_3COOH의 양은 25 mmol이고 a M×10 mL=25 mmol, $a=2.5$이다.

225 중화 적정   답 ③

알짜 풀이

ㄱ. (다)와 (라)에서 측정한 눈금의 차이는 43.5 mL−3.5 mL=40 mL이므로 적정에 사용된 NaOH(aq)의 부피는 40 mL이다. (라)에서 반응한 NaOH의 양은 a M×$\dfrac{40}{1000}$ L=$\dfrac{a}{25}$ mol이다.

ㄴ. Ⅰ 20 mL에 들어 있는 CH_3COOH의 양(mol)은 (라)에서 반응한 NaOH의 양(mol)과 같으므로 $\dfrac{a}{25}$ mol이다. CH_3COOH의 분자량은 60이므로 Ⅰ 20 mL에 들어 있는 CH_3COOH의 질량은 $\dfrac{a}{25}$ mol×60 g/mol=$\dfrac{12}{5}a$ g이다.

바로 알기

ㄷ. Ⅰ 100 mL에 들어 있는 CH_3COOH의 질량은 $5\times\dfrac{12}{5}a$ g=12a g이다. 식초 A 10 mL의 질량은 10 mL×d g/mL=10d g이고, 식초 A 10 mL에 들어 있는 CH_3COOH의 질량은 12a g이므로 식초 A 1 g에 들어 있는 CH_3COOH의 질량은 $\dfrac{12a}{10d}=\dfrac{6a}{5d}$ g이다.

226 중화 적정   답 ①

알짜 풀이

(다)에서 60 mL의 Ⅰ과 반응한 NaOH의 양은 0.1 M×40 mL=4 mmol이므로 60 mL의 Ⅰ에 들어 있는 CH_3COOH의 양은 4 mmol이다.

100 mL의 Ⅰ에 들어 있는 CH_3COOH의 양은 4 mmol×$\dfrac{100\ \text{mL}}{60\ \text{mL}}=$ $\dfrac{20}{3}$ mmol이다. A 20 mL의 질량은 20 mL×d_A g/mL=20d_A g이고

A 1 g에 들어 있는 CH_3COOH의 양(mmol)은 $\dfrac{\frac{20}{3}}{20d_A}$이다. (라)에서 40 g 의 Ⅱ와 반응한 NaOH의 양은 0.1 M×50 mL＝5 mmol이므로 40 g의 Ⅱ에 들어 있는 CH_3COOH의 양은 5 mmol이다. 100 g의 Ⅱ에 들어 있는 CH_3COOH의 양은 $5\ mmol \times \dfrac{100\ g}{40\ g}=\dfrac{25}{2}$ mmol이다. B 20 mL의 질 량은 20 mL×d_B g/mL＝$20d_B$ g이고 B 1 g에 들어 있는 CH_3COOH의 양(mmol)은 $\dfrac{\frac{25}{2}}{20d_B}$이다. CH_3COOH의 질량과 CH_3COOH의 양(mol)은 비례하므로 $\dfrac{y}{x}=\dfrac{25}{40d_B}\times\dfrac{60d_A}{20}=\dfrac{15d_A}{8d_B}$이다.

227 중화 적정 답 ③

알짜 풀이
ㄱ. A~C는 각각 삼각 플라스크, 피펫, 뷰렛이다. ㉠으로 $CH_3COOH(aq)$ 15 mL를 정확히 측정하여 삼각 플라스크로 옮기므로 ㉠은 피펫(B)이다.

ㄷ. 반응한 NaOH의 양은 0.3 M×40 mL＝12 mmol이다. (가)에서 CH_3COOH의 몰 농도를 x M라고 하면 CH_3COOH과 NaOH이 1 : 1 의 몰비로 반응하므로 x M×15 mL＝12 mmol, x＝0.8이다.

바로 알기
ㄴ. ㉡에 표준 용액인 0.3 M NaOH(aq)을 넣고 삼각 플라스크 속 수용액에 떨어뜨려야 하므로 ㉡은 뷰렛(C)이다.

228 산과 염기의 정의 답 ⑤

자료 분석

(가) $H_2CO_3(aq) + H_2O(l) \longrightarrow HCO_3^-(aq) + H_3O^+(aq)$
　　아레니우스 산

(나) $HCO_3^-(aq) + H_2O(l) \longrightarrow CO_3^{2-}(aq) + H_3O^+(aq)$
　　브뢴스테드·로리 산　　브뢴스테드·로리 염기

(다) $CO_3^{2-}(aq) + H_2O(l) \longrightarrow HCO_3^-(aq) + OH^-(aq)$
　　브뢴스테드·로리 염기　　브뢴스테드·로리 산

알짜 풀이
ㄱ. (가)에서 H_2CO_3은 물에 녹아 H^+을 내놓고, H^+은 H_2O과 결합하여 H_3O^+이 되므로 H_2CO_3은 아레니우스 산이다.

ㄴ. (나)에서 HCO_3^-은 H_2O에게 H^+을 주므로 브뢴스테드·로리 산이다.

ㄷ. (다)에서 H_2O은 CO_3^{2-}에게 H^+을 주므로 브뢴스테드·로리 산이다.

229 산 염기 중화 반응 답 ④

자료 분석

혼합 용액	혼합 전 용액의 부피(mL)		$\dfrac{Cl^-\text{의 양(mol)}}{\text{모든 이온의 양(mol)}}$
	HCl(aq)	NaOH(aq)	

산성이면 혼합 전 산의 이온의 양(mol)과 같고
염기성이면 혼합 전 염기의 이온의 양(mol)과 같음

혼합 용액	HCl(aq)	NaOH(aq)	$\dfrac{Cl^-\text{의 양(mol)}}{\text{모든 이온의 양(mol)}}$
염기성 (가)	10	30	$\dfrac{1}{4}$ $\dfrac{1}{2}$이 아니므로 염기성
염기성 (나)	20	40	㉠
산성 (다)	30	40	$\dfrac{1}{2}$ $\dfrac{1}{2}$이므로 산성

알짜 풀이
ㄴ. HCl과 NaOH이 각각 1가 산과 1가 염기이므로 혼합 용액이 산성이면 혼합 용액의 모든 이온의 양(mol)은 혼합 전 산의 이온의 양(mol)과 같고, 염기성이면 혼합 용액의 모든 이온의 양(mol)은 혼합 전 염기의 이온 의 양(mol)과 같다. 혼합 용액이 산성이면 양이온과 음이온의 전하가 각 각 ＋1, －1이므로 $\dfrac{Cl^-\text{의 양(mol)}}{\text{모든 이온의 양(mol)}}=\dfrac{1}{2}$이고, 염기성이면 $\dfrac{Cl^-\text{의 양(mol)}}{\text{모든 이온의 양(mol)}}$은 $\dfrac{1}{2}$이 아니다. (가)는 염기성이고 (다)는 산성이다. (가)에서 혼합 전 HCl 10 mL에 들어 있는 Cl^-의 양을 $3N$ mol이라고 하면 NaOH(aq) 30 mL에 들어 있는 모든 이온의 양은 $12N$ mol이고, Na^+의 양은 $6N$ mol이다. (나)에서 H^+ $6N$ mol, Cl^- $6N$ mol과 Na^+ $8N$ mol, OH^- $8N$ mol이 반응하므로 반응 후 (나)에는 Cl^- $6N$ mol, Na^+ $8N$ mol, OH^- $2N$ mol이 있다. ㉠$=\dfrac{6N}{6N+8N+2N}=\dfrac{3}{8}$이다.

ㄷ. (나)에서 H^+ $6N$ mol과 OH^- $6N$ mol이 반응하여 H_2O $6N$ mol을 생성한다. (다)에서 HCl의 H^+ $9N$ mol과 NaOH의 OH^- $8N$ mol이 반응하여 H_2O $8N$ mol을 생성한다. 따라서 생성된 물 분자 수는 (다)가 (나)의 $\dfrac{4}{3}$배이다.

바로 알기
ㄱ. (가)는 염기성, (다)는 산성이다.

230 산 염기 중화 반응 답 ③

자료 분석

	혼합 용액	염기성 (가)	산성 (나)	염기성 (다)
혼합 전 용액의 부피(mL)	0.3 M H_2A(aq)	10	20	20
	0.1 a M HB(aq)	10	20	10
	0.4 b M NaOH(aq)	20	20	40
H^+ 또는 OH^-의 양(mol)(상댓값)		OH^- 1	H^+ 6	OH^- ㉠ 3
모든 음이온의 몰 농도(M) 합(상댓값)		15	16	

　　　　　　　　　　A^{2-}, B^-, OH^-　　　A^{2-}, B^-

알짜 풀이
(가)는 염기성이므로 OH^-의 양을 n mmol이라고 하면, (나)는 (가)보다 산 을 더 많이 혼합한 용액이므로 OH^-의 양이 (가)보다 감소하거나 H^+의 양이 증가해야 한다. (나)에서 H^+ 또는 OH^-의 양이 $6n$ mmol이므로 (나)는 산 성이고 H^+의 양이 $6n$ mmol이다. (가)에서 OH^-과 (나)에서 H^+의 몰비는 (가) : (나)＝$(20b-2\times0.3\times10-a\times10) : (2\times0.3\times20+a\times20-b\times20)$ ＝$n : 6n$, $20a-35b+12=0$(ⓐ식)이다. (가)에 들어 있는 음이온은 A^{2-}, B^-, OH^-이고, (나)에 들어 있는 음이온은 A^{2-}, B^-이다. (가)와 (나) 에 들어 있는 음이온의 몰비는 (가) : (나)＝$(3+10a+20b-6-10a) : (6+20a)=15\times40 : 16\times60$, $50a-80b+27=0$이다. 이 식과 ⓐ식을 풀 면 a＝0.1, b＝0.4이다. (다)는 (가)에서 혼합 전 용액의 부피를 2배한 후 HB(aq)을 10 mL만큼 적게 혼합한 용액과 같으므로 염기성이다. (다)에서 OH^-의 양은 $40\times0.4-2\times0.3\times20-0.1\times10=3$(mmol)이다. (가)와 (다)에서 OH^-의 몰비는 $(20\times0.4-2\times0.3\times10-0.1\times10) : 3=n : ㉠n$, ㉠＝3이다. 따라서 $\dfrac{b}{a}\times㉠=\dfrac{0.4}{0.1}\times3=12$이다.

자료 분석

혼합 용액	혼합 전 용액의 부피(mL) HCl(aq)	NaOH(aq)	KOH(aq)	혼합 용액에 존재하는 모든 이온의 몰 농도(M)비
염기성 (가)	10 $H^+\,2N$ $Cl^-\,2N$	20 $Na^+\,2N$ $OH^-\,2N$	10 $K^+\,N$ $OH^-\,N$	1+2=1+2이므로 1:1:2:2 Na^+의수+K^+의수 =Cl^-의수+OH^-의수
산성 (나)	20 $H^+\,4N$ $Cl^-\,4N$	10 $Na^+\,N$ $OH^-\,N$	20 $K^+\,2N$ $OH^-\,2N$	1+1+2=4이므로 1:1:2:4 Na^+의수+K^+의수 +H^+의수=Cl^-의수
염기성 (다)	20 $H^+\,4N$ $Cl^-\,4N$	20 $Na^+\,2N$ $OH^-\,2N$	V └30 $K^+\,3N$ $OH^-\,3N$	2+3=1+4이므로 1:2:3:4 Na^+의수+K^+의수 =Cl^-의수+OH^-의수

알짜 풀이

ㄴ. 수용액에 존재하는 모든 이온의 전하량의 총합은 0이고, 양이온과 음이온의 전하는 +1 또는 −1이므로 양이온 수의 합=음이온 수의 합이다. (나)에서 모든 이온의 몰 농도비는 모든 이온 수비와 같으므로 이온 수를 N, N, $2N$, $4N$이라고 하면 $N+N+2N=4N$이 성립한다. (나)에 들어 있는 양이온은 Na^+, K^+, H^+이고, 음이온은 Cl^-이다. (나)에서 Cl^-의 수는 $4N$이므로 (가)에서 Cl^-의 수는 $2N$이다. NaOH(aq)의 부피는 (가)가 (나)의 2배이고, KOH(aq)의 부피는 (가)가 (나)의 $\frac{1}{2}$배이므로 (가)에서 이온 수를 N, N, $2N$, $2N$이라고 하면 Na^+의 수는 $2N$, K^+의 수는 N이다. (가)에서 $N+2N=N+2N$이 성립하므로 (가)에는 OH^- N이 있다. HCl(aq) 10 mL에는 H^+ $2N$이 있고, NaOH(aq) 20 mL에는 Na^+ $2N$이 있으며 KOH(aq) 10 mL에는 K^+ N이 있다. HCl(aq), NaOH(aq), KOH(aq)의 몰 농도비 $a:b:c=\dfrac{2N}{10\ \text{mL}}:$

$\dfrac{2N}{20\ \text{mL}}:\dfrac{N}{10\ \text{mL}}=2:1:1$이므로 $\dfrac{b+c}{a}=1$이다.

바로 알기

ㄱ. (가)에는 OH^-이 있으므로 (가)는 염기성이다.

ㄷ. (다)에서 혼합 전 H^+의 수는 $4N$, Cl^-의 수는 $4N$, Na^+의 수는 $2N$, OH^-의 수는 $2N$이다. 혼합 용액에 존재하는 모든 이온의 몰 농도(M)비는 1:2:3:4이므로 혼합 전 K^+의 수는 $3N$, OH^-의 수는 $3N$이어야 한다. 따라서 $V=30$이다.

알짜 풀이

ㄱ. (가)에서 혼합 용액에 존재하는 양이온 수의 비가 1:1이므로 (가)는 중성 또는 염기성이고, NaOH(aq) 20 mL에 들어 있는 Na^+의 수와 KOH(aq) 10 mL에 들어 있는 K^+의 수가 같다. NaOH(aq) 20 mL에 들어 있는 Na^+의 수를 $2N$이라고 하면 KOH(aq) 10 mL에 들어 있는 K^+의 수는 $2N$이다. (다)에서 혼합 용액에 존재하는 양이온 수의 비가 1:1:1이므로 (다)에는 H^+ $2N$, Na^+ $2N$, K^+ $2N$이 있고, $V_2=10$이다. (다)의 NaOH(aq)과 KOH(aq)에서 OH^-의 수의 합은 $4N$이므로 HCl(aq) 20 mL에 들어 있는 H^+의 수는 $6N$이다. (나)에는 Na^+ N, K^+ $4N$이 있고, 혼합 용액에 존재하는 양이온 수의 비가 1:1:4이므로 H^+ N이 있다. (나)에서 혼합 전 H^+의 수는 $N+N+4N=6N$이므로 HCl(aq)의 부피는 20 mL이고, $V_1=20$이다. 따라서 $V_1+V_2=20+10=30$이다.

ㄴ. (나)에 들어 있는 이온은 H^+ N, Na^+ N, K^+ $4N$, Cl^- $6N$이므로 모든 이온의 수는 $12N$이다. (다)에 들어 있는 이온은 H^+ $2N$, Na^+ $2N$, K^+ $2N$, Cl^- $6N$이므로 모든 이온의 수는 $12N$이다. 따라서 모든 이온의 양(mol)은 (나)와 (다)가 같다.

ㄷ. a M HCl(aq), b M NaOH(aq), c M KOH(aq)을 20 mL씩 혼합하면 혼합 용액에는 Cl^- $6N$, Na^+ $2N$, K^+ $4N$이 있으므로 $\dfrac{Cl^-\text{의 수}}{Na^+\text{의 수}+K^+\text{의 수}}=\dfrac{6N}{2N+4N}=1$이다.

알짜 풀이

ㄴ. NaOH(aq) 40 mL를 넣었을 때 $\dfrac{\text{㉢의 양(mol)}}{\text{㉠의 양(mol)}}=0$이므로 ㉢은 H^+이다. ㉠과 ㉡은 각각 A^{2-}, Na^+ 중 하나이다. ㉠과 ㉡이 각각 A^{2-}, Na^+이라면 NaOH(aq) 20 mL를 넣었을 때 $\dfrac{\text{㉡의 양(mol)}}{\text{㉠의 양(mol)}}=\dfrac{2}{3}$이므로 A^{2-}의 양을 $3N$ mol이라고 하면 Na^+의 양은 $2N$ mol이고, H^+의 양은 $4N$ mol이다. 이 경우 $\dfrac{\text{㉢의 양(mol)}}{\text{㉠의 양(mol)}}=\dfrac{4}{3}$이어야 하는데 그렇지 않으므로 모순이다. 따라서 ㉠과 ㉡은 각각 Na^+, A^{2-}이다. NaOH(aq) 20 mL를 넣었을 때 A^{2-}의 양을 $2N$ mol이라고 하면 Na^+의 양은 $3N$ mol이다. NaOH(aq) 40 mL를 넣었을 때 혼합 용액에는 A^{2-} $2N$ mol, Na^+ $6N$ mol, OH^- $2N$ mol이 있으므로 $x=\dfrac{\text{㉡의 양(mol)}}{\text{㉠의 양(mol)}}=\dfrac{2N}{6N}=\dfrac{1}{3}$이다.

바로 알기

ㄱ. ㉠은 Na^+이다.

ㄷ. NaOH(aq) 20 mL를 넣었을 때 혼합 용액에는 A^{2-} $2N$ mol, Na^+ $3N$ mol, H^+ N mol이 있다. NaOH(aq) 20 mL를 넣었을 때와 40 mL를 넣었을 때 모든 이온의 몰 농도(M) 합의 비는 $\dfrac{(2N+3N+N)\ \text{mol}}{(V+20)\ \text{mL}}:\dfrac{(2N+6N+2N)\ \text{mol}}{(V+40)\ \text{mL}}=9:10$, $V=20$이다.

자료 분석

혼합 용액	혼합 전 용액의 부피(mL) H_2A(aq)	NaOH(aq)	모든 음이온의 몰 농도(M) 합
산성 (가)	V ($2V$)	10 (20)	$2n$ — A^{2-}의 몰농도
염기성 (나)	$2V$	40 （염기의 양이 증가 ↓）	$3n$ — A^{2-}의 몰농도
염기성 (다)	$2V$	80	$5n$ — A^{2-}의몰농도 +OH^-의 몰농도

알짜 풀이

(가)에서 혼합 전 용액의 부피를 2배로 하면 H_2A(aq)과 NaOH(aq)의 부피는 각각 $2V$ mL, 20 mL이다. NaOH(aq)은 (가)에 가장 적게 들어갔으므로 (가)는 산성이고, (나)와 (다)는 염기성이다. 혼합 전 x M H_2A(aq) V mL에 들어 있는 H^+의 양은 $2xV$ mmol, A^{2-}의 양은 xV mmol이고, y M NaOH(aq) 10 mL에 들어 있는 OH^-의 양은 $10y$ mmol이다. (가)에서 모든 음이온의 양(mol)은 A^{2-}의 양=$xV=2n(V+10)$(ⓐ식)이다. (나)에서 음이온의 양(mol)은 A^{2-}의 양+OH^-의 양=$2xV+(40y-4xV)=$

$3n(2V+40)$, $20y-xV=3n(V+20)$(ⓑ식)이다. (다)에서 음이온의 양 (mol)은 A^{2-}의 양+OH^-의 양$=2xV+(80y-4xV)=5n(2V+80)$, $40y-xV=5n(V+40)$(ⓒ식)이다. ⓐ~ⓒ식을 풀면 $V=20$, $x=3n$, $y=9n$이다. 따라서 $V \times \dfrac{y}{x}=20 \times \dfrac{9n}{3n}=60$이다.

235 중화 반응에서 양적 관계   답 ⑤

알짜 풀이

ㄱ. Ⅰ에서 이온의 몰 농도는 Y가 W의 2배이므로 Y는 Na^+이고, W 는 B^{2-}이다. Ⅰ은 $NaOH(aq)$과 $H_2B(aq)$을 혼합한 수용액이고 Ⅱ는 $NaOH(aq)$과 $HA(aq)$을 혼합한 수용액이므로 ㉠은 z M $H_2B(aq)$이고, ㉡은 y M $HA(aq)$이다.

ㄴ. Ⅱ에는 Na^+, A^-과 H^+ 또는 OH^-이 있다. Y는 Na^+이고, 수용액 속 모든 이온의 전하량 합은 0이므로 X는 H^+, Z는 A^-이다.

ㄷ. Y(Na^+)의 양(mol)은 Ⅰ과 Ⅱ에서 같아야 한다. Y의 몰 농도는 Ⅰ에 서가 Ⅱ에서의 2배이므로 수용액의 부피는 Ⅱ에서가 Ⅰ에서의 2배이 다. $2(V+20)=3V+20$, $V=20$이다. Ⅰ에서 $NaOH(aq)$ 20 mL와 $H_2B(aq)$ 20 mL를 혼합하였을 때 Y(Na^+)의 몰 농도가 W(B^{2-})의 2배 이므로 $x=2z$이다. Ⅱ에서 $NaOH(aq)$ 20 mL와 $HA(aq)$ 60 mL를 혼합하였을 때 Z(A^-)의 몰 농도가 Y(Na^+)의 3배이므로 $x=y$이다. 따 라서 $V \times \dfrac{z}{x+y}=20 \times \dfrac{1}{4}=5$이다.

15 산화 환원 반응   099~103쪽

대표 기출 문제   236 ②   237 ⑤

적중 예상 문제   238 ③   239 ④   240 ①   241 ②   242 ④
               243 ①   244 ②   245 ③   246 ①   247 ③
               248 ⑤   249 ②   250 ③   251 ④

236 산화 환원 반응   답 ②

알짜 풀이

M의 산화수는 $+3$에서 $+4$가 되어 산화수가 1 증가했고, Cl의 산화수는 $+7$에서 -1이 되어 산화수가 8 감소했다. 산화 환원 반응은 항상 동시성 으로 증가한 산화수의 총합과 감소한 산화수의 총합은 같으므로 $a=8b$임을 알 수 있다. $b=1$이라 했을 때 $a=8$, $b=1$, $d=1$, $e=8$이 된다. 산소(O)와 수소(H)의 개수를 맞춰 주면 $c=4$, $f=8$임을 알 수 있다. 따라서 $\dfrac{d+f}{a+c}=$ $\dfrac{1+8}{8+4}=\dfrac{3}{4}$이다.

237 산화 환원 반응   답 ⑤

알짜 풀이

산화 환원 반응은 동시에 일어나므로 과정 (나)에서는 A^+ $6N$ mol이 환원 되면서 B $3N$ mol이 산화된다. 그리고 과정 (다)에서 B^{2+}은 C와 반응하지 않으므로 남은 A^+ $9N$ mol이 모두 환원되고 C $3N$ mol이 산화되어야 한

다. (실험 결과 (다)의 전체 양이온 수가 $6N$ mol) 따라서 $m=3$이다.

ㄱ. A^+ $9N$ mol이 모두 환원되고 C $3N$ mol이 산화되었으므로 $m=3$이다.

ㄴ. (나)와 (다)에서 A^+이 환원되었으므로 산화제로 작용한다.

ㄷ. (다) 과정 후 B^{2+} $3N$ mol, C^{3+} $3N$ mol이 들어 있으므로 (다) 과정 후 양이온 수비는 $B^{2+} : C^{3+}=1 : 1$이다.

238 산화 환원 반응   답 ③

자료 분석

(가) $2\underset{+1\ -2}{H_2O} \longrightarrow 2\underset{0}{H_2} + \underset{0}{O_2}$

(나) $2\underset{0}{Na} + 2\underset{+1\ -2}{H_2O} \longrightarrow 2\underset{+1\ -2\ +1}{NaOH} + \underset{0}{H_2}$

(다) $\underset{+1\ -1}{H_2O_2} + 2\underset{+1}{H^+} + 2\underset{-1}{I^-} \longrightarrow 2\underset{+1\ -2}{H_2O} + \underset{0}{I_2}$

알짜 풀이

ㄱ. H의 산화수는 H_2O에서 $+1$이고, H_2에서 0이므로 (가)에서 H의 산화수 는 감소한다.

ㄷ. ㉠~㉣의 산화수는 각각 -2, 0, -2, -1이므로 ㉠~㉣의 산화수 합은 -5이다.

바로 알기

ㄴ. (나)에서 Na의 산화수는 0에서 $+1$로 증가하므로 Na은 산화된다. Na 이 산화되므로 Na은 환원제이다.

239 산화 환원 반응식   답 ④

알짜 풀이

M의 산화수는 $+m \rightarrow +2n$으로 2만큼 증가하므로 $2n-m=2$(ⓐ식)이 다. S의 산화수는 $+7 \rightarrow +6$으로 1만큼 감소한다. 증가한 산화수와 감소한 산화수가 같으므로 $1 \times 2=2 \times a \times 1$, $a=1$이다. OH^- 2 mol이 반응하면 SO_4^{2-} 1 mol이 생성되므로 $b=2$이다. $a=1$, $b=2$를 대입하여 화학 반응 식을 정리하면 다음과 같다.

$$M^{m+}+S_2O_8^{2-}+4OH^- \longrightarrow MO_n+2SO_4^{2-}+2H_2O$$

반응 전과 후 O 원자 수는 같아야 하므로 $8+4=n+8+2$, $n=2$이다. $n=2$를 ⓐ식에 대입하면 $m=2$이다. 따라서 $\dfrac{n+b}{m+a}=\dfrac{2+2}{2+1}=\dfrac{4}{3}$이다.

240 수용액에서 금속의 산화 환원 반응   답 ①

자료 분석

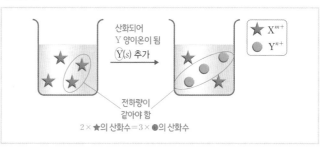

알짜 풀이

ㄱ. 반응이 일어나면 X^{m+}은 X로 환원되고, $Y(s)$는 Y^{n+}으로 산화된다.

ㄴ. Y의 산화수는 Y에서 0이고, Y^{n+}에서 $+n$이다. 따라서 Y의 산화수는 증가한다.

ㄷ. 수용액에서 금속 이온의 전하량의 합은 일정하다. Y(s)를 추가하기 전 2개의 ★의 산화수의 합과 3개의 ●의 산화수의 합이 같으므로 $2\times(+m)=3\times(+n)$, $\dfrac{n}{m}=\dfrac{2}{3}$이다.

241 산화 환원 반응 답 ②

ㄴ. H와 O의 산화수는 각각 $+1$, -2이고 분자를 구성하는 원자의 산화수의 합은 0이므로 XO_2에서 X의 산화수는 $+4$이고, HXO_3에서 X의 산화수는 $+5$이다. 따라서 $a+b=9$이다.

ㄱ. YO_n에서 Y의 산화수는 $+6$이고 O의 산화수는 -2이므로 $+6+n\times-2=0$, $n=3$이다.

ㄷ. 제시된 반응에서 원소의 산화수는 다음과 같다.

$$\underset{+1\ -2}{H_2O}\ +\ \underset{+6\ -2}{YO_3}\ \longrightarrow\ \underset{+1\ +6\ -2}{H_2YO_4}$$

H, O, Y의 산화수는 변하지 않으므로 이 반응은 산화 환원 반응이 아니다. 따라서 H_2O은 산화제나 환원제가 아니다.

242 산화 환원 반응 답 ④

ㄴ. 반응이 일어나면 $CO_2(g)$가 생성되고, $CO_2(g)$는 기체이므로 삼각 플라스크를 빠져나간다. 반응 전 반응물의 전체 질량은 $4\,g+0.6\,g=4.6\,g$이고 삼각 플라스크에 남은 물질의 질량은 $2.4\,g$이므로 생성된 $CO_2(g)$의 질량은 $4.6\,g-2.4\,g=2.2\,g$이다. CO_2의 분자량은 44이므로 생성된 $CO_2(g)$의 양은 $0.05\,mol$이다.

ㄷ. 화학 반응식에서 M(s)과 $CO_2(g)$의 반응 계수비는 $2:1$이므로 생성된 M(s)의 양은 $0.1\,mol$이다. 반응을 완결시켰을 때 삼각 플라스크에 남은 물질은 M(s)이므로 M(s) $0.1\,mol$의 질량은 $2.4\,g$이다. 따라서 M의 원자량은 24이다.

ㄱ. 반응이 일어나면 M의 산화수는 $+2$에서 0으로 감소하므로 환원된다. 따라서 MO는 산화제이다.

243 산화 환원 반응식 완성하기 답 ①

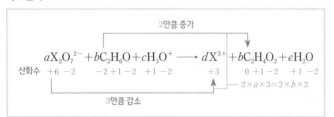

X의 산화수는 $+6\rightarrow+3$으로 3만큼 감소하고, C의 산화수는 $-2\rightarrow0$으로 2만큼 증가한다. 감소한 산화수와 증가한 산화수가 같으므로 $2\times a\times3=2\times b\times2$, $3a=2b$이다. $a=2$, $b=3$이라고 하면 화학 반응식은 다음과 같다.

$$2X_2O_7^{2-}+3C_2H_6O+cH_3O^+\longrightarrow 4X^{3+}+3C_2H_4O_2+eH_2O$$

반응 전과 후 H 원자와 O 원자 수가 같아야 하므로 $c=16$, $e=27$이다. 따라서 $\dfrac{c+d}{a+b+e}=\dfrac{16+4}{2+3+27}=\dfrac{5}{8}$이다.

244 산화수와 산화 환원 반응 답 ②

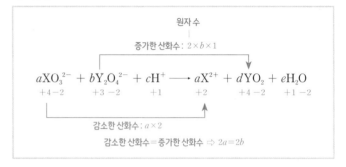

ㄴ. Y의 산화수는 $+3\rightarrow+4$로 증가하므로 $Y_2O_4^{2-}$은 산화되고 환원제로 작용한다.

ㄱ. X의 산화수는 $+4\rightarrow+2$로 2만큼 감소하고, Y의 산화수는 1만큼 증가한다.

ㄷ. 감소한 산화수와 증가한 산화수는 같고, 2개의 Y 원자가 반응하므로 $a\times2=2\times b\times1$, $a=b$이다. $a=1$, $b=1$이라고 하면 $d=2$이고 화학 반응식은 다음과 같다.

$$XO_3^{2-}+Y_2O_4^{2-}+cH^+\longrightarrow X^{2+}+2YO_2+eH_2O$$

반응 전과 후 H 원자와 O 원자의 수가 같으므로 $c=6$, $e=3$이다. $a+c=1+6=7$이고, $b+d+e=1+2+3=6$이다. 따라서 $a+c>b+d+e$이다.

245 산화 환원 반응 답 ③

ㄱ. (가)에서 Mn의 산화수는 $+7\rightarrow+2$로 감소하고, (나)에서 Mn의 산화수는 $+7\rightarrow+4$로 감소한다. (가)와 (나)에서 Mn의 산화수의 최댓값은 $+7$이다.

ㄷ. (가)에서 Mn의 산화수는 5만큼 감소하고, C의 산화수는 $+3\rightarrow+4$로 1만큼 증가한다. 감소한 산화수와 증가한 산화수가 같고, 2개의 C 원자가 반응하므로 $a\times5=2\times b\times1$, $5a=2b$이다. $a=2$, $b=5$라고 하면 (가)의 화학 반응식은 다음과 같다.

$$2MnO_4^-+5C_2O_4^{2-}+2c\boxed{\ \text{㉠}\ }\longrightarrow 2Mn^{2+}+10CO_2+cH_2O$$

(나)에서 Mn의 산화수는 3만큼 감소하고 C의 산화수는 $+3\rightarrow+4$로 1만큼 증가한다. 감소한 산화수와 증가한 산화수가 같고, 2개의 C 원자가 반응하므로 $x\times3=2\times y\times1$, $3x=2y$이다. $x=2$, $y=3$이라고 하면 (나)의 화학 반응식은 다음과 같다.

$$2MnO_4^-+3C_2O_4^{2-}+2z\boxed{\ \text{㉡}\ }\longrightarrow 2MnO_2+6CO_3^{2-}+zH_2O$$

㉠이 OH^-이면 반응 전과 후 O 원자 수는 같으므로 $28+2c=20+c$, $c=-8$이 되어 모순이다. 따라서 ㉠은 H^+이고, ㉡은 OH^-이다. (가)와 (나)에서 반응 전과 후 H 원자와 O 원자의 수가 같으므로 $c=8$이고, $z=2$이다. 따라서 $\dfrac{b+c}{a}\times\dfrac{x}{y+z}=\dfrac{5+8}{2}\times\dfrac{2}{3+2}=\dfrac{13}{5}$이다.

ㄴ. ⊙은 H^+이다.

246 산화수와 산화 환원 반응 답 ①

알짜 풀이

NO_n^-에서 N의 산화수를 x라고 하면 $x-2n=-1$, $x=2n-1$이다. N의 산화수는 $2n-1 \rightarrow +2$로 3만큼 감소하므로 $2n-1-2=3$, $n=3$이다. X의 산화수는 $+1 \rightarrow +2$로 1만큼 증가한다. 감소한 산화수와 증가한 산화수가 같고, 2개의 X 원자가 반응하므로 $2 \times a \times 1 = b \times 3$, $2a=3b$이다. $a=3$, $b=2$라고 하면 화학 반응식은 다음과 같다.

$$3X_2O + 2NO_3^- + cH^+ \longrightarrow 6X^{2+} + 2NO + dH_2O$$

반응 전과 후 H 원자와 O 원자의 수가 같으므로 $c=14$, $d=7$이다. 따라서 $\dfrac{b+c}{a+d} = \dfrac{2+14}{3+7} = \dfrac{8}{5}$이다.

247 산화 환원 반응 답 ③

알짜 풀이

(가)에서 X의 산화수는 $+4 \rightarrow +2n$이고, (나)에서 X의 산화수는 $+(2x-2) \rightarrow +(2y-2)$이다. 반응물에서 X의 산화수는 (가)에서와 (나)에서가 같으므로 $4=2x-2$, $x=3$이다. 생성물에서 X의 산화수는 (가)에서와 (나)에서가 같으므로 $2n=2y-2$, $y=n+1$(ⓐ식)이다. (가)에서 N의 산화수는 $+2 \rightarrow 0$으로 2만큼 감소하고, X의 산화수는 $2n-4$만큼 증가하므로 $2 \times (2n-4)=m \times 2$, $2n-4=m$(ⓑ식)이다. (나)에서 Mn의 산화수는 $+7 \rightarrow +2$로 5만큼 감소하고, X의 산화수는 $2y-2-(2x-2)=2y-6$만큼 증가하므로 $5 \times (2y-6)=2 \times 5$, $y=4$이다. ⓐ와 ⓑ식을 풀면 $m=2$, $n=3$이다. (나)에서 반응 전과 후 H 원자와 O 원자의 수가 같으므로 $a=6$, $b=3$이다. 따라서 $\dfrac{m+n}{a} = \dfrac{2+3}{6} = \dfrac{5}{6}$이다.

248 수용액에서 금속의 산화 환원 반응 답 ⑤

자료 분석

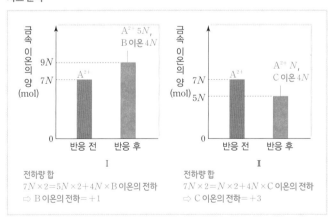

전하량 합
$7N \times 2 = 5N \times 2 + 4N \times B$ 이온의 전하
⇒ B 이온의 전하 $=+1$

전하량 합
$7N \times 2 = N \times 2 + 4N \times C$ 이온의 전하
⇒ C 이온의 전하 $=+3$

알짜 풀이

ㄱ. Ⅰ과 Ⅱ에서 A^{2+}이 전자를 얻어 A로 석출되므로 A^{2+}은 환원된다.

ㄴ. Ⅰ과 Ⅱ에서 반응 후 금속 이온의 종류가 2가지이므로 B(s) $4N$ mol과 C(s) $4N$ mol은 모두 반응한다. Ⅰ에서 반응 후 수용액에 들어 있는 이온은 A^{2+} $5N$ mol, B 이온 $4N$ mol이다. Ⅱ에서 반응 후 수용액에 들어 있는 이온은 A^{2+} N mol, C 이온 $4N$ mol이다.

ㄷ. 수용액 속 전하량의 합은 일정하므로 Ⅰ에서 $7N \times 2 = 5N \times 2 + 4N \times$ (B 이온의 전하)이고 B 이온의 전하는 $+1$이다. Ⅱ에서 $7N \times 2 = N \times 2 + 4N \times$ (C 이온의 전하)이고 C 이온의 전하는 $+3$이다. 따라서 $\dfrac{\text{C 이온의 전하}}{\text{B 이온의 전하}} = 3$이다.

249 산화 환원 반응 답 ②

알짜 풀이

ㄷ. 넣어 준 B(s)의 양이 $3N$ mol에서 $6N$ mol로 증가했을 때 ⓒ은 넣어 준 B(s)의 양(mol)과 같으므로 B^{2+}이고, ⓛ은 감소하므로 A^{a+}, ⊙은 A이다. A^{a+}은 $3N$ mol에서 N mol로 $2N$ mol만큼 감소하므로 A는 $2N$ mol만큼 증가하고, $y=4$이다. 넣어 준 B(s)의 양이 $3N$ mol일 때와 $6N$ mol일 때 수용액 속 전하량의 합은 일정하므로 $3N \times a + 3N \times 2 = N \times a + 6N \times 2$, $a=3$이다. B(s)를 넣기 전 수용액 속 전하량의 합은 $xN \times 3 = 3N \times 3 + 3N \times 2$, $x=5$이다. 따라서 $\dfrac{x+y}{a} = \dfrac{5+4}{3} = 3$이다.

ㄱ. A^{a+}은 환원되어 A가 되고, B는 산화되어 B^{2+}이 되므로 B(s)는 환원제이다.

ㄴ. ⓛ은 A^{a+}이다.

250 금속의 산화 환원 반응 실험 답 ③

알짜 풀이

ㄱ. (가)와 (나)에서 수용액 속 전하량 합은 일정하므로 $xN \times 1 = 2N \times 3$, $x=6$이다.

ㄴ. (가)와 (다)에서 수용액 속 전하량 합은 일정하므로 $6N \times 1 = 3N \times c$, $c=2$이다.

ㄷ. (다)에서 C $3N$ mol이 C^{2+} $3N$ mol로 산화되므로 이동하는 전자의 양(mol)은 $3N \times 2 = 6N$이다.

251 산화 환원 반응 답 ④

자료 분석

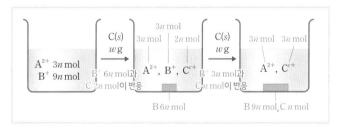

알짜 풀이

ㄴ. (다) 과정 후 C(s) 일부가 반응하지 않으므로 A^{2+}과 C는 산화 환원 반응하지 않는다. (다)에서 수용액에 A^{2+} $3n$ mol이 있으므로 C^{c+}의 양은 $3n$ mol이다. (가)와 (다)에서 수용액 속 전하량의 합은 일정하므로 $3n \times 2 + 9n \times 1 = 3n \times 2 + 3n \times c$, $c=3$이다.

ㄷ. (다) 과정 후 C^{3+}의 양은 $3n$ mol, C의 양은 n mol이므로 $C(s)$ $2w$ g에
는 C $4n$ mol이 있다. (나)에서 넣어 준 C의 양은 $2n$ mol이므로 (나) 과
정 후 수용액에는 A^{2+} $3n$ mol, B^+ $3n$ mol, C^{3+} $2n$ mol이 있다. 따
라서 ⊙은 $8n$이다.

바로 알기

ㄱ. (다)에서 A^{2+}은 환원되지 않는다.

16 화학 반응에서 열의 출입 · 105~106쪽

대표 기출 문제 252 ① 253 ⑤

적중 예상 문제 254 ③ 255 ④ 256 ⑤ 257 ②

252 화학 반응에서 열의 출입 · 답 ①

알짜 풀이

A. 메테인(CH_4)은 탄소(C)와 수소(H)로 구성된 공유 결합 물질로 탄소 화합
물이다.

바로 알기

B. 연소 반응은 발열 반응이다.

C. 질산 암모늄(NH_4NO_3)의 용해 반응을 이용해 냉찜질 주머니를 차갑게 만
든다고 했으므로 이 반응은 온도가 낮아지는 흡열 반응임을 알 수 있다. 그
러므로 질산 암모늄(NH_4NO_3)의 용해 반응은 주위로부터 열을 흡수한다.

253 화학 반응에서 열의 출입 · 답 ⑤

알짜 풀이

A, B. $CaCl_2(s)$이 물에 용해되면서 열량계 내부의 온도가 높아졌으므로 이
반응은 주위로 열을 방출하는 발열 반응임을 알 수 있다.

C. 스타이로폼은 단열을 위해 사용하므로 열량계 내부와 외부 사이의 열 출
입을 막기 위해 사용하는 것이다.

254 화학 반응에서 열의 출입 · 답 ③

알짜 풀이

A. 열이 발생하는 반응은 발열 반응이고 열을 흡수하는 반응은 흡열 반응이다.

C. 발열 반응이 일어나면 주위의 온도가 높아지므로 휴대용 손난로는 발열
반응을 이용한 사례이다.

바로 알기

B. 흡열 반응이 일어나면 주위의 열을 흡수하므로 온도가 낮아진다.

255 발열 반응 · 답 ④

알짜 풀이

연소 반응을 이용하여 다른 물질을 가열할 수 있으므로 ⊙은 발열 반응이다.
질산 암모늄의 용해 반응은 주위의 열을 흡수하여 온도를 낮추기 때문에 이
반응을 이용하여 냉각팩을 만들 수 있다. ⓒ은 흡열 반응이다. 염화 칼슘의 용
해 반응에 의해 열이 발생하므로 눈이 녹는다. ⓒ은 발열 반응이다.

256 발열 반응과 흡열 반응 · 답 ⑤

알짜 풀이

ㄱ. 수산화 나트륨을 물에 녹이면 열이 발생하므로 수용액의 온도가 높아진
다. ⊙에서 일어나는 반응은 발열 반응이다.

ㄴ. 수산화 바륨 팔수화물과 질산 암모늄이 반응하면 주위의 열을 흡수하여
온도를 낮추기 때문에 물이 언다.

ㄷ. 발열 반응은 반응이 일어날 때 반응물의 에너지 일부가 열에너지로 변하
므로 반응물의 에너지 합이 생성물의 에너지 합보다 크다. 따라서 이에
해당하는 반응은 ⊙에서 일어나는 반응이다.

257 화학 반응에서 열의 출입 · 답 ②

자료 분석

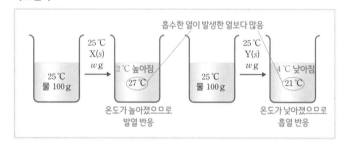

알짜 풀이

ㄴ. $Y(s)$가 용해되면 수용액의 온도가 낮아지므로 $Y(s)$의 용해 반응에서 주
위의 열을 흡수한다.

바로 알기

ㄱ. $X(s)$가 용해되면 수용액의 온도가 높아지므로 $X(s)$의 용해 반응은 열을
발생하는 발열 반응이다.

ㄷ. $X(s)$ w g을 용해시켰을 때 2 °C만큼 온도가 높아지고 $Y(s)$ w g을 용해
시켰을 때 4 °C만큼 온도가 낮아지므로 같은 질량을 용해시킬 때 출입하
는 열의 크기는 $Y(s)$가 $X(s)$보다 크다.

1등급 도전 문제 · 107~112쪽

258 ② 259 ① 260 ③ 261 ③ 262 ③ 263 ③
264 ② 265 ① 266 ① 267 ⑤ 268 ⑤ 269 ①
270 ① 271 ⑤ 272 ④ 273 ③ 274 ④

258 용해 평형 · 답 ②

자료 분석

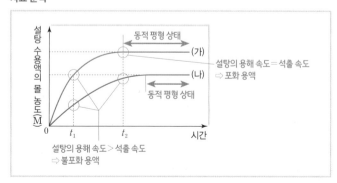

알짜 풀이

ㄴ. 같은 질량의 설탕을 물에 넣은 수용액의 부피가 같으므로 설탕 수용액의 몰 농도가 클수록 용해된 설탕의 질량이 크고 녹지 않은 설탕의 질량이 작다. t_1일 때 설탕 수용액의 몰 농도는 (가)에서가 (나)에서보다 크므로 녹지 않은 설탕의 질량은 (나)에서가 (가)에서보다 크다.

바로 알기

ㄱ. 설탕의 석출 속도는 용해된 설탕의 질량이 클수록 커진다. 따라서 (가)에서 설탕 수용액의 몰 농도는 t_2일 때가 t_1일 때보다 크므로 설탕의 석출 속도는 t_2일 때가 t_1일 때보다 크다.

ㄷ. 동적 평형 상태에 도달하기 전까지 설탕의 용해 속도가 설탕의 석출 속도보다 크고, 동적 평형 상태에 도달하면 설탕의 용해 속도와 설탕의 석출 속도가 같다. t_2일 때 (가)는 동적 평형 상태이고, (나)는 동적 평형 상태에 도달하기 전이므로 $\dfrac{\text{설탕의 석출 속도}}{\text{설탕의 용해 속도}}$는 (가)에서가 1이고, (나)에서가 1보다 작다.

259 상평형 답 ①

알짜 풀이

ㄱ. $CO_2(s)$를 넣고 시간이 흐르면 $CO_2(g)$의 양(mol)이 증가하므로 $CO_2(g)$의 승화 속도가 커지고, 동적 평형 상태에서 $CO_2(g)$의 승화 속도와 $CO_2(s)$의 승화 속도가 같아진다. t_1일 때와 t_2일 때 $\dfrac{\text{ⓛ}}{\text{ⓐ}}$이 $2a$로 같으므로 t_1일 때와 t_2일 때가 동적 평형 상태이고, $2a=1$이다. 따라서 $a=\dfrac{1}{2}$이다.

바로 알기

ㄴ. 온도가 일정할 때 $CO_2(s)$의 승화 속도는 일정하므로 $CO_2(s)$를 넣은 후 시간이 흐를수록 $\dfrac{CO_2(s)\text{의 승화 속도}}{CO_2(g)\text{의 승화 속도}}$는 감소한다. t_1일 때와 t_2일 때 동적 평형 상태이므로 t_3일 때는 동적 평형 상태에 도달하기 전이다. 동적 평형 상태에 도달하면 동적 평형 상태에 도달하기 전보다 $\dfrac{\text{ⓛ}}{\text{ⓐ}}$이 작아지므로 ⓐ은 $CO_2(g)$의 승화 속도이고, ⓛ은 $CO_2(s)$의 승화 속도이다.

ㄷ. t_3은 동적 평형 상태에 도달하기 전이고, t_1은 동적 평형 상태이므로 $t_1 > t_3$이다.

260 상평형 답 ③

알짜 풀이

ㄱ. (가)에서 t_3일 때와 t_4일 때 $\dfrac{H_2O(g)\text{의 양(mol)}}{H_2O(l)\text{의 양(mol)}}$이 일정하므로 t_3일 때와 t_4일 때 동적 평형 상태이다. 동적 평형 상태에서 $H_2O(l)$과 $H_2O(g)$의 양(mol)이 각각 일정하므로 (가)에서 $H_2O(g)$의 양(mol)은 t_3일 때와 t_4일 때가 같다.

ㄴ. 용기에 $H_2O(l)$을 넣은 후 동적 평형 상태에 도달하기 전까지 시간이 흐를수록 $H_2O(g)$의 양(mol)이 증가하므로 $\dfrac{H_2O(g)\text{의 양(mol)}}{H_2O(l)\text{의 양(mol)}}$이 커진다. (가)에서 $c > b > a$이고, (나)에서 $e > a > d$이므로 $b > d$이다.

바로 알기

ㄷ. 동적 평형 상태에서 $\dfrac{H_2O(g)\text{의 응축 속도}}{H_2O(l)\text{의 증발 속도}}=1$이므로 t_4일 때 $\dfrac{H_2O(g)\text{의 응축 속도}}{H_2O(l)\text{의 증발 속도}}$는 (가)에서와 (나)에서가 같다.

261 물의 자동 이온화와 pH 답 ③

알짜 풀이

$\dfrac{[H_3O^+]}{[OH^-]}$는 (가) > (다)이고, (가)와 (다)의 $|pH-pOH|$가 b로 동일하므로 (가)의 pH가 (다)의 pOH와 동일하다고 유추할 수 있다. $\dfrac{[H_3O^+]}{[OH^-]}$ 값은 $\dfrac{[H_3O^+]^2}{10^{-14}}$과 같으므로 $\dfrac{[H_3O^+]}{[OH^-]}$ 값이 (가)가 (다)의 10^4배일 때, $[H_3O^+]$는 (가)가 (다)의 100배이다. (가)에서의 pH를 x라고 하면 (다)에서의 pOH는 x이고, pH는 $x+2$이다. 따라서 $x+2+x=14$, $x=6$이므로 (가)의 pH=6, pOH=8, (다)의 pH=8, pOH=6이고, $b=2$이다.

ㄱ. (가)에서 $\dfrac{[H_3O^+]}{[OH^-]}=\dfrac{1\times10^{-6}}{1\times10^{-8}}=10a$, $a=10$이다. 따라서 $a\times b=10\times2=20$이다.

ㄷ. (가)에서 $[H_3O^+]=1\times10^{-6}$ M이고, (나)에서 $\dfrac{[H_3O^+]}{[OH^-]}=10^4$으로 $[H_3O^+]=1\times10^{-5}$ M이다.

$\dfrac{\text{(나)에서 } H_3O^+\text{의 양(mol)}}{\text{(가)에서 } H_3O^+\text{의 양(mol)}}=\dfrac{1\times10^{-5}\text{ M}\times V\text{ L}}{1\times10^{-6}\text{ M}\times5V\text{ L}}=2$이다.

바로 알기

ㄴ. (나)에서 $[H_3O^+]=1\times10^{-5}$ M이다. 따라서 (나)의 pH=5이다.

262 물의 자동 이온화 답 ③

알짜 풀이

25 ℃에서 pH+pOH=14이고, (가)에서 $|pH-pOH|=4$이므로 pH=9, pOH=5이거나 pH=5, pOH=9이다. 이때 $\dfrac{[OH^-]}{[H_3O^+]}$는 $\dfrac{10^{-5}}{10^{-9}}=10^4$이거나 $\dfrac{10^{-9}}{10^{-5}}=10^{-4}$이다. (나)에서 $|pH-pOH|=6$이므로 pH=10, pOH=4이거나 pH=4, pOH=10이다. 이때 $\dfrac{[OH^-]}{[H_3O^+]}$는 $\dfrac{10^{-4}}{10^{-10}}=10^6$이거나 $\dfrac{10^{-10}}{10^{-4}}=10^{-6}$이다. $\dfrac{[OH^-]}{[H_3O^+]}$(상댓값)은 (나)가 (가)의 10^{10}배이므로 (가)의 pH=5, pOH=9이고, (나)의 pH=10, pOH=4이다. 따라서 $\dfrac{\text{(나)의 pH}}{\text{(가)의 pOH}}=\dfrac{10}{9}$이다.

263 물의 자동 이온화 답 ③

자료 분석

수용액	pH	pOH	H_3O^+의 양(mol)	부피(L)	$[H_3O^+]$
(가) 산성	4	10	$500n$	V	$\dfrac{500n}{V}$
(나) 산성	a 6	8	$25n$	$5V$	$\dfrac{25n}{5V}$
(다) 염기성	8	a 6	n	$20V$	$\dfrac{n}{20V}$

(우측 괄호: $\dfrac{500n}{V}$와 $\dfrac{25n}{5V}$ 사이 100배, $\dfrac{25n}{5V}$와 $\dfrac{n}{20V}$ 사이 100배)

알짜 풀이

ㄱ. 몰 농도(M)$=\dfrac{\text{양(mol)}}{\text{부피(L)}}$이므로 $[H_3O^+]$는 (가)가 $\dfrac{500n}{V}$ M, (나)가 $\dfrac{25n}{5V}=\dfrac{5n}{V}$ M, (다)가 $\dfrac{n}{20V}$ M이다. $[H_3O^+]$는 (가)가 (나)의 100배이고, (나)가 (다)의 100배이다.

(우측 세로 탭: **IV**)

ㄷ. (나)의 pH=a이므로 (다)의 pH=$a+2$이다. (다)의 pOH=$14-a-2$ $=12-a$이다. (나)의 pH와 (다)의 pOH가 같으므로 $a=12-a$, $a=6$ 이다. (나)의 $[H_3O^+]=1\times10^{-6}$ M이고 $[H_3O^+]$는 (가)가 (나)의 100배 이므로 (가)의 $[H_3O^+]=1\times10^{-4}$ M이다. (가)에서 H_3O^+의 양(mol)은 1×10^{-4} M$\times V$ L이고, (다)에서 OH^-의 양(mol)은 1×10^{-6} M$\times 20V$ 이므로 $\dfrac{(다)에서\ OH^-의\ 양(mol)}{(가)에서\ H_3O^+의\ 양(mol)}=\dfrac{1}{5}$이다.

바로 알기

ㄴ. $a=6$이다.

264 물의 자동 이온화와 용액의 pH
답 ②

자료 분석

수용액	용질	부피(mL)	몰 농도(M)	pH	$\dfrac{[H_3O^+]}{[OH^-]}$(상댓값)
(가)	X NaOH	50	$m(=0.02)$	a	100
(나)	Y NaOH	10	0.2		1
(다)	Z HCl	40	$10m(=0.2)$	$13-a$	

알짜 풀이

ㄴ. $\dfrac{[H_3O^+]}{[OH^-]}=\dfrac{K_w}{[OH^-]^2}$이고, $\dfrac{[H_3O^+]}{[OH^-]}$는 (가)가 (나)의 100배이다. (나) 의 pH를 b라고 하면, (가)와 (나)의 $[OH^-]$는 각각 $10^{-(14-a)}$, $10^{-(14-b)}$ 이고, $\dfrac{K_w}{10^{-2(14-a)}}:\dfrac{K_w}{10^{-2(14-b)}}=100:1$이므로 $b=a+1$이다. (나)의 pH 는 (가)보다 크므로 Y는 NaOH이다. pH는 (나)가 (가)보다 1 크므로 몰 농도는 (나)가 (가)의 10배이다. 따라서 $m=0.02$이다.

바로 알기

ㄱ. (가)와 (다)의 pH 합이 13이므로 (가)와 (다)가 동시에 염기성이 아니 다. (가)와 (다)가 동시에 산성이라면, 몰 농도는 (다)가 (가)의 10배이므 로 (다)의 pH는 $a-1$이다. $a-1=13-a$이고, $a=7$이므로 모순이다. 그러므로 (가)와 (다)는 각각 산성 또는 염기성 중 하나이다. X와 Z가 각 각 HCl와 NaOH이라면, (가)의 pH는 $-\log m$이고, (다)의 pOH는 $-1-\log m$, pH는 $15+\log m$이므로 (가)와 (다)의 pH 합은 15로 모순 이다. 따라서 X는 NaOH, Z는 HCl이다.

ㄷ. (가)~(다)에 들어 있는 H_3O^+ 또는 OH^-의 양(mol)은 표와 같다.

수용액	H_3O^+ 또는 OH^-의 양(mol)
(가)	$n_{OH^-}=(50\times10^{-3})\times0.02=1\times10^{-3}$ mol
(나)	$n_{OH^-}=(10\times10^{-3})\times0.2=2\times10^{-3}$ mol
(다)	$n_{H_3O^+}=(40\times10^{-3})\times0.2=8\times10^{-3}$ mol

그러므로 (가)~(다)를 모두 혼합하여 만든 용액은 산성이고, 혼합 용액에 서 $[H_3O^+]$는 $\dfrac{5\times10^{-3}\ mol}{0.1\ L}=5\times10^{-2}$ M이다. 따라서 혼합 용액의 pH는 2보다 작다.

265 중화 적정
답 ①

알짜 풀이

수용액 Ⅰ 15 g과 반응한 NaOH의 양은 0.1 M$\times$50 mL=5 mmol이

므로 식초 A 5 g에 물을 x g 넣어 만든 수용액 Ⅰ의 15 g에는 5 mmol 의 수소 이온(H^+)이 들어 있다. 식초 A 1 g에는 0.2 g의 CH_3COOH이 들어 있으므로 식초 A 5 g에는 1 g의 CH_3COOH이 들어 있는데 1 g의 CH_3COOH의 양은 $\dfrac{1}{60}$ mol로 수소 이온(H^+)의 양도 $\dfrac{1}{60}$ mol이다. 따라 서 $15:\dfrac{5}{1000}=(5+x):\dfrac{1}{60}$에서 $x=45$이다.

수용액 Ⅱ 30 g과 반응한 NaOH의 양은 0.1 M$\times$30 mL=3 mmol이 므로 식초 B 20 g에 물을 y g 넣어 만든 수용액 Ⅱ의 30 g에는 3 mmol의 수소 이온(H^+)이 들어 있다. 식초 B 1 g에는 0.03 g의 CH_3COOH이 들 어 있으므로 식초 B 20 g에는 0.6 g의 CH_3COOH이 들어 있는데 0.6 g의 CH_3COOH의 양은 $\dfrac{0.6}{60}=\dfrac{1}{100}$ mol로 수소 이온(H^+)의 양도 $\dfrac{1}{100}$ mol이 다. 따라서 $30:\dfrac{3}{1000}=(20+y):\dfrac{1}{100}$에서 $y=80$이다. 따라서 $\dfrac{y}{x}=\dfrac{80}{45}=$ $\dfrac{16}{9}$이다.

266 중화 적정
답 ①

알짜 풀이

a M $CH_3COOH(aq)$ 20 mL를 적정할 때 반응한 CH_3COOH과 NaOH 의 양(mol)이 같으므로 a M$\times$20 mL=0.1 M$\times V$ mL(ⓐ식)이다.

a M $CH_3COOH(aq)$ w g의 밀도를 d g/mL라고 하면 부피는 $\dfrac{w}{d}$ mL이고,

a M$\times\dfrac{w}{d}$ mL=0.1 M$\times$30 mL이다. 이 식과 ⓐ식을 풀면 $d=\dfrac{wV}{600}$이다.

267 중화 반응의 양적 관계
답 ⑤

알짜 풀이

혼합 용액 (나)의 액성이 염기성이라면 혼합 전 NaOH(aq) 10 mL 속 전체 이온의 양(mol)이 $8N$으로 (가)에서 혼합 전 NaOH(aq) 15 mL 속 전체 이 온의 양(mol)이 $12N$이어야 하는데, 혼합 용액 (가)의 전체 이온의 양(mol) 이 $9N$이라는 사실에 모순되므로 (나)의 액성은 염기성이 아니며, ㉠ 10 mL 속 전체 이온의 양(mol)이 $8N$이다.

(나)에 비해 산 ㉡을 더 넣은 혼합 용액 (다)의 액성은 산성이며, ㉡ 10 mL 속 이온의 양(mol)이 $12N-8N=4N$이다.

혼합 용액 (가)의 액성은 염기성이므로 혼합 전 NaOH(aq) 15 mL 속 전 체 이온의 양(mol)이 $9N$이므로 몰 농도비는 NaOH(aq):㉠:㉡=3:4:2 이다.

ㄱ. 혼합 용액 (다)에서 Na^+의 양(mol)은 $3N$, ㉠의 음이온의 양(mol) 은 $4N$, ㉡의 음이온의 양(mol)은 $2N$, H^+의 양(mol)은 $3N$인데, $\dfrac{Cl^-의\ 양(mol)}{H^+의\ 양(mol)}=\dfrac{2}{3}$이므로 Cl^-은 ㉡의 음이온이며, ㉡이 HCl(aq)이다.

HCl(aq)의 몰 농도는 0.15 M NaOH(aq)의 $\dfrac{2}{3}$배이므로 0.1 M이다.

ㄴ. 중화 반응에서 생성된 물 분자의 양(mol)은 (가)에서는 ㉡ 5 mL 속 H^+ 의 양(mol)인 N이고, (다)에서는 NaOH(aq) 10 mL 속 OH^-의 양 (mol)인 $3N$이다. 따라서 생성된 물 분자의 양(mol)은 (다)가 (가)의 3배 이다.

ㄷ. 몰 농도비가 NaOH(aq):HCl(aq):HBr(aq)=3:2:4이므로 NaOH(aq)과 HCl(aq)과 HBr(aq)을 4:4:1의 부피비로 섞은 혼합 용 액에서 액성은 중성이다.

268 산 염기 중화 반응 답 ⑤

혼합 용액		(가)	(나)	(다)
혼합 전 용액의 부피(mL)	a M $H_2A(aq)$	10	0	V
	b M HB(aq)	0	10	V
	c M NaOH(aq)	10	10	50
모든 양이온의 몰비		1:1	1:2	2:5
모든 음이온의 양(mol)의 합		$2n$	$3n$	$10n$

└ 양이온의 종류 2가지 ➡ 모두 산성

알짜 풀이

(가)~(다)에서 모든 양이온의 종류는 2가지이므로 (가)~(다)는 모두 산성이다. (가)에 들어 있는 이온은 H^+이 $(20a-10c)$ mmol, A^{2-}이 $10a$ mmol, Na^+이 $10c$ mmol이다. 모든 양이온의 몰비는 $H^+:Na^+=(20a-10c):10c$, $a=c$이다. (나)에 들어 있는 이온은 H^+이 $(10b-10c)$ mmol, B^-이 $10b$ mmol, Na^+이 $10c$ mmol이다.

(나)에서 $Na^+:H^+=10c:(10b-10c)=1:2$이면 $b=3c$이다. (가)에 들어 있는 음이온의 양은 A^{2-} $10a$ mmol$=10c$ mmol이고, (나)에 들어 있는 음이온의 양은 B^- $10b$ mmol$=30c$ mmol이다. 이는 제시된 자료와 부합하지 않는다.

(나)에서 $H^+:Na^+=(10b-10c):10c=1:2$이면 $2b=3c$이다. (가)에 들어 있는 음이온의 양은 A^{2-} $10a$ mmol$=10c$ mmol이고, (나)에 들어 있는 음이온의 양은 B^- $10b$ mmol$=15c$ mmol이다. 이는 제시된 자료와 부합한다. 따라서 $3a=2b$이다.

(다)에 들어 있는 이온은 H^+이 $(2aV+bV-50c)$ mmol, A^{2-}이 aV mmol, B^-이 bV mmol, Na^+이 $50c$ mmol이다. (다)에 들어 있는 음이온의 양은 aV mmol$+bV$ mmol$=\frac{5}{2}cV$ mmol이다. (가)와 (다)에 들어 있는 음이온의 몰비는 (가):(다)$=10c:\frac{5}{2}cV=2n:10n$, $V=20$이다. 따라서 $\frac{b}{a+c}\times V=\frac{\frac{3}{2}c}{c+c}\times20=15$이다.

269 중화 반응의 양적 관계 답 ①

알짜 풀이

ㄱ. $H_2SO_4(aq)$에 NaOH(aq)을 넣으면 중화점 전까지 감소한 H^+의 양(mol)만큼 Na^+의 양(mol)이 증가하므로 전체 이온의 양(mol)은 일정하다. NaOH(aq) $2V$ mL와 $3V$ mL를 넣었을 때 모두 산성이므로 전체 이온의 양(mol)은 서로 같다.

따라서 $15\times(50+2V)=12\times(50+3V)$이므로 $V=25$이다.

바로 알기

ㄴ. 중화점까지 넣어 준 0.02 M NaOH(aq)의 부피는 $4V=100$ mL이므로 $H_2SO_4(aq)$의 몰 농도는 0.02 M이고, 0.02 M $H_2SO_4(aq)$ 50 mL에 들어 있는 H_3O^+의 양은 0.002 mol이다. (가)에서 0.02 M NaOH(aq) 50 mL를 넣었으므로 반응 후 남아 있는 H_3O^+의 양은 0.001 mol이다. 혼합 용액의 부피는 100 mL이므로 $[H_3O^+]=0.01$ M이다. 따라서 혼합 용액의 pH는 2이다.

ㄷ. (나)에 $H_2SO_4(aq)$ 50 mL를 넣으면 (나)에 있던 OH^- 0.002 mol이 모두 반응하므로 혼합 용액에는 SO_4^{2-} 0.002 mol과 Na^+ 0.004 mol이 존재한다. 따라서 전체 이온의 몰 농도는 $\frac{0.006}{0.3}=0.02$(M)이다. (가)에서 전체 이온의 몰 농도가 $\frac{3}{100}$ M일 때 몰 농도의 상댓값이 15이므로 $\frac{3}{100}:\frac{6}{300}=15:x$, $x=10$이다.

270 2가 산과 2가 염기의 중화 반응 답 ①

알짜 풀이

Ⅰ과 Ⅱ를 혼합한 용액이 중성이므로 H^+과 OH^-의 양은 같고 $6xV=80y$이다. Ⅰ에서 H^+과 OH^-의 양은 각각 $4xV$, $60y$이므로 Ⅰ의 액성은 염기성, Ⅱ에서 H^+과 OH^-의 양은 각각 $2xV$, $20y$이므로 Ⅱ의 액성은 산성, Ⅲ에서 H^+과 OH^-의 양은 각각 $60xV$, $30y$이므로 Ⅲ의 액성은 산성이다.

Ⅰ은 염기성으로 y M $B(OH)_2(aq)$이 남아 있으므로 혼합 후 모든 음이온의 몰 농도(M) 합이 더 크다. x M $H_2A(aq)$ $2V$ mL에 들어 있는 A^{2-}의 양은 $2xV$ mmol이고 y M $B(OH)_2(aq)$ 30 mL에 반응하지 않고 남아 있는 OH^-의 양은 $(2y\times30)-(4xV)=(60y-4xV)$ mmol이다. 따라서 혼합 후 모든 음이온의 몰 농도(M) 합은 $\frac{2xV+60y-4xV}{2V+30}=1.4$이다.

Ⅲ은 산성으로 x M $H_2A(aq)$이 남아 있으므로 혼합 후 모든 양이온의 몰 농도(M) 합이 더 크다. y M $B(OH)_2(aq)$ 15 mL에 들어 있는 B^{2+}의 양은 $15y$ mmol이고, x M $H_2A(aq)$ $3V$ mL에 반응하지 않고 남아 있는 H^+의 양은 $(6xV-30y)$ mmol이다. 따라서 혼합 후 모든 양이온의 몰 농도(M) 합은 $\frac{15y+6xV-30y}{3V+15}=2.1$이다.

세 식을 연립하여 풀면 $x=1.4$, $y=6.3$, $V=60$이다.

Ⅱ는 산성으로 x M $H_2A(aq)$이 남아 있으므로 혼합 후 모든 양이온의 몰 농도(M) 합이 더 크다. 6.3 M $B(OH)_2(aq)$ 10 mL에 들어 있는 B^{2+}의 양은 63 mmol, 1.4 M $H_2A(aq)$ 60 mL에 반응하지 않고 남아 있는 H^+의 양은 42 mmol이다. 그러므로 혼합 후 모든 양이온의 몰 농도(M) 합은 $\frac{63+42}{70}=1.5$이다. 따라서 ㉠$\times\frac{y}{x}=1.5\times\frac{6.3}{1.4}=\frac{27}{4}$이다.

271 산화 환원 반응 답 ⑤

알짜 풀이

산화 환원 반응식을 완성하면 다음과 같다.

(가) $2Fe^{2+}(aq)+H_2O_2(aq)+2H^+(aq)\longrightarrow 2Fe^{3+}(aq)+2H_2O(l)$

(나) $2MnO_4^-(aq)+5H_2O_2(aq)+6H^+(aq)\longrightarrow$
$\qquad\qquad 5O_2(g)+2Mn^{2+}(aq)+8H_2O(l)$

ㄱ. (가)에서는 산화제인 H_2O_2 1 mol당 환원제인 Fe^{2+} 2 mol이 반응하고, (나)에서는 산화제인 MnO_4^- 1 mol당 환원제인 H_2O_2 2.5 mol이 반응한다. 따라서 산화제 1 mol과 반응하는 환원제의 양(mol)이 큰 ㉠이 (나)이다.

ㄴ. $x:y=5:4$이고, $a=2$, $d=5$이므로 $\frac{x}{y}$와 $\frac{d}{2a}$는 그 값이 $\frac{5}{4}$로 같다.

ㄷ. H_2O 1 mol이 생성될 때 반응한 산화제의 양(mol)은 ㉠ (나)에서는 $MnO_4^-\frac{1}{4}$ mol, ㉡ (가)에서는 $H_2O_2\frac{1}{2}$ mol이다.

알짜 풀이

반응물에서 C의 산화수는 $+\dfrac{6}{m}$이고, 생성물에서 M의 산화수는 $+m$이다. 따라서 $\left|\dfrac{6}{m}-m\right|=1$이다. m은 자연수이므로 등호를 만족하는 m은 2와 3뿐이다. m이 2나 3에 관계없이 반응물에서 M의 산화수는 $+7$, 생성물에서 C의 산화수는 $+4$이므로 MO_4^-은 환원되고, $C_mO_4^{2-}$은 산화된다.

$m=3$이라면 산화 환원 반응의 동시성에 의해 $a\times(7-3)=c\times3\times\left(4-\dfrac{6}{3}\right)$이므로 $a:c=3:2$여야 한다. 이를 이용하여 화학 반응식을 완성하면 $3MO_4^-+16H^++2C_3O_4^{2-}\longrightarrow3M^{3+}+6CO_2+8H_2O$이다. MO_4^- 1 mol이 반응할 때 생성된 H_2O의 양은 4 mol이라는 조건을 만족하지 않기에 $m=2$이다.

ㄴ. $m=2$일 때 화학 반응식을 완성하면 $2MO_4^-+16H^++5C_2O_4^{2-}\longrightarrow2M^{2+}+10CO_2+8H_2O$이다. 따라서 산화제와 환원제는 2 : 5의 몰비로 반응한다.

ㄷ. $C_mO_4^{2-}$ 5 mol이 반응할 때 이동한 전자의 양은 10 mol이므로 $C_mO_4^{2-}$ 1 mol이 반응할 때 이동한 전자의 양은 2 mol이다.

바로 알기

ㄱ. $m=2$이다.

알짜 풀이

ㄱ. (가)에서 A^{a+}은 A로 환원되고, B는 B^{b+}으로 산화된다. (나)에서 A^{a+}은 A로 환원되고, C는 C^{c+}으로 산화된다.

ㄷ. (가)에서 A^{a+}과 B가 산화 환원 반응하였더니 금속 이온의 양이 $10N$ mol에서 $8N$ mol로 감소하였으므로 반응하여 감소한 A^{a+}의 양(mol)이 생성된 B^{b+}의 양(mol)보다 크다. 따라서 $b>a$이다. (나)에서 A^{a+}과 C가 산화 환원 반응하였더니 금속 이온의 양이 $10N$ mol에서 $14N$ mol로 증가되었으므로 반응하여 감소한 A^{a+}의 양(mol)이 생성된 C^{c+}의 양(mol)보다 작다. 따라서 $a>c$이다. $b>a>c$이므로 $a=2$, $b=3$, $c=1$이다. (가)와 (나)에서 반응 후 A^{a+}이 남아 있으므로 B xN mol과 C yN mol이 모두 반응하였다. 수용액 속 금속 양이온의 전하는 일정하므로 (가)에서 $(+2)\times10N=(+2)\times(8N-xN)+3\times xN$, $x=4$이고, (나)에서 $(+2)\times10N=(+2)\times(14N-yN)+yN$, $y=8$이다. 따라서 $y=2x$이다.

바로 알기

ㄴ. $a+b=2+3=5$이다.

자료 분석

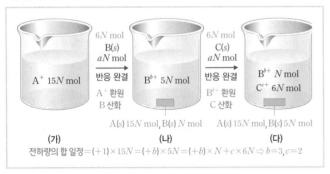

알짜 풀이

ㄴ. (나) → (다)에서 B^{b+}과 C가 산화 환원 반응하여 B^{b+}이 일부 남았으므로 넣어 준 C는 모두 반응하였다. 따라서 $a=6$이다. (가) → (나)에서 B(s) $6N$ mol을 넣어 반응시키면 A^+ $15N$ mol과 B $5N$ mol이 반응하여 A $15N$ mol과 B^{b+} $5N$ mol이 생성된다. 이때 B N mol이 반응하지 않고 남으므로 (나)에서 비커에 들어 있는 금속은 A $15N$ mol과 B N mol이다.

ㄷ. 수용액 속 금속 양이온의 전하는 일정하므로
(가)와 (나)에서 $(+1)\times15N=(+b)\times5N$, $b=3$이고,
(나)와 (다)에서 $15N=(+3)\times N+c\times6N$, $c=2$이다.
따라서 $a\times\dfrac{c}{b}=4$이다.

바로 알기

ㄱ. (가) → (나)에서 B는 산화되어 B^+이 되므로 B는 환원제이다.

MEMO